场景营城

——新发展理念的成都表达

吴军 营立成 等著

人民出版社

责任编辑：陈晓燕　曹　利

图书在版编目（CIP）数据

场景营城：新发展理念的成都表达 / 吴军 等著 . —北京：人民出版社，2023.7

ISBN 978-7-01-025720-4

Ⅰ. ①场…　Ⅱ. ①吴…　Ⅲ. ①城市规划-研究-成都　Ⅳ. ① TU984.271.1

中国国家版本馆 CIP 数据核字（2023）第 089134 号

场景营城

CHANGJING YINGCHENG

——新发展理念的成都表达

吴　军　营立成 等著

人民出版社 出版发行

（100706　北京市东城区隆福寺街 99 号）

北京汇林印务有限公司印刷　新华书店经销

2023 年 7 月第 1 版　2023 年 7 月北京第 1 次印刷

开本：710 毫米 ×1000 毫米 1/16　印张：19.75

字数：248 千字

ISBN 978-7-01-025720-4　定价：58.00 元

邮购地址 100706　北京市东城区隆福寺街 99 号

人民东方图书销售中心　电话（010）65250042　65289539

序一

城市是中国式现代化的“主战场”，城市建设发展得怎么样，城市市民的生活怎么样，城市治理水平怎么样，很大程度上决定了我们的现代化水平。中华人民共和国成立70多年来，我们经历了世界历史上规模最大、速度最快的城市化，城市规模不断扩大、市容市貌焕然一新、城市经济不断增强，取得了举世瞩目的成就。今天我们的城市发展已经进入新阶段，规模增长的空间逐步减小，人民对城市品质的要求却越来越高，以前我们说城市是经济增长的重要引擎，现在我们更强调城市是人民美好生活的家园，面对这些转变，我们的城市要怎么发展、向哪里发展，这些都是我们要深入思考的问题。

在我看来，吴军团队的著作《场景营城——新发展理念的成都表达》正是以成都近年来城市发展的鲜活案例，向我们揭示了上述问题的一些可能答案。书中谈到，成都城市建设发展的主要做法，就是坚持以新发展理念为指引，坚持人民美好生活需求导向，通过场景的聚合、黏合、融合作用，激发人的创造、回应人的需求、彰显人的价值，不断涌现出功能多样的新经济场景、消费场景、社区场景、公园场景，把公园城市的宜居舒适性品质转化为人民可感可及的美好生活体验，提升人民群众获得感、安全感和幸福感，塑造城市持久优势和竞争力。从实践来看，成都的场景营城改善了民生、提振了消费、促进了创新、振兴了文化、重塑了城市，提出了具有中国特色、巴蜀风貌的城市发展方案，取得了许多令人欣喜的成果，积累了诸多很好的经验，确实值得我们研究学习。

通读这部内容翔实、案例丰富、视野开阔的著作，我认为从今天中国城市发展的角度，成都的场景营城实践给我们带来了几个重要启示。第一个重要启示是新发展理念是实现新时代城市发展的根本遵循。城市毫无疑问是经济社会的重要组织部分，因此决不能孤立、片面地看待城市发展，只有将它和整个经济社会发展大局结合起来一起谋划，才有可能取得理想效果。新发展理念是我们党在新时代引领经济社会发展中提出的最重要、最主要的理论和理念，如果城市工作不能纳入新发展理念的指引中，那新发展理念的落实就不是完整、准确、全面的，城市工作也是游离于大局之外的。成都始终坚持把新发展理念放到指引性的位置上，这体现了一种整体论的思维逻辑与看待问题的方式。新发展理念的“根”和“魂”是人民，最大动力与最大依仗是人民，最终评价标准也是人民，成都是通过场景这样一个凝聚人民生机、汇聚人民智慧、满足人民需求的场域，以“人”为核心推动城市发展方式转变，将人视为新产业、新经济的创新主体，最终实现人民美好生活需求。习近平总书记曾说：“发展理念搞对了，目标任务就好定了，政策举措也就跟着也好定了。”因此，这样的理念我觉得是最重要的启示。

第二个重要启示是新时代的城市发展是汇聚创新、生态、文化、民生等多个方面的综合发展。以前我们的城市发展常常遵循“长板效应”，一个方面发展好了能够带动或者至少弥补发展的短板，而随着人民群众对城市期待的不断提高，城市发展的“木桶效应”更加突出，一个重要领域的短板可能会对整个城市的发展带来影响。因此，我们今天要强调统筹发展，要能够找到兼顾多个方面发展的策略办法。我感到，成都在提出场景营城的顶层设计时充分考虑了这一点，城市场景既不是单纯的消费场所，也不是地方特色文化展示的橱窗，更不是远离市民生活的山水田园，通过人的需求、技术的力量、资本的推动和政策的牵引，成都巧妙地将这一切都串联了起来，场景因此成为一种社会纽带、一种政策抓手，城市的各个方面、各个领域也都能够在场景的推动促进下取得更好的更有质量的发展。从这个意义上说，场景思维是一种具有高度综合性的顶层设计思维，这对今天的城市是非常重要的。

第三个重要启示是新时代城市发展中的政府关键是要发挥好纽带作用。地方政府（尤其是城市政府）是城市发展的顶层设计者，也是城市管理的决策和执行者，定位好城市政府的角色、发挥好城市政府的作用是新时代城市高质量发展的重要保证。城市场景营城的实践生动地说明了城市政府既不能做“甩手掌柜”，也不能越俎代庖，应该在充分了解需求和供给的基础上做好“月老”，通过各种方式营造链接供给和需求的机制，尤其是各种场景机制。比如，成都以项目化、指标化、清单化的方式，已经发布了 9 批城市机会清单、涉及内容达到 3000 多条，还积极为各种供应链提供场景化的聚集条件、集聚平台，最后促进了供需两旺，带动了城市发展。这些做法都提醒我们，要时刻注意把握好城市政府行动的尺度与边界，从而高质量地服务城市高品质运营。

有人说，书的生命是作者和读者共同赋予的，这部著作对于不同的读者来说可能具有不同的生命：观光者可以从中找到成都很多富有魅力的“打卡”地点，理论工作者可能注意到场景引领下的城市治理转变，政策制定者可以从中发现城市政策制定的行动指南。总之，这是一部能让我们有所收获的著作，也希望它能进一步激发社会各界对“中国式现代化道路中的城市发展如何开展”这一重大理论与现实问题的讨论兴趣，积极探索中国式现代化城市发展之路。

祁述裕*

2023 年 2 月

* 祁述裕，中共中央党校（国家行政学院）教授、博士生导师。

序二

在指导城市和社区的场景视角的理论与实践原则中，“实践”是核心理念。正如我们在已经出版的《场景：空间品质如何塑造社会生活》一书中所写，每个场景都“体现了一种正在进行的实践……这些实践的结果如何?”“场景本身就是一种实践，它提供了一种方法，让人们围绕产生意义和价值的独特体验聚在一起”。这样的体验包括多样的场所或舒适物，可以扎根于本地文化遗产，连接丰富的传统，培养个人即兴的创造力，以及展示迷人的时尚等。场景研究能够开发出识别和比较场景的方法，旨在理解它们如何或为什么有助于增长、扩散、衰退或停滞，以及它们何时何地对经济增长或居住模式变化等产生影响或作出贡献。

然而这种实践主义超越了那些以自发和新兴时尚方式参与或创造场景的个人或团体的日常活动。以场景为导向的政策也是一种实践。实际上，世界各地的许多政府（通常是地方和市政府）一直在探索激发和创造场景的方法。

通常这些举措并不一定在明确的“场景政策”标签下开展。以美国为例，路易维尔市（位于许多农场附近的中等规模城市）市长努力发展当地的美食场景，旨在与居民、游客庆祝和体验当地的本真性；密歇根州底特律市的举措是将老化的房屋提供给公共艺术家，以展示在一个挣扎中的城市里寻求新的开始和方向的潜力；纽约市和旧金山市的规划项目通过回收部分街道或停车场，将“人行道变成公园”，用作户外咖啡馆和公共娱乐。世界范围内还有许多其他类似的例子。

然而，在某些情况下，场景的概念已经占据了更加核心和明确的地位。加拿大多伦多和法国巴黎就是如此。在多伦多，经济发展与文化部正式将场景的概念纳入部分规划政策议程中，作为其任务的一部分，它们通过与艺术家、企业和当地居民开展对话和互动，保护现有场景，并支持新场景的培育。它们已经尝试了各种政策工具，如文化区的指定、基于地点的拨款计划，以及通过跨部门倡议，将艺术家和文化生产者与城市机构、社区合作者等联合起来。巴黎市委托斯蒂芬·索耶（Stephen Sawyer）领导的团队，对其场景进行了一项重要研究，作为大巴黎计划的一部分。该研究对巴黎的场景进行了广泛的考察，并提出了一系列政策建议，以指导巴黎向一个更加以人为本和人性化的城市过渡。

在这一背景下，成都场景营城在尝试将基于场景的原则融入城市发展、规划与治理的新方法方面脱颖而出，成为全球引领者。这一举措最引人注目的方面从其名称本身就可以看出：在我们所知的所有城市中，成都在将场景概念作为其明确组织原则的方面走得更远。就其本身而言，这是一项具有重大理论和实践意义的举措，是对《中华人民共和国国民经济和社会发展第十四个五年规划和 2035 年远景目标纲要》提出的场景概念的一个重要实践。在我们看来，成都场景营城是一个多维一体的概念体系，而非单维度概念。成都通过对场景营造的实践探索，进一步明确生活之城、休闲之城的宜居舒适特色和可辨认的特质，并不断提升把这些“资产”转变为“形象”的能力。这种转化鼓励艺术手法的介入，通过想象力和创造力将这些“资产”重塑为既有本土特色，又能参与全球城市竞争的“形象”。

成都场景营城为我们提供了一个观察新发展理念引领下的中国城市改革创新与发展转型的宝贵机会。通过这种方式，成都将自己定位为一个活生生的“城市实验室”，在探索城市和社区重新定位的潜力方面处于前沿，随着城市和社区从专注于工业和生产转向消费、文化和创造力的后工业融合，城市和社区更加注重体验、意义、价值观和舒适物。比如，成都的创业场景结合了商业和审美、旅游和本地娱乐、工作和休闲。

《场景营城——新发展理念的成都表达》是一项对迄今为止成都实践的全面和富有启发性的研究。读者将发现“成都方案”的特殊性，它处于国际前沿，力图培养城市和社区的场景潜力，并重新设计政策，使这些潜力得以发挥。在具体的规划与设计原则中，“清单模式”（The List Model）可能是最具独创性的。正如作者所指出的，在某种程度上它与在西方背景下通常采用的方法不同，后者往往采用“园丁模式”（The Gardener Model）培养现有场景的潜力，并且在一定的规则和约束下，帮助其自身开展有机或自发的举措。相比之下，“清单模式”更多的是自上而下的，就像“无策划不规划、无规划不设计、无设计不实施”的原则。汇集关于现有场景的信息，了解消费者对新兴场景的愿望和需求，并将这种需求端与能够创造基础设施以满足需求的供给端相匹配。这个项目的核心是一个更大的愿景，即场景不仅存在于街区的小规模层面，而且存在于更高层次的城市和区域层面，其形式是由当地场景的系统组合创造的整体“品牌”或“身份”。同样关键的是其对评估工作的承诺，通过评估不断了解所产生的场景是否符合公众的需求，如果不符合，应该如何改进。

这一愿景下的具体项目是大胆的。它们包括超越传统办公园区的举措，将创意工作融入激发想象力和创新的场景中；在新的购物和消费区展示城市的诗意和时尚特征；面对家庭、儿童和老人开展具有社区精神的项目；以及通过公园场景与自然环境建立更深的联系。

成都场景营城是一项真正卓越的事业，我们非常愿意继续观察并学习它的发展。它为将场景思维融入城市规划治理和地方发展实践，提供了一个重要的试点案例，也为我们提供了一个机会了解“成都方案”实施过程中的成功之处和遇到的挑战。因此，本书具有国际意义，我们感谢作者们的智慧和奉献，使它开花结果，并引起更多读者的关注，他们有理由为本书中详述的全球范围内的创新感到自豪。

丹尼尔·亚伦·西尔　特里·尼科尔斯·克拉克*

2023年2月

---

* 丹尼尔·亚伦·西尔，加拿大多伦多大学教授、博士生导师；特里·尼科尔斯·克拉克，美国芝加哥大学终身教授、博士生导师。

目录

CONTENTS

引　言

城市高质量发展的时代之问

自人类文明诞生以来，建设更美好宜居的城市始终是人类的追求。例如，华夏先民们创造的良渚文化遗址、安阳殷墟遗址、春秋战国诸城、汉唐长安与洛阳、北宋汴梁城、明清北京城等，近代西方思想家设计的“乌托邦”“太阳城”“理想城”“田园城市”“光辉之城”“花园城市”“生态城市”等城市形态或模型，都反映了不同时代、不同地点的人们对于建设城市的伟大探索。当前，全球有39亿人口居住在城市，到2050年这个数字将达到64亿[①]，尽管城市已经成为多数人栖息的家园，但城市中的一系列问题——住房、基础设施、交通、能源、生态、就业、教育和医疗等——对于我们而言仍然是巨大的挑战。城市之于人类的重要性前所未有，城市高质量发展之于人类的挑战前所未有。

今天的中国，已经是一个城市人口占多数的社会，人民日益增长的美好生活需要和不平衡不充分的发展之间的矛盾越来越集中体现在城市之中。以习近平同志为核心的党中央高瞻远瞩、统筹布

① 联合国新闻中心:《〈世界城镇化展望报告〉：到2050年世界城镇人口将再添25亿》，2014年7月10日，见https://www.un.org/zh/desa/world-urbanization-prospects-2014。

局，提出以新发展理念引领高质量发展的实践要求；那么，如何在城市中贯彻新发展理念、如何实现更高质量的城市发展，成为今天每一个中国城市的时代之问。这一时代之问，包含的具体内容极为广泛，概括起来正是2015年习近平总书记在中央城市工作会议上提出的“建设和谐宜居、富有活力、各具特色的现代化城市”的要求。对于一个城市来说，没有活力就意味着经济动力不足，不够宜居就意味着生活质量欠佳，缺乏和谐就意味着社会矛盾较多和安全秩序受到挑战。因此，“活力”“宜居”“和谐”对于一个城市而言至关重要，能否做好这三个方面，关系着持久的城市繁荣，关系着营城模式革新，关系着以人为核心的新型城镇化，关系着中国特色城市发展道路的探索。

一、城市发展的活力、宜居与和谐之问

第一个需要回答的问题是城市发展的“活力之问”，即如何让城市保持旺盛的创新能力。城市活力聚集人气，彰显气势，蕴藏能量，预示着前景。城市活力不仅是经济增长的风向标，也是文化软实力的体现，更是城市居民的精神风貌和生活激情。城市活力主要集中表现在创新和消费两个领域：创新是城市活力的重要来源，一个城市能够不断创新、不断激发人的创造力被视为驱动城市发展的关键。消费是活力的重要体现，它既是生产的最终目的和动力，也是满足人民美好生活需要的过程。面向人们的切实需要，体现社会发展趋势的消费，是实现人的自由发展的必由之路；不断蓬勃发展的消费会让城市活力四射。

在传统工业社会，创新靠的是量的不断积累所引发的质变，只要投入足够，创新就一定会发生。然而，伴随着制造业下降和以工

业生产为导向的传统城市发展模式式微，人们开始重新思考关于驱动城市发展的动力模型：量的积累真的一定能够引发伟大的创新吗？如果真的如此，那些衰落的工业城市如何解释呢？现实的问题是，面对信息技术与知识社会的崛起，土地、劳动力、资本和管理技术等作为城市驱动力显然已经不够。因此，人们越来越注重将艺术、科技与地方文化、丰富多元的社交环境相结合，以满足创新型人才需要的生活质量与生活方式。比如，许多大城市不断改善自身政策与文化氛围，从而集聚了大量新媒体、网络科技、金融科技企业，形成了一个个没有明确边界范围的科技产业集群地区。这些地区以存量空间为主要载体，通过营造具有都市特征的各类场景吸引人才聚集，发展起与都市紧密结合的应用创新产业，达到了“筑巢引凤”“优巢留凤”、提升自身竞争力的目的。因此，我们迫切需要找到一些方法，来不断强化城市的文化氛围、艺术气息与创新精神，从而不断提升城市活力。

与创新一样，消费的发展在传统工业社会也被看作理所当然的过程：生产越发展，消费越提升，但随着社会生产达到一定水平，社会总体进入“丰裕”状态，生产对消费的决定性作用虽然仍存在，但消费自身的内生性逻辑也愈发凸显。相较于传统消费行为与活动，“在哪里消费”和“消费什么”变得越来越重要，二者之间的关系也越来越紧密，这反映了当前消费者对消费空间的美学品质诉求这一新特点。比如，在历史街区咖啡屋里喝咖啡和在其他地方喝咖啡，城市场景不同，情感体验也会不同；在历史街区场景中喝咖啡，消费者为一杯咖啡所支付的价格中，就包含了历史街区场景中所蕴含的情感体验价值，此时，空间不是被免费使用，而是作为消费对象而存在。在这里，消费者消费的不仅是商品本身，还包括商品的符号意义和所处情境的价值。消费不仅满足人们基本生存需求，还在不断向发展性需要延展。当面对丰富多样的消费品时，大众对于选择的思考更多地开始偏向“是否符合个人喜好”“是否显示独特品位”等。问题在于，我们要通过什么样的方式不断创造符合大众品味，满足大众日益个性化、体验化、美学化的消费需要，来激发城市的消费活力呢？

第二个需要回答的问题是城市发展的“宜居之问”，即如何让城市更好地服务人民美好生活。随着人均收入的普遍提高和社会的进步，人们越来越关心人居环境及自身的生存状态。城市的宜居舒适性就变成了一个关乎城市发展成败的核心命题。因为宜居舒适性是城市繁荣与可持续发展的基础，宜居舒适性变差会削弱城市繁荣的基础。事实上，当人们谈论宜居舒适性时，往往会与优美的生态环境联系在一起。事实也是如此，世界范围内的成功城市，几乎都拥有良好的生态基底，这是城市居民获得更高生活质量的前提。那些影响城市宜居舒适性的因素如环境污染、生态质量下降、犯罪率升高等往往被视为城市衰败的先兆。

从过去的城市发展方式来看，城市作为生产空间，多以产业园区、开发区等建设为主带动其发展。以产业集聚吸纳资本、人口、技术等要素资源成为推动城市发展的关键动力，从而使得城市快速扩张、城镇化率快速提升。然而，在生产要素中定位城市的发展战略取得巨大成就的同时，也给城市宜居舒适性带来了一系列挑战，比如城市的无序扩展、环境污染、交通拥堵、生态资源短缺等。传统城市发展方式过于关注产业发展的需求，而对从事产业的“人”的发展需求往往关注不够。因此，城市宜居舒适性与人民美好生活需要之间存在差距。如何转变城市发展方式，革新营城路径，以适应城市宜居舒适性的内在要求，这也是我们亟须回答的重要难题。

第三个需要回答的问题是城市发展的“和谐之问”，即如何实现城市善治。对于城市来说，社区是城市治理的基本单元，是市民生活的家园，决定着城市的安定和谐和秩序善治。社区治理的好与坏，直接关系着基层社会是否和谐稳定，民众生活是否幸福安康。社区治则民心顺、社会稳、城市安。可以说，城市善治与否，很大程度上取决于社区治理的好与坏。进入新时代，我国社区治理取得了巨大成就，但也面临着一些突出难题。比如，重房地产轻人文，这个问题较为普遍。这就导致我们目前现代城市社区中出现“邻里关系淡漠，缺乏文化交流载体平台”现象。这会制约居民获得感、安全感和幸福感的提升。而现实情况是，我们的大都市中确实存在这种现象，而且目前还没看到和缓的迹象。类似的问题还包括服务与活动供给不足。比如，教育问题，托育难、入幼难，优质教育资源覆盖人群少；又如，社区医疗资源紧张和质量有待提高，养老设施与服务缺乏，健康需要难以得到充分满足。除此之外，基础设施建设也是社区治理的一大难题。比如，土地集约利用效率低，公共场所与开放空间不足；停车难，公共交通出行不便，物流配送服务不完善。对于这类问题，尽管许多基层政府投入了大量人力物力，但时常会出现建好的设施或场所利用率不高的现象，有时还会出现单一新建设施和已有其他设施功能协同不好，造成资源浪费的情况。这种困局与社区治理缺乏整体性思维、审美专业水平不高和公众参与不足等有直接关系。如果这些问题得不到有效解决，“大城善治”的目标则很难变成现实。所以，如何寻求破解之道？这是新时代基层治理体系和能力现代化建设面临的重要课题。

二、在场景营城的成都实践中探索答案

这里提出的“活力之问”“宜居之问”“和谐之问”，每一座城市可能都有自己的答案。不论这个答案是什么，最终都需要通过发展的结果来验证，需要通过人民群众的满足度来评价。本书将要介绍

新时代成都对于“高质量发展”的时代之问的积极探索。作为党和国家确定的“践行新发展理念的公园城市示范区”，成都在推动城市高质量发展方面始终紧扣“公园城市”这一关键抓手，让城市与自然融合共生，将创新、协调、开放、绿色、共享融入其中，江河连城、生态筑城、公园融城、人文趣城，最终呈现出“城景相融”的美好生活气象，这便是成都所说的“场景营城”的关键逻辑。

具体来说，成都把新发展理念与人民美好生活需要贯穿于公园城市场景营城方案始终，以新发展理念引领城市发展方式转变，坚持“城市的核心是人”的理念，推动营城逻辑由“工业逻辑”向“人本逻辑”转向、由“生产导向”向“生活导向”转变，营城路径由过去的“产城人”向“人城产”转变。在践行新发展理念的公园城市示范区建设背景下，成都积极探索与营造新经济、新消费、社区治理、天府文化、公园绿道等城市发展新场景，通过“场景”的聚合、黏合、融合作用，激发人的创造、回应人的需求、彰显人的价值，不断涌现出功能多样与混合的新经济场景、消费场景、社区场景、公园场景等城市场景类型，一个个场景叠加与串联，不断把公园城市的宜居舒适性品质转化为人民可感可及的美好生活体验，逐步呈现“处处皆场景、遍地是机会”的场景城市特征，为新时代城市推动高质量发展和创造高品质生活目标的实现提供了成都方案。

从 2017 年起，成都提出“场景”概念并逐步运用到新经济、消费、社区治理、公园生态等领域，通过持续投资与场景营造，形成了多样的场景类型，推动着公园城市的场景化、意象化表达。成都实践极其丰富。如果想要将每一场景类型或场景实践都囊括进来进行梳理，恐怕短时间内很难实现。所以，为了呈现这种营城实践的典型特点，我们选取了一些主要的、相对系统的场景类型进行梳理，主要包括四个方面，即“场景激发创新”“场景刺激消费”“场景提升治理”“场景赋能生态”。“场景激发创新”和“场景刺激消费”对应了城市活力，“场景提升治理”对应了城市和谐，“场景赋能生态”对应了城市宜居，代表了新时代营城模式的新探索。（本书采用专栏形式对成都场景实践典型案例进行介绍，除特别标注外，均来自成都市新经济发展委员会提供的场景案例材料，余不再注。）这种营城模式最大的特点是坚持新发展理念，把人民的美好生活需要作为城市发展的内生动力，持续增强人民对城市美好生活的体验，不断提升人民的获得感、安全感和幸福感。真正体现了“城市让人民生活更美好”的宗旨，充分彰显了中国特色社会主义的城市属性。

三、场景营城的实践意义与理论启示

成都构建了以场景为导向的全面贯彻新发展理念的公园城市示范区建设落地方案。以场景营造城市，更加注重多元化思维、多部门联动、全方位统筹经济社会生态文化耦合发展，激发内生动力、孕育文化活力、培育新经济动能、创造美好生活。毫无疑问，场景营城具有重大的理论与实践意义，这可以概括为两个“转化”：第一，把人民对美好生活的需要转化为城市营造的愿景并提出较为完整的方案蓝图。场景营城的出发点是人，落脚点也是人，把服务人、陶冶人、成就人作为价值依归。以人为核心，将“让生活更美好”作为出发点和落脚点，实现营城路径从传统的“产城人”到“人城产”的转变。综合考虑人的多维度多层次属性和需求。服务于人的自然属性，建设生态宜居公园城市；服务于人的文化属性，积极开展场景营造。第二，把美好城市的愿景蓝图转化为场景语言、场景政策并使之系统落地。场景思维，从宏观上看，是对各类

城市子系统进行重构，以新技术赋能生产、生态、生活和治理，使人们的城市生活更丰富、更便捷、更有趣；从微观上看，是通过生态景观、文化标签、美学符号的植入，创造人文价值鲜明、商业功能融合的美好体验，提升人们对于场景的认同感以及城市的归属感，为“老成都”留住蜀都的乡愁记忆、为“新蓉漂”营造新时代的归属认同。最终使多样场景中的创新、消费、治理成为属于成都的新潮流，营造“处处皆场景、遍地是机会”的生活品质之城。

从更深层次的理论视野来看，场景营城是在城市层面全面体现以人民为中心、服务美好生活的理论建构和实践探索。场景营城的本质是以“人”为核心推动城市发展方式转变，将人视为新产业、新经济的创新主体，将场景作为“聚人”的重要途径；通过场景营造将创新创业、人文美学、绿色生态、智慧互联等原本各自发展的动力因素进行系统集成，并有机融入城市经济社会发展当中，从而让城市对人才更具吸引力，让城市更具活力、更和谐、更宜居。从产业到社区、从街道到商圈，成都通过场景美学使得开放性设计、本地文化形象的营销、便捷智能的生活服务系统集成，保留了清新绿色的自然基底，全方位提升了城市的美好生活体验，加速创新创业、提速产业发展，提升了城市的竞争力和影响力，让成都成了人才的“磁体”、创业者的“熔炉”、市民生活的美好家园。

需要说明的是，尽管本书聚焦成都实践，但这种实践的理论意义不止于成都，本书对我们尝试回答和解决新时代中国城市高质量发展的关键命题提供了思考与线索。“把论文写在祖国大地”，这是我们每一位从事理论研究工作者都应该铭记于心的天然使命。我们的国家这么大，我们的城市如此众多，对于每天发生的新事件、新探索，如若不热爱，就很容易错过。我们就是带着这种热爱，去观察中国城市，去了解当下正在发生的城市实践，去思考城市发展的未来图景。

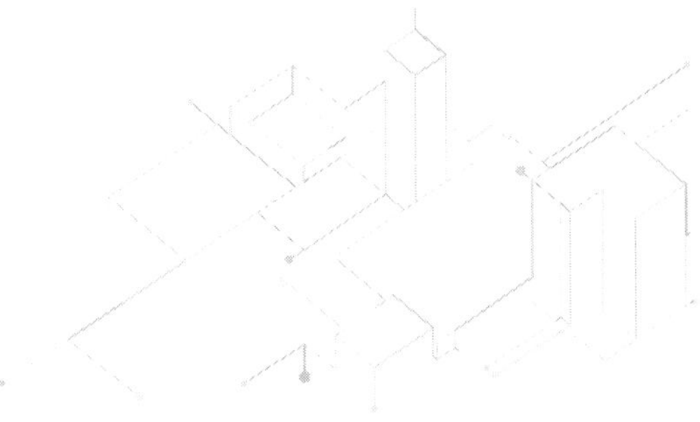

第一章

营城逻辑：在大历史观中理解城市发展

要深刻理解新时代城市高质量发展，就要从城市发展的大历史观出发，领悟蕴含其中的客观规律，把握贯穿期间的营城逻辑。城市发展是一个自然历史过程，有其自身的规律。作为人类最伟大的发明，城市几乎包含了人类智慧创造的一切成果，对于不同类型、不同历史时期的城市，其营城的逻辑和路径表现形式千差万别。大体上，我们可以从城市发展的复杂脉络中抽象出三条线索：一是对安全与秩序的追求，二是对产业与财富的渴望，三是对美好生活体验的向往。这三条主线贯穿城市发展的始终，彼此既相互促进，又存在张力。在不同时空条件下，上述三条线索的作用机制各不相同，不断将人类建设城市、发展城市的事业向前推进，构成了人类营城制度的不同时代版本。今天，我们处在以人民对美好生活的需要为指引，以创新、开放、协调、绿色、共享为遵循的营城新时代，新时代给我们带来了新机遇，也提出了新要求，积极应对这些新机遇、新要求，成为包括成都在内的所有城市需要应对的新问题。

一、农业时代：以安全秩序为中心营建城市

马克思指出，城市与农村的分离是人类实现物质劳动和精神劳动的最大的一次分工，是人类从野蛮向文明过渡、部落制度向国家过渡、地方局限性向民族过渡的开始。但在农业社会中，从村庄到城市的转变究竟是如何发生的，人们为什么要建设和发展城市，这是我们理解人类营城制度时首先要讨论的问题。透过历史的长河，我们不难发现，对生产、生活及军事安全的需求及政治宗教统治的需要构成了农业社会城市兴起的根本动力。为了展现权力、确保安全，能工巧匠们筑造出一座座雄壮瑰丽的古典城市杰作。我们将农业时代的城市建设模式称为"营建城市"，修筑防洪设施、城墙、堡垒、宫殿、庙宇、广场等保障安全与统治秩序的空间景观成为营建城市的主要实践形式。

（一）安全与秩序：早期人类城市的基本逻辑

法国神学家埃吕尔这样表述城市的起源："该隐创造了一个世界，他用自己的这座城市替代了上帝的伊甸园。"[①] 按照《圣经》的说法，该隐是人类社会的第一个农夫[②]，"该隐造城"实际上隐喻了古代城市的兴起与农业发展之间存在的密切关系。问题在于，乡村似乎才是最符合农业生产需要的居住形式，为什么开展农业劳作的人们需要城市呢？有观点认为，城市的兴起与贸易有关，粮食

---

① ［美］乔尔·科特金：《全球城市史（典藏版）》，王旭等译，社会科学文献出版社2014年版。

② 据《圣经·创世纪》记载，夏娃生育了该隐、亚伯，成年后亚伯牧羊、该隐种地，该隐因为嫉妒愤恨而杀死了亚伯，而被上帝流放，他在伊甸园东边建了一座城市，并以自己儿子（以诺）的名字为城起名。

及其他货物的交易站点是城市功能的起点。[①] 这种观点可以说明市场是城市的基本功能之一，但并不足以解释城市的兴起：从逻辑层面讲，市场并不必然等同于城市，乡村同样可以承载集市功能，从开展商品贸易到建立城市之间无疑还有一段相当的距离；从事实层面讲，城市出现早期的文字记载中并没有多少商业信息。芒福德指出，公认较早出现城市的美索不达米亚文字中根本找不到“商人”这样的词，商业和手工业在很长时间里不过是城市的附属现象。[②]

从历史上看，人们对安全的需要和国家对统治秩序的需求才是农业社会城市营建的主要逻辑。尽管农业时代的城市本身也有着各种各样的风险，但正如亚里士多德所言，人们为了活着而聚集到城市。古代城市的出现与发展和人们对安全的追求密切相关，是人们抵御自然灾难的安全需要。

众所周知，最早的城市是出现在一些大河流域：尼罗河、底格里斯河和幼发拉底河、印度河、长江、黄河。大江大河除在提供良好的水土资源条件外，也带来了一系列自然灾害，尤其是洪水，此时空间相对广阔、堤坝较为坚固、粮食储备充足、地理位置优越的城市成为抵御灾难的首选。英国考古学家伍利认为，上古时代的城市是抵御洪水的主要工具。[③] 更重要的是，修筑堤坝等设施需要将人民组织起来、聚合起来，小村庄不具备这种能力，一旦条件具备，大型城市聚落的出现就成为社会必然。[④] 此外，城市是防御外部侵略的安全需要。一旦暂时消弭了来自自然的威胁，人与人之间的矛盾就会凸显，建设城墙、城堡、城市成为抵御外部侵略的重要手段。

---

① ［英］伊恩·道格拉斯：《城市环境史》，孙民乐译，江苏凤凰教育出版社 2016 年版，第 1 页。

② ［美］刘易斯·芒福德：《城市发展史：起源、演变与前景》，宋俊岭、宋一然译，上海三联书店 2018 年版，第 34 页。

③ 同上书，第 91 页。

④ 同上书，第 56 页。

在迄今发现的最早的人类城市——修建于1万年前，位于死海之北的耶利哥（Jericho）——就已经出现了用土砖块修建的城墙和壕沟，这都是用于军事防御的重要设施。[①]在中国漫长的古代史长河中，为了抵御敌人不惜人力、物力修筑城池、城墙甚至长城用于防御的故事屡见不鲜。以春秋时期为例，仅《春秋左传》记载的筑城行动就达到68次之多。[②]随着城市日益成为政治中心和财富的聚集地，它不仅成为抵御敌人进攻的堡垒，自身也成为战争要争夺的核心目标，于是，更多的城墙、壁垒、壕堑在古典城市建设起来，更多的军事要塞被建立，这又进一步促进了城市的发展繁荣。

如果说在自然灾害和军事冲突中保障安全是农业城市发展的外在驱力，那么统治者追求权力稳固与神圣秩序则是农业社会城市发展的内在动机。芒福德认为，从分散的村落到高度组织化的城市，王权是最重要的变量。[③]实际上，在古代不论是东方还是西方，国王或皇帝都有权决定建设、改造和摧毁城市，一个王国的重要城市往往是这个国家的主要行政中心、军事中心，也是显示统治秩序、彰显皇权的重要场域。

在古代中国，城市中的空间秩序与皇权秩序具有高度同构性，正如冯友兰先生所言："故宫和一座衙门在格局、体制上是一致的，县衙门是一个具体而微的皇宫，皇宫是一个放大了若干倍的县衙门。"[④]由于政权与城市的紧密关联，两者常常一荣俱荣、一损俱损，罗马的兴起、巴比伦城的繁荣和长安城的兴盛得益于罗马帝国、新巴比伦帝国和汉唐帝国的强盛；被遗弃的孟菲斯、被摧毁的

---

① ［美］约翰·J. 马休尼斯、文森特·N. 帕里罗：《城市社会学：城市与城市生活》，姚伟、王佳等译，中国人民大学出版社2016年版，第24页。

② 何一民：《中国城市史》，武汉大学出版社2012年版，第19页。

③ ［美］刘易斯·芒福德：《城市发展史：起源、演变与前景》，宋俊岭、宋一然译，上海三联书店2018年版，第91页。

④ 何一民：《中国城市史》，武汉大学出版社2012年版，第24页。

迦太基和被付之一炬的波斯波利斯则见证着古埃及、迦太基王国和古波斯帝国的覆灭。与王权一样，宗教所蕴含的神圣权力对古代城市影响巨大，甚至在城市发展大部分时间里，宗教都扮演了核心角色。[①] 在很多情况下，祭祀是古代城市的秩序组织者，神庙、教堂、寺庙、修道院不仅为城市居民们勾勒了精神世界的秩序，也影响着城市的秩序、文化与品格。在古典时期和中世纪的许多地区，“若没有城市的宗教功能，光凭城墙不足以塑造城市居民性格特征，更不足以控制他们的活动。若没有宗教，没有随宗教而来的各种社会礼仪和经济利益，那么城墙只会使城市变成一座监狱”[②]。

总之，农业时代的城市出现、发展、辉煌与谢幕往往与政治因素、宗教因素与自然和军事安全密切相关，规划、建设与管理城市主要沿着保障安全与维系秩序两条主线开展，这两条主线构成了农业社会城市发展的基本动力机制。

（二）筑城固人：农业时代的营城逻辑

城市遵循什么样的发展规律决定了城市决策者和管理者采取什么样的形式去建设城市、发展城市。农业时代的城市发展动力是为了保障安全和维系秩序，当权力拥有者（一般是政权、皇权和教权）对城市赋予较高关注时，城市往往能够取得较好的发展。商业、贸易、服务、手工业之于古代城市固然也是重要的，但要服从于城市的政治、军事、宗教功能。因此，这一时期的城市建设便是大规模修筑城池、城墙或具有象征性、仪式性的公共设施，将城市作为保护人、管理人同时也束缚人的“容器”。尽管世界各地的古

---

① ［美］乔尔·科特金：《全球城市史（修订版）》，王旭等译，社会科学文献出版社 2010 年版，第 11 页。

② ［美］刘易斯·芒福德：《城市发展史：起源、演变与前景》，宋俊岭、宋一然译，上海三联书店 2018 年版，第 47 页。

代城市千差万别，但城墙、权力机构（宫殿、衙署或市政厅等）、防御设施和宗教设施几乎是各地主要城市的“标配”，古代社会的统治者以这样的标准修筑城市，至于与人民生活或经济活动密切相关的设施，则远未纳入考量范畴。

在西方文明的摇篮雅典，城市的内核和全部精华集中在雅典卫城之中[①]。这座雄伟的卫城位于山丘之上，三面被悬崖包围，山顶四周修筑起坚固厚硬的城墙，在卫城之中，伊瑞克提翁神庙和帕特农神庙等宗教建筑壮美高大，用于庆典、集会的狄俄尼索斯剧场庄严肃穆，大量雕像、柱廊美轮美奂。与此相对的是卫城脚下杂乱破旧、拥挤不堪的居民生活区，与农村并无二致的低矮土坯房构成了人们的居住空间，没有铺装的路面泥泞不堪，糟糕的卫生条件导致瘟疫横行。[②]光荣的希腊如此，伟大的罗马实际上也未见更佳。罗马的建设是从城墙开始的，城市采用矩形形式，这与后来罗马的营地布置高度一致。除了大量的宗教设施和市政场所，罗马还有精美的大理石广场、宽敞的大街、大排水沟、精心建造的公共浴池和超大规模的斗兽场，这让它成为现代西方大都市的“原型”。[③]不过，在庄严宏伟的城市中，大多数居民生活的场所是破破烂烂、时常倒塌和失火的住房，真正供居民使用的道路狭窄不堪，垃圾和污秽之物到处都是。更重要的是，罗马城得以不断扩大、发展的根基是寄生经济和掠夺政治，城市中充满了恐怖、罪恶和死亡，处于一种病态之中。[④]

---

① ［美］刘易斯·芒福德：《城市发展史：起源、演变与前景》，宋俊岭、宋一然译，上海三联书店 2018 年版，第 152 页。

② 同上书，第 154—155 页。

③ ［美］乔尔·科特金：《全球城市史（修订版）》，王旭等译，社会科学文献出版社 2010 年版，第 44 页。

④ ［美］刘易斯·芒福德：《城市发展史：起源、演变与前景》，宋俊岭、宋一然译，上海三联书店 2018 年版，第 216 页。

与西方国家一样，中国古代城市的种种空间设施也是为统治者而非市民服务。但由于中国历史上多数时间处于大一统状态，皇权力量强大，城市的规划性、等级性、政治性要比西方更强，宗教性则相对较弱。早在春秋战国时期，各诸侯国在筑城时就对城市规模、布局、功能及建筑物类型等作了规划，传统的棋盘式城市格局已经初步形成。例如，战国时期的燕下都（在今河北保定西北部）被一条中轴线分开，西城为军事防御区，东城为宫殿区，各种宗庙、官署等沿着中轴线左右对称分布，城南则为住宅区，居民的住宅要按照阶级和职业不同而分别修建。[①] 将中国古代筑城的规划性发展到高峰的是隋唐长安城。隋唐长安初名“大兴城”，由著名建筑家宇文恺设计建造，宇文恺将宫室、官署等统治机构建造在城市的制高点上，以体现皇权的至高无上。长安城包括宫城、皇城、郭城三个部分，宫城为皇室所居，皇城为官府集中办公场所，郭城为居民生活空间，界限分明、安全实用；城内道路、水沟、城门、坊市等整齐划一、南北交错、东西对称、井井有条，是封闭式棋盘格局城市的典范，对后世影响巨大。[②]

很显然，对于大多数古代统治者而言，“筑城”的目的不是为了“聚人”或发展经济（尽管有时这是客观的后果），对秩序和安全的追求反而使他们期待居民们被“固定”起来，按照官方的要求生产生活，这充分体现在其城市管理的实践中。在西方，古代城市的文化和信息资源被宗教和官僚组织占有，人们的创造与表达受到限制[③]，宗教管理者对利用广场、教堂等公共空间进行贩售的商业行为严厉驱逐，避免其损害城市的神圣秩序。古代中国对城市的封

① 何一民：《中国城市史》，武汉大学出版社 2012 年版，第 112 页。

② 同上书，第 219 页。

③ ［美］刘易斯·芒福德：《城市发展史：起源、演变与前景》，宋俊岭、宋一然译，上海三联书店 2018 年版，第 94 页。

闭管理更加严格，从秦汉到唐朝，中国城市采用严格的坊市制度，居住空间被划分为若干矩形单位并在四周建起城墙，称为“坊”。“坊”设“坊门”并有专人管理，“坊门”朝开夕闭，实施宵禁，居民受到强制隔离与管理。尽管宋朝以后坊墙取消，但城内的封闭管理仍然长期存在。①

总之，农业社会的城市关键词是“筑城”和“固人”，城市被看作一个容器、堡垒和象征物。统治者们一方面集结能工巧匠，规划和营建规模巨大、瑰丽壮观的伟大建筑，留下了极为丰富的文化遗产；另一方面对大多数城市居民的生产生活并不关心，而将其作为客体进行严格的管控和限制。在这一时期，“城市”更多的是建筑设施与空间景观。

二、工业时代：以经济增长为重心经营城市

人类社会在农业时代中度过了漫长的时光，在此期间，人类建设了诸多恢宏壮丽的城邑，但总体上绝大多数人民仍然居于城市之外，军事安全的需要、自然条件（如供水、供粮）的限制、交通水平的不足、传染病的流行等都使得古代城市很难大规模扩张。在中世纪的欧洲，像伦敦这样的大都会人口不过4万人，10万人以上的城市极为罕见②，中国由于人口基数巨大，古代城市人口规模大于欧洲，但到乾隆年间，北京人口规模不过60余万人③，直到1800年，全球城市人口仅占人口总数的3%。从18世纪末19世纪初开

---

① 何一民：《中国城市史》，武汉大学出版社2012年版，第32—33页。

② ［美］刘易斯·芒福德：《城市发展史：起源、演变与前景》，宋俊岭、宋一然译，上海三联书店2018年版，第297页。

③ 王均：《1908年北京内外城的人口与统计》，《历史档案》1997年第3期。

始，城市发展进入一个崭新的阶段，工业化成为城市发展最重要的助推器。从1800年到1950年，地球上的总人口仅增加了1.6倍，而城市人口却增加了23倍。尽管安全与秩序仍对城市有着重要意义，但相较于以往，人们更倾向于认为城市是产业聚集之地，是充满财富与工作机会的场所，也是技术不断革新的空间。于是，追求安全和统治秩序的农业时代的营城逻辑被追求产业发展与财富增长的工业营城逻辑所代替，新时期的城市在迎来前所未有的大发展的同时，也带来了更加复杂的城市问题。

（一）产业与技术：工业时代城市发展的核心要素

尽管农业时代的营城逻辑主要筑基于对安全与秩序的需求之上，但对财富的追求也对许多古代城市的发展起到重要作用。西方的腓尼基人在地中海沿岸开辟的一个个商业据点被认为是欧洲商业城市的起源。中世纪的威尼斯、佛罗伦萨、巴塞罗那、阿姆斯特丹等都是繁荣的商业都市。中国也形成了诸如广州、汉口、苏州、杭州等工商业发达的城市。在欧洲，商业城市的发展极大地带动了市场的繁荣，这又反过来刺激人们不断扩大生产。大规模的工厂生产代替了手工业，各种新兴的产业不断涌现，工厂成为新的城市有机体的核心。越是能够吸引产业聚集的地方，城市发展越是迅速。于是，人们依照更有利于生产的方式来建设城市，甚至将城市本身变成工厂的一部分。

英国作为工业革命的发源地，是从18世纪中叶到19世纪末城市化速度最快的地区。在1800年前后，英国人口占欧洲总人口的8%，但其城市人口却占到全欧洲的70%左右，到19世纪中叶，英国成为世界上第一个大多数人口居住在城市的国家。[①] 位于英格兰

① ［美］乔尔·科特金：《全球城市史（修订版）》，王旭等译，社会科学文献出版社2010年版，第123页。

东北部的兰开夏郡是工业革命的发源地，也是英国城市发展最迅猛的地区，以精纺加工业著称的布莱福德从一座 1.6 万人小镇变为拥有 10.3 万人城市，兰开夏郡首府曼彻斯特的人口从 1800 年的 9.4 万人增长到 1830 年的 27 万人，被彼得·霍尔誉为“第一个工业城市”。[①]

继英国之后，美国成为工业化的新热土，随着大量欧洲人口、资本和技术涌向新大陆，美国的工业规模迅速扩大。肉制品工业中心辛辛那提人口规模从 1800 年的 750 人增长到 1840 年的 10 万余人，钢铁、汽车等重工业迅猛发展的底特律、芝加哥在半个世纪的时间里从小规模的人口聚居点发展成为引领全球的工业都市。世界大都会纽约在 1810 年人口仅为 9.6 万人，随着大量工厂集聚到纽约，这座城市迅速发展，到 19 世纪中叶仅仅曼哈顿岛就拥有 4000 家制造业工厂，纽约人口也超过 100 万人，到 19 世纪末进一步激增到 340 万人，成为全球人口最多的城市之一。

由于产业发展的需要，新技术被前所未有地运用到城市中，成为促使城市变得更高、更广的重要动力。19 世纪中叶，人们尝试利用钢铁结构建设更高的建筑，并发明了电梯，这为城市进入摩天大楼时代奠定了基础。到 20 世纪初纽约已经成为一座拥有高耸天际线轮廓的城市，这里超过 20 层楼的建筑达到 61 座，仅曼哈顿就拥有 3000 部电梯，每天运送的乘客达到 150 万人。[②] 19 世纪 70 年代，有轨电车技术出现在欧洲，80 年代有轨电车开始在美国的城市运用。乘坐价格低廉的有轨电车极大地方便了人口的流动，拓宽了产业人口的居住范围，让更多的人可以在距离产业聚集区较远的郊区居住。柏林和纽约是工业时代受到技术因素影响较大的城市。

---

① ［英］彼得·霍尔:《文明中的城市》，王志章等译，商务印书馆 2016 年版，第 427 页。

② ［美］罗伯特·M. 福格尔森:《下城：1880—1950 年间的兴衰》，周尚意、志丞、吴莉萍译，上海人民出版社 2010 年版，第 148 页。

德国政治军事中心柏林经过电气革命的洗礼，成为电力技术的“硅谷”和世界“电力之都”[①]。到20世纪初，以电气技术为代表的新兴技术带来的经济增量占柏林工业总增长的40%。在“资本主义首都”的纽约产生了电话、电灯、钢笔、计数机、整行铸排机和充气轮胎等技术，人们很快用它们创造出了现代化的办公环境。因此，霍尔认为纽约“比世界上任何大型城市都依赖于技术的发展”[②]。

总之，产业（尤其是制造业）和技术（与产业密切相关）构成了工业时代的城市发展动力，这些因素在19世纪和20世纪早期的欧美城市作用尤其明显。20世纪中叶以后，随着欧美国家出现后工业化趋势，上述因素的作用效力有所下降（虽然仍比较显著）。而在包括中国在内的后发国家，工业化进程总体上从20世纪中叶才加速展开，上述因素在城市发展中仍占据极为关键的位置。

（二）兴产促城：工业时代的营城逻辑

当工业化成为城市发展的主要助推力，产业和技术成为支撑城市不断扩大的动力机制时，人们开展城市建设之时所遵循的基本逻辑势必发生变化。农业时代的城市建设求的是“不变”，是免于灾难的安全和统治秩序的稳固，因此城市的决策者和管理者花费大量精力打造城墙与堡垒，尽可能保证城市始终如一。

工业时代的城市建设则求的是“变”，是通过产业和技术不断获得更多的资本、更大的盈利，因此城市的决策者和管理者将城市看作广义的“企业”（或企业的一部分），特别强调“以产筑城”，将“增值”看作发展城市的目的和手段。在欧美资本主义国家，营城2.0时代可以分为两个阶段：第一个阶段是18世纪末到19世纪

---

① ［英］彼得·霍尔：《文明中的城市》，王志章等译，商务印书馆2016年版，第533页。

② 同上书，第1067页。

末，这一时期城市管理者将城市看作工业资本增值的辅助手段，只关心城市如何服务生产，对城市的规划建设放任自流；第二个阶段是20世纪前期以后，这一时期城市管理者将城市本身也看作资本增值的手段，通过更加精细地开发城市、改造城市来实现收益。

对于西方资本主义早期的新兴工业城市，英国著名小说家狄更斯将它们称为“焦炭城”①。这些城市往往靠近矿山、铁路、港口或工厂，管理者们用功利主义的原则对待它们，几乎不对城市进行规划和公共建设，任由私人企业主肆意使用城市空间以满足生产和盈利需要。在这样的城市中，人口迅猛增长，大量建筑物拔地而起，但随之而来的是单调乏味、垃圾遍地的街区，臭气熏天、混乱不堪的街巷，中产阶级的居所甚至不能满足基本的采光和通风需求，工人阶级大多居住在贫民窟中，这里甚至不能满足人们最基本的用水、卫生和如厕要求。

在19世纪中叶的曼彻斯特，一个拥有7000名居民的贫民窟只有33个厕所。直到20世纪30年代，伦敦住在邋遢的地下室的居民仍超过2万人。②极为恶劣的居住条件和卫生环境导致这些工业城市疾病横行，19世纪英国工业阶级的平均寿命甚至不如农业人口，号称“现代化典范之城”的纽约从1810年到1870年婴儿死亡率增长了一倍，达到惊人的24%③，美国最重要的工业中心芝加哥则被称为“美国最悲惨、最肮脏的城市之一”④。用芒福德的话说，这些城市“只是人堆，是堆放机器的大杂院，而不是推动人类社团

---

① ［美］刘易斯·芒福德：《城市发展史：起源、演变与前景》，宋俊岭、宋一然译，上海三联书店2018年版，第418页。

② 同上书，第431页。

③ 同上书，第453页。

④ ［美］乔尔·科特金：《全球城市史（修订版）》，王旭等译，社会科学文献出版社2010年版，第132页。

去谋求更好的生活”①。

到了20世纪，尤其是第二次世界大战以后，资本家们不再仅仅把城市看作工业生产的附属物，他们将城市建设与金融业、房地产业及服务业发展联系起来，通过这些产业发展来实现资本增值。

按照著名城市社会学家洛根和莫洛奇的说法，城市中的银行家、大商人、公司法人、开发商、投资者及政客实际上是城市发展的决策者，他们组成了“城市增长机器联盟”，推动城市按照他们的设想进行开发、建设和更新，通过城市人口增长和土地价值的提升来满足财富增值的需要。② 在这样的逻辑下，城市的一些地区被作为具有巨大商业价值的空间大量投资建设，各种大型城市工程如机场、高速公路、商业综合体、展览场所等被大量建设，城市空间面貌得到显著改善，资本家们从城市的不动产增值中获得了巨大利润。但在这一过程中，普通民众特别是弱势群体的切实需求没有被真正考虑，穷人聚集的区域（通常是城市中心）被排斥在发展之外，变得更加衰败贫困；富裕的区域也面临着环境退化、房租上涨、犯罪增加等切实问题。

工业时代的城市建设经验主要来源于欧美资本主义国家，近代中国整个社会总体上还处于农业时代，现代工业虽然有所发展但仍然落后，国内主要城市由消费主导而不是生产主导。③ 中华人民共和国成立以后，我们党和国家着眼社会主义工业化目标对城市进行了改造，还有计划地新建了一批工业城市、矿业城市、铁路枢纽城市，工业成为城市发展的最大动力。

---

① ［美］刘易斯·芒福德：《城市发展史：起源、演变与前景》，宋俊岭、宋一然译，上海三联书店2018年版，第420页。

② Molotch, H., & Logan, J, “Tensions in the growth machine: Overcoming resistance to value-free development”, *Social Problems*, 1984, pp.483-499.

③ 戴均良主编：《中国城市发展史》，黑龙江人民出版社1992年版，第314页。

当然，由于我国是在社会主义国家的统筹下推动工业城市建设的，在满足工业发展需要的同时也着重考虑人民生活，这是资本主义早期工业城市不可比拟的。改革开放以后，各类产业的快速发展与大量劳动力的流入相结合，为城市发展提供了强劲动力，掀起了迄今为止人类历史上最大的城市化浪潮，同时也带来了人口、交通、环境等新问题。

与此同时，随着住房商品化改革在 20 世纪 90 年代推进，土地价值的开发利用也成为城市发展的重要手段，这在为城市建设提供大量资本与机会的同时也带来了高房价问题。如何打破工业时代固有的营城逻辑，实现更符合人民期待的城市发展，成为新发展阶段中国城市决策者与管理者的重要命题。

三、后工业时代：以美好生活为导向营造城市

工业时代是城市化快速推进、高度发展的时期，但这一时期的城市发展更多的是为了服务于工业生产的需要，服务于资本增值的需要，而不是服务于“人”的需要。随着工业化的持续发展和信息化的深入推进，从 20 世纪 70 年代开始，欧美发达国家的工业经济不再构成就业和生产的最主要力量，以信息生产和现代服务业为主要特点的第三产业成为经济的主体，创新、消费、文化、治理的重要性以前所未有的程度凸显，社会生活样态发生着深刻的变化，预示着后工业社会的来临。与此同时，以工业生产和资本增值为目标的城市发展遇到了一系列问题，特别是环境的污染、房价的高涨、贫富差距的拉大、交通问题的凸显等，建设一种与新的经济生活相适应的城市形态，探索一种更具人本性、文化性、生活性的城市营造路径成为人们的共同期待。因此，营城 3.0 时代不仅仅要着眼于

以产业发展城市，更要以满足人民美好生活需要为指引来营造城市，一言以蔽之，以城市之美创造生活之美。

（一）创新与美好体验：后工业城市发展的价值导向

从 20 世纪 70 年代开始，一些以工业为主导的城市迎来了严重的衰退。在美国，位于五大湖区的工业重镇——芝加哥、底特律、密尔沃基、布法罗、克利夫兰、匹兹堡等——伴随着钢铁等产业的衰退出现了人口锐减、经济萧条和城市衰退，形成了著名的“铁锈地带”（The Rust Belt）。类似情况也在德国鲁尔区、伦敦工业区等老工业区出现。在拥有成熟制造业的城市相对衰退的同时，东京、洛杉矶、旧金山、西雅图、苏黎世、慕尼黑、多伦多等城市变得规模更大、人口更多且更加富有，作为硅谷的中心城市圣何塞在 1950 年时只是一个人口不足 10 万人的小城市，到 21 世纪之初人口已经超过 90 万人，成为美国人口最多的 10 个城市之一。只需对这些城市稍加了解就会发现，它们的共同特点在于卓越的创新创造能力，这提醒我们，创新已经成为今天城市发展的根本动能。

某种程度上说，城市自古以来就是不缺少创新的地方，但这里说的创新不是偶然的、碎片化的，正如彼得·霍尔所言，“在创新过程中无序混乱的城市不久就会磕磕碰碰……一代领导者不久就受到后来居上的新的竞争者的挑战”[①]，只有能够实现持续创新的城市在后工业社会才能获得持久稳定的发展。著名社会理论家曼纽尔·卡斯特（Manuel Castells）将城市持续创新的源泉归结为“创新氛围”（Milieux of Innovation），他解释道：“创新氛围是一组生产与管理的关系，奠基于一种大体上共享的工作文化，并且以产生新

① ［英］彼得·霍尔：《文明中的城市》，王志章等译，商务印书馆 2016 年版，第 428 页。

知识、新制程与新产品为工具性目标的社会组织。”①

创新氛围既可能是城市发展过程中累积诱发的因素（如东京、伦敦、上海等地），也可能是各种社会要素（如资本、劳动、科研机构等）的网络重组凝聚而成的文化精神。著名城市理论家理查德·佛罗里达（Richard Florida）则认为持续的创新需要依靠“创意阶层”(The Creative Class)。按照他的说法，创意阶层是那些以知识与信息为材料，以创新为产品的新型工作者，虽然当今世界具有高度的流动性，但创意阶层往往总是出现在一些具有典型特征的空间中，这些空间能够提供“按需娱乐”的夜生活环境、具备良好的社交活动场所、充满了多样性与来自文化的“真实性”，也就是说，城市空间的居住品质、氛围、文化等决定了创意阶层的分布。②

可以看出，不论是卡斯特所说的“创新氛围”还是佛罗里达所说的“创意阶层”，都聚焦于城市的文化精神和生活品质。这意味着，要想让一个城市具有持续创新的能力，决不能仅在产业层面创造条件，更要在社会生活与精神生活上进行营造。一个能够“化力为形、化权能为文化、化朽物为活生生的艺术形象，化有机的生命繁衍为社会创新”的城市，是今天的社会所需要的。③

创新确实对现代城市发展有着重要意义，而现代城市的持续创新则依赖于生活品质的营造和文化氛围的建构，这些无疑都属于美好生活范畴。除此之外，城市给人们带来的美好生活体验本身也是其发展的重要影响因子。

---

① ［美］曼纽尔·卡斯特：《网络社会的崛起》，夏铸九、王志弘等译，社会科学文献出版社2001年版，第481页。

② ［美］理查德·佛罗里达：《创意阶层的崛起——关于一个新阶层和城市的未来》，司徒爱勤译，中信出版社2010年版，第256页。

③ ［美］刘易斯·芒福德：《城市发展史：起源、演变与前景》，宋俊岭、宋一然译，上海三联书店2018年版，第520页。

在城市发展历史上，洛杉矶被认为是一座重视生活品质和美好生活体验的城市。20世纪初，洛杉矶的规划者们致力于打造一座“保留鲜花、果园和草地，保留来自海洋的让人精力充沛的自由空气，保留明媚的阳光和宽敞的居室”的城市，使之成为“激发人们向往高贵生活的地方”。①尽管在发展中有不少不尽如人意的地方，但洛杉矶的确成了一座给人们带来美好生活体验的城市：它的文化娱乐生活极为丰富，城市布局分散、开阔、多中心，居民能够享受独立社区、住宅和花园，四通八达的高速公路系统使之成为美国最早普及私家车的城市。与近几十年来不断衰退的工业城市不同，这座以舒适气候、时尚文化和生活方式著称的城市在20世纪中叶以后得到了迅猛发展，成为享誉世界的科技之都、文化之都、创意之都，人口规模、城市规模和经济规模始终位于美国前列。

如今，更多、更复杂的因素被纳入关于美好生活体验研究中。例如，法国城市理论家斯托珀尔发现，对城市的审美体验是促使近年来一些老旧城市社区复兴的重要因素。由于目前大多数城市已经能够满足人们的基本生活便利性需要，因此人们对审美体验的需求变得尤为重要，古老建筑给人们带来的赏心悦目甚至可以让人们忽略一些其他因素选择来到老城区居住生活，进而带动这些城区的复兴。②德国心理学家阿德里指出，城市给人们带来的压力和不适体验是人们逃离城市的重要原因，如城市的噪声带来的身心苦恼、公共空间中的恐惧体验、封闭社区形成的孤独感、摄像头下的被监控感等都迫使人们考虑自身与城市的关系。③

① ［美］乔尔·科特金：《全球城市史（修订版）》，王旭等译，社会科学文献出版社2010年版，第162页。

② ［法］迈克尔·斯托珀尔：《城市发展的逻辑：经济、制度、社会互动与政治的视角》，李丹莉、马春媛译，中信出版集团2020年版，第94—97页。

③ ［德］马兹达·阿德里：《城市与压力》，田汝丽译，中信出版集团2020年版。

（二）新时代城市营造新动向新趋势

新时期的城市需要的是以创新为动力、以满足人民美好生活需要为目标的新发展。从营城路径来看，围绕创新环境、消费街区、生活社区、公园绿地等公共空间（或场所与活动等）来激活城市、提升城市，充分彰显城市的创新活力与美好体验，成为国际前沿城市营造的新动向新趋势。

1. 更加重视创新环境营造的作用

在新的营城时代，创新是一个城市的生命力。为了紧紧抓住创新风口，各地城市都积极推进创新战略，将其作为营城实践的关键一环。美国波士顿和新加坡纬壹科学城在这方面提供了许多可供借鉴的思路。打造公共创新中心是波士顿市非常重要且极具特点的一项城市营造实践，其雏形来自 2009 年波士顿市长梅诺（Menino）提出的凭借生物技术和生命科学方面的积累优势建设公共创新空间的总体规划设想。

这项以公共创新空间为主基调的城市营造实践主要包括四方面内容[①]：第一，为了支持波士顿创新经济，在新规划项目中要求非住宅用途的总建筑面积的 20% 用于创新空间和创新应用，包括城市实验室、小企业孵化器、研究设施、设计和开发用途，汽车共享和自行车共享服务，创新公共住房空间，为城市带来新就业机会的空间功能升级与转型。第二，改造与培育为数众多的微型创新单位，主要是为了满足青年人或中等收入及以下的创新人才的需要，包括一些共享办公空间、租金适宜的公寓、休闲娱乐空间和文化艺术活动空间等。第三，建立街区会客厅（District Hall）以吸引人才

① 邓智团：《卓越城市　创新街区》，上海社会科学院出版社 2018 年版，第 161—166 页。

和商业，它与已有的社区中心主要的区别在于对于创新生态系统的支持和参与。第四，在街区会客厅周围，创造更多更丰富的开放空间，比如海港绿地、法院广场、海港湾等，这些空间连起来构成了“市民大草坪”，利用这些空间开展备受创新创业人才喜爱的休闲娱乐和公共活动，形成了独具特点且备受青年人喜爱的波士顿创新场景文化与氛围。

与将重点放在促进创新经济的波士顿城市营造路径不同，新加坡的纬壹科学城更加注重构建更具综合性、多功能性的创新生活环境。纬壹科学城不仅是生物医学、信息与统计技术、自然科学与工程领域的世界级创新产业园，而且是有影响力的文化商业园，它非常成功的特点是营造了“工作—生活—学习—社交”多样化功能混合的环境。新加坡拥有浓厚的文化多样性和混合型社区，为支持这种融合，纬壹科学城在该地区提供了不同的住宅选择，如荷兰村的波西米亚社区，有助于营造开放包容氛围，增减个体的自我表达生活与精神。此外，在启汇数字园（Fusionopolis）、启奥生物医药园（Biopolis）和大都会技术中心（Metropolis）等，保证艺术家、发明家的存在，并营造出具有创造性的氛围。除了无缝连接的网络基础设施外，社交和商业也通过密集且充满活力的城市设计与营造得以保证，从而有助于知识外溢和社交互动。

2. 更加凸显街区品质提升的意义

在这一时期，作为人们消费、休闲与社交的公共街区重要性空间凸显，成为城市文化与城市精神的重要载体。以街区品质为抓手开展城市空间的更新与营造，成为许多城市体现美好生活的重要方式。加拿大大都市多伦多市和西班牙历史文化名城毕尔巴鄂都是其中比较有代表性的城市。

位于加拿大安大略湖西北岸的多伦多是该国人口最多的大都市，该城市非常注重街区文化景观的营造。据 2014 年多伦多市经济发展与文化司（Economic Development and Culture Division）统计显示，全市文化设施按数量从高到低排列依次为：表演空间（748）、多功能空间（659）、展览 / 视觉艺术空间（494）、文化遗产（217）、银幕放映空间（113）、图书馆（99）。① 多伦多的街区文化场景往往注重创意性设计，著名的酿酒厂（Distillery District）便是通过文化创意实现转化的一个例子。

该酿酒厂建设于维多利亚时期，后被列为国家历史遗址，是加拿大规模最大的维多利亚时期的工业建筑群遗址。21 世纪初期，市政府将酿酒厂区指定为混合用途地块，该区域包括商业、住宅、娱乐设施和艺术画廊等土地用途的组合。为了提升该区域的文化品质和创意性，多伦多市政府与独立艺术家、非营利机构、社会组织等建立场景营造联合体。一方面通过较低价格将部分遗址空间租赁给具有高创造力的社会机构，另一方面通过有效的政策引导激励他们开展多姿多彩的营造行动。2003 年建设完成后，该地区大部分建筑物被建设成为精品店、艺术画廊、餐厅、珠宝店和咖啡馆，还有的区域被建成了新的剧院、青年表演艺术中心、戏剧学校等，展现出勃勃生机，成为多伦多地区首屈一指的文化创意圣地。

不同于人口众多、文化资源丰富的多伦多，西班牙的毕尔巴鄂只是一座仅 30 多万人口的南欧小城，这座城市一度因为传统产业没落而面临破产境地。20 世纪 90 年代，当地政府与古根海姆集团合作，由世界著名建筑师弗兰克 · 盖里主持设计古根海姆博物馆毕尔巴鄂分馆，将其作为带动城市复兴的希望。博物馆建成启用后，以博物馆为主体的街区迅速成为欧洲著名建筑圣地和现代艺术殿

① 范为：《城市文化场景的构建机制研究——以加拿大多伦多市为例》，《行政管理改革》2020 年第 5 期。

堂，大量游客涌入其中，带来了巨大的经济效益，也辐射了更多的地区和产业。如今，博物馆每年为城市带来高达4亿欧元的直接或间接经济产值。在毕尔巴鄂博物馆文化街区的打造中，忠诚的支持者、独特的景观体验和人与人之间有机的连接都发挥了重要作用，产生了能够激活更多创新与参与的化学反应，提升了城市品质。

3. 更加关注社区生活共同体的形塑

除对创新环境与街区品质高度关注外，国际前沿城市营造还更加注重对社区生活共同体的营造。早在20世纪60年代，一些持有人文主义思想的城市理论家就提出将社区作为城市营造的关键。因为只有以社区为中心，营造者才能更好地观察、倾听和询问那些居于其间的人们，以了解他们的需求和愿望，同时也才能够最大限度地吸引普通市民参与营造，从而打造符合共同愿景的理想地点。

到20世纪90年代中期，一些致力于推动城市营造的实践者提出了“场所营造”（Placemaking）的概念，场所营造旨在通过参与式地塑造社区或街区中的公共空间，促成场所的更好规划与创造性使用，进而使得社区共享价值得到彰显。“场所营造”把着眼点放在居住者、社区文化与共享价值上，将“创造美好地方”作为根本要旨。从这个意义上说，“场所营造”实际上是场景营造在社区层面的体现。近二十年，“场所营造”发展成为一项国际运动，从一种草根状态逐渐上升到一些城市的战略层面，尤其在美国和英国影响广泛，伦敦和芝加哥是其中具有代表性的城市。

2014年，伦敦制定了《地方性格与情景补充规划指南》作为开展城市设计和规划的指导手册。该指南指出：“城市性格是关于人和社区的，场所由人创造，场所的演变、功能及其在当下和过往所支持的活动对我们理解它至关重要……社区的各个部分，包括居

民、游客、企业、年轻人、老年人和残疾人，以及不同的种族群体等，对它的使用和体验也可能有很大的不同。”① 由此，在社区 / 街区尺度上推动城市地方特色的彰显和城市品质的提升成为伦敦城市营造的重要战略。

与伦敦相比，芝加哥更强调社区文化与邻里关系的塑造。布朗兹维尔社区是蓝调和福音音乐首创之地，社区内的马丁 · 路德 · 金大道以及索门人物雕像吸引了很多人。人们聚集在这里，将其作为一个承载丰富的历史形象和愿望的象征性资料库，为歌曲、舞蹈、诗篇、布道等活动，创造性地参与提供场所。例如，中国传统的诗词大会活动被芝加哥引进，被称为“诗歌大满贯”(Poetry Slam)，作者们在酒吧或咖啡店里读他们的诗歌，人们喝着东西，诗人们可以穿上传统服饰，在诗中描摹的场景中进行表演，这种具有强烈主题艺术活动的形式可以吸引特定的观众。文化让人们成为共同体，从社区的生活者变成体验者。

4. 更加聚焦公园等公共空间营造

公园等公共空间是保障城市“宜居舒适性”和“公共性”的关键。相较于其他城市，纽约和巴黎两座国际大都市更侧重着眼公园的功能优化和潜能挖掘，构建更符合市民生活需要的全新公共空间。纽约是拥有全球公园最多的城市之一，其中曼哈顿中央公园占地面积达到 341 公顷。在曼哈顿公园设计之初，设计者根据自己的专业知识开创性地把娱乐、休息植入这样大尺度的城市生态空间之中，并获得巨大的成功。虽然今天的游客普遍认为曼哈顿中央公园比较“原生态”，但事实上，建筑师们做了大量的空间改造工作，除了外露岩石是原始景观的唯一遗迹，其他地方都有设

① Greater London Authority，*Character and context*：*Supplementary planning guidance*，2014，p.15.

计师精心改造的细节。在天气晴朗、气候适宜的时候，一天的游客高峰期能够达到 20 多万人，公园已经成为高密度城市的一个重要活动区域。

纽约的公园不仅由公共机构和企业建造，也有很多社会组织参与其中。独具特色的纽约高线公园是位于曼哈顿中城西侧的线性空中花园。它原来是一段高 30 英尺的高架铁路，于 1980 年功成身退后被废弃 20 多年。1999 年，痴迷于铁轨、铆钉和工业遗址的自由作家戴维和无名小艺术家哈蒙德一起，与高线附近居民发起成立了非营利性组织“高线之友”（Friends of High Line，FHL），倡导对高线进行保存并再利用作为公共开放空间，这一设想得到了纽约市议会的支持。公园落成后，在一个满是高楼和公寓的城市中，市民们得以看到一块有着巨大延展性的开放地。高线公园中有随处可见的长椅、太阳椅、阶梯椅，还有木制甲板、草地，市民可以随时来这里休憩。在太阳底下边看书边喝咖啡，对市民来说是一件相当惬意的事情，能为他们繁忙的都市生活提供一个喘息的空间。

巴黎同样非常注重对公园等公共空间的营造，始终强调在可识别性、可达性、安全性和便捷性的基础上，还需要不断增强舒适性体验。例如，皇家宫殿花园曾经是贵族们的游乐园，目前已经被改造成为一个公共性十足的城市公园，附近的居民、企业职员、商铺店主、游客等都会感到这是一个令人倍感舒适的地方。在公园周围还有很多著名的林荫大道，林荫大道贯穿于公园，构成了巴黎独具浪漫主义的城市公共空间。

人们漫步在巴黎林荫大道上感到很安全，看着周围精致的商店和时尚打扮的人群，能够更加感受到这些林荫大道和公园一起构成了城市极具吸引力的标志，使得城市更加热闹和繁华。店铺售卖的商品有趣，餐馆里的食物美味，人们很友善，休闲娱乐场所方便进入且易于使用，周边交通便利、四通八达。人们在这种城市氛围

里可以轻松、惬意地开展休闲娱乐和社交活动，有时甚至可以持续数小时而乐此不疲。这种基于公园的营造实践提示我们，城市营造不仅要处理好“历时性”的纵向传承关系，也要处理好“共时性”的横向环境关联。与此同时，还要聚焦人群参与性的关怀，让人们在公园里拥有更多的“选择权”，使得公园极具吸引力、便于进入、易于使用、足够宽敞，可以供休闲娱乐，满足人们的多元需求。

四、天府巨变：大历史观下的成都营城脉络

“九天开出一成都，万户千门入画图”，这是千年前唐代诗人李白笔下“锦绣天府、理想家园”的大美意境，寄予了景城相融、人城和谐的美好期许。根据记载，4500 年前的宝墩文化开启了成都悠久的城市文明史，战国时期张仪“因地制宜、立基高亢”修筑成都城，书写了 2300 余年城名未改、城址未迁的城市发展传奇。蜀郡守李冰顺应自然、师法自然修建举世闻名的都江堰水利工程，造就了农耕文明时代的“天府之国”。隋唐以来，逐渐形成的“三城相重、两江抱城”的独特城市格局，促进了商业繁盛，成就了“扬一益二”的美誉，反映了古人因天时就地利的筑城智慧、人与自然和谐共融的营城理念。① 历经数千年时光淬炼，今天的成都，现代社会的快节奏与休闲之都的慢生活完美融合，优雅时尚与乐观包容交相辉映，既具有中国传统都市的一般特点，也具有自身独特个性，是理解中国城市发展脉络的典型样本。

---

① 范锐平：《成都，公园城市让生活更美好》，《先锋》2019 年第 5 期。

（一）文脉延绵：追寻成都千年营建史

作为拥有4500年历史的文化古城[①]，成都千年建城史既需要放到农业时代城市建设发展的普遍性规律中去把握，也要注意到其自身特点。成都地区早期城市形成于商周时期的古蜀国，曾为蜀国开明王朝都城。公元前318年秦人灭蜀，并将大量移民安置于此。为了加强对蜀地的控制，蜀守张若（传说是指张仪）按照咸阳城的形制筑成都、郫邑、临邛三城。成都作为蜀郡郡治，规模最大，城墙“周回十二里，高七丈”。为了加强军事功能，城中还建了储物仓、城楼和射箭场，这便是成都大城。之后秦又在成都筑少城（小城），少城规模与大城接近，主要承担市政管理、居民生活和商业活动等功能。可以看出，成都建城之初便是直接服务于政治统治和军事安全需要的，但同时也顾及居民生活与商业活动等因素，作了统筹规划安排，这为两千年来成都的兴盛奠定了基础。

两汉魏晋时期，成都人口众多、商业发达，不仅是南方治理中心，还是主要商业都会之一，与洛阳、邯郸、临淄、宛并称“五都”。商业的发展使得城市规模不断扩大，在大城、少城之外又出现了位于郫江之南的“南市”、笮桥南岸的蜀锦生产交易区“锦里”（锦官）及开展对外贸易的“车官城”。为了保卫这座南方重镇的安全，朝廷又在城东西南北四方设军营垒城，增强防御力量。遗憾的是，桓温讨伐割据蜀地的成汉政权，将成都精华所在的少城付之一炬，繁华了六百余年的天府之都在战火中暂时衰落。

隋唐两宋时期，成都得到重建，逐渐成为全国最重要的商业都

---

① 何一民：《变革与发展：中国内陆城市成都现代化研究》，四川大学出版社2002年版，第3页。

会之一，赢得了“扬一益二”的美誉。与此同时，对成都城池的建设规模也不断扩大。隋文帝时期蜀王杨秀“筑子广城”，恢复重建了成都南城垣和西城垣，城垣连属，方圆十里。

唐朝中叶以后，为应付南诏对西川地区的威胁，同时夯实长安大后方。乾符三年（876年），西川节度使高骈筑罗城，城垣周长达到25里，高二丈六尺，宽二丈六尺，上垣一丈余，陴高四尺，固若金汤。全城城垣划分为5000堵城墙，分段施工而后将每堵互相连接，城垣设置甓门以容纳守城兵将，城外护城河按城门方位架设七星桥，以利行人进出。唐亡后，前蜀、后蜀两个割据政权均以成都为首都，又对城池进行了进一步修筑，前蜀以节度使署为皇宫，并扩建城垣，后蜀在罗城外增筑羊马城，作为成都城垣外郭，进一步加强了成都的防御纵深。

北宋初年，成都在朝廷镇压李顺起义时一度遭到毁坏，但很快得到恢复重建，罗城和子城都得到进一步巩固。南宋末年，蒙古两次攻破成都（分别在端平三年和宝祐六年），城市遭到空前破坏，千年古城几乎完全被毁，元朝统治时期也未进行恢复建设。

明洪武四年（1371年），明廷攻克成都，遂开始进行恢复建设。李文忠增筑新城、赵清建设府城，之后蓝玉、陈怀、刘汉儒等人进一步修筑加固城池，完成了成都大城的建设。洪武十八年（1385年），朱元璋为彰显朝廷威严在成都建设蜀王府，王府基地选择在大城中央，形势森严，府邸周围，环以砖城，周围五里，高三丈九尺；城下蓄水为壕；外设萧墙，周围九里，高一丈五尺，形成三道屏障：内城、护城壕和外城。从此，成都以蜀王府为内城，大城为外城。

遗憾的是，明末清初的社会动乱再次使成都遭到彻底破坏，顺治三年（1646年），清肃亲王自陕甘入川，张献忠撤离成都时命令部下纵火焚烧成都宫室庐舍，夷平城垣垛堞，一时全城火起，公府私宅、楼台亭阁，全部陷入火海，成都地区“尸骸遍野，荆棘塞途，昔之亭台楼阁，今之狐兔蓬蒿也”。

清朝统一四川后再次重建城市。康熙初年，四川巡抚张德地、布政使郎廷相等人共同捐资重修大城城垣，稍有成效。乾隆四十八年，四川总督福康安“奏请发帑银六十万两彻底重修成都大城”，建成后“其楼外观壮丽，城堑完固，冠于西南”。除了建设大城外，清廷还在成都新建满城，用以驻扎八旗官兵。到清末民初，成都城墙在保卫城市安全、彰显城市秩序方面的功能已经大大弱化，城墙逐渐成为成都人民娱乐、节庆的公共空间。

辛亥革命后，成都部分城墙开始陆续被拆除。民国二年（1913年），四川地方政府拆除满城；全面抗战时期国民政府在日军轰炸时为疏散市民，又在城墙上增开了诸多缺口；20世纪60年代末70年代初，为了城市建设需要又拆除了南城门等城墙和古建筑，原本巍峨延绵的成都古城墙今天只剩下少数几段留存于世。

梳理成都城市的千年营建之路可以发现：一方面，成都并未跳出农业城市兴衰发展的基本逻辑，当国家有能力持续保障其安全秩序时，成都便可得到长足发展，但当统治者对城市怀有敌意时则可能万劫不复；另一方面，成都作为工商业自古发展、政治军事位置极为重要的南方重镇，总能够在遭遇大劫后获得重生，为下一次蓬勃发展积蓄力量。当然，随着古老的天府故都被卷入现代化洪流之中，新的发展逻辑势必影响和改变这座千年古城。

（二）产业名都：中华人民共和国成立后的成都工业化之路

成都在历史上是工商业名城，尤以酿酒、织锦、造纸等名扬华夏。但与中国其他城市一样，中华人民共和国成立以前，成都现代工业发展极为缓慢，直到20世纪30年代中期，成都仅拥有现代工厂70多家，有一定规模的只有17家，这17家工厂雇员不过1800

余人，仅占全市人口的0.41%。① 全面抗战时期由于大量工矿企业内迁，成都现代工业迎来了短暂发展，造纸、化学、机械、电力、五金、烟卷等工业发展尤为迅速，但到抗战结束后，内迁的企业纷纷迁出，加上错误的财政政策和国家发展的大环境，成都工业发展基本中断，并没有从根本上改变成都寄生性消费城市的特征。②

中华人民共和国成立后，国家对成都工业领域进行调整优化，1952年成都工业产值达到1.59亿元，比1949年增长了62.4%，这为成都大规模工业化建设奠定了基础。"一五"计划（1953—1957年）时期，成都作为国家重点建设的工业城市之一，承接国家重点建设的156项项目中的9项，建成了国营光明器材厂、国营成都无线电厂等数家电子工业骨干企业，奠定了我国电子工业基础，建设了机车车辆、制材、电热、配件、钢铁、汽车等一系列重点工业企业，初步建立了现代工业体系。整个"一五"时期，成都年均工业增长速度达到118.8%。③

从20世纪60年代初期到70年代末，国家投入大量资金进行"三线建设"，将成都作为"三线建设"的重点城市，大力发展原材料工业、机械工业、电子工业等工业门类。到1980年，成都工业产值达到44.45亿元，位居全国工业城市第11位，居于哈尔滨、南京之后。④ 这一时期工业的迅猛发展成为成都城市发展的最根本动力。从人口增长上看，自1949年到1978年，成都非农业人口从102万增加到180万，增长了78万人，而同期工业职工人数则增加了60多万人，工业带来的人口增长几乎占了全市人口增加的

---

① 何一民：《变革与发展：中国内陆城市成都现代化研究》，四川大学出版社2002年版，第191页。

② 同上书，第1040—1041页。

③ 同上书，第1042页。

④ 同上书，第1047页。

85%以上。

从城市空间发展上看，中华人民共和国成立以前，成都虽然也有专门的工业生产区，但面积有限、影响不大；中华人民共和国成立以后，成都在城市东南郊、西南郊、西北郊建设了大规模工业区，这些工业区极大地拓展了城市空间面积。1949年成都城市建成区不到18平方千米，到1983年达到192平方千米，增长了10倍多，其中工业用地的扩大是城市面积扩展的主要因素。① 从城市功能转变上看，经过30年发展，成都工业占比从1949年的9.7%增加到1978年的47.2%，成为全国重要的工业生产基地，实现了从传统行政中心型消费城市向现代工业为基础的综合性经济中心城市转变。②

改革开放以后，成都的城市工业建设从依靠国家投资转向立足市场发展。在20世纪80年代，成都在保有电子、机械、冶金等工业优势的基础上，以优先发展轻工业为突破口，积极发展彩电生产、毛纺工业、啤酒工业、玻璃工业等新工业项目，有效调整轻重工业产业格局，大力推动乡镇工业企业发展，不断提升工业总体经济效益。到20世纪90年代，成都持续加快技术改造与产品升级、做大做强高新技术产业，到1999年，全市电子信息通信制造业、医药制造业、食品加工业和机械制造业四大主导产业实现产值328.78亿元，占全市工业产值的55.8%。21世纪以来，成都以"西部大开发"战略、长江经济带战略、"一带一路"倡议为契机，坚持走新型工业化之路，突出先进制造业和高技术产业在全市经济发展中的先导性地位，到2020年工业产值达到5418.5亿元，国家新型工业基地更加稳固，中西部先进制造业领军城市基本建成。

---

① 何一民：《变革与发展：中国内陆城市成都现代化研究》，四川大学出版社2002年版，第1053页。

② 同上书，第1050页。

可以看出，作为国家西部地区的中心城市之一，成都在中华人民共和国成立以后始终高度重视工业建设与产业发展。到21世纪初，成都已经成为西部工业重镇，成为西南地区科技、商贸、金融中心和交通通信枢纽。在取得骄人成绩的同时，成都也不得不面临一些问题和挑战，特别表现为经济结构性矛盾突出，高新技术产业比重小，都市化建设任务重，现代服务业发展不足，人口基数大，资源、环境形势不容乐观，等等。如何以更好的方式、更高的质量满足人民对美好幸福生活的向往，是这座城市要做的事情。

（三）生活之城：成都发展的新机遇新特点

进入以美好生活需要为根本遵循的新时代，面对城市发展的新趋势新要求，国际前沿城市推进了一系列城市营造计划。成都自古以来便是人文荟萃的文化之都，是安逸舒适的生活之城，如何用好成都的这一优势，更加彰显成都在创新创造与美好生活方面的吸引力。如何着眼创新、着眼人民美好生活需要，如何面向城市中最有生命力的空间与行动者开展城市营造，这些都是成都需要着力应对的重大战略问题。

基于这一重大战略问题，早在21世纪初，成都便在《成都市国民经济和社会发展第十个五年计划纲要》中明确提出将成都“建设成中国西部创业环境最为适宜和人居环境最为舒适的都市之一”，这已经蕴含了创新驱动与保障美好生活的基本意涵。2004年，成都市政府发布的《成都市人民政府办公厅贯彻落实国务院关于进一步推进西部大开发若干意见的通知》，进一步强调将成都努力建设成中国西部“创业环境最优、人居环境最佳、综合实力最强”的现代特大中心城市，加强了对城市发展的新动力、新目标的探索。2010年，成都继续深化“三最”的理念，提出了建设“世界现代田园城市”的发展目标，明确了“人在园中”“城在园中”“园在城中”的城市发展三重逻辑。“世界现代田园城市”带有浓厚的场景意涵，是营造美好生活之城的先声。

党的十八大以来，成都以全面体现新发展理念的国家中心城市为指引，确立了建设“国家中心城市、美丽宜居公园城市、国际门户枢纽城市、世界文化名城”四大定位和新时代“三步走”战略目标，积极推动实现城市能级全方位提升、发展方式全方位变革、治理体系全方位完善、生活品质全方位增益。与此同时，党中央赋予成都“建设践行新发展理念的公园城市示范区”重大使命，国家推动引领性创新、市场化改革、绿色化转型等重大政策复合叠加，推动成都探索中国特色、时代特质的新型城镇化道路，引领发展方式的根本性转变。

在这样的背景下，成都完整、准确、全面贯彻新发展理念，抢抓时代机遇，用新发展理念引领营城路径革新，提出“公园城市场景营城”方略，以场景驱动城市发展，激发创新、刺激消费、赋能治理，不断增强公园城市的宜居舒适性品质，并把这种品质转化为人民可感可及的美好生活体验。这是成都千年发展大历史中的“一小步”，也是迈向高质量发展、高品质生活、高效能治理的新时代、新天府、新成都的“一大步”。

第二章

场景营城：新发展理念的城市行动

成都对于场景营城的理论与实践创新肇始于党和国家对成都的战略定位与要求。2018 年 2 月，习近平总书记在成都提出“公园城市”重要理念，之后国务院正式批复成都推进建设“践行新发展理念的公园城市示范区”，这是国家对成都的战略要求。以这一战略要求为依据，成都坚持以新发展理念为指引，彰显“公园城市”内在价值，不断探索公园城市建设路径。经过持续探索，成都提出场景营城方案，以场景营造城市，一个个场景串联与叠加，不断增强公园城市的宜居舒适性品质，并把这种品质转化为人民可感可及的美好生活体验，提升人民群众获得感、安全感和幸福感，塑造城市持久优势和竞争力。这种营城路径的创新体现了时代特色、文化传承、世界眼光。成都持续投资与场景营造，使得城市空间开合错落、功能科学搭配，将城市融于“山水田园”之中，把人们的工作、生活、休闲、学习与社交等活动舒适地安放于自然之中，让人们于城市中感受到“街区可漫步、建筑可阅读、城市有温度”。

一、以场景营城助力建设公园城市示范区

面对建设“践行新发展理念的公园城市示范区”的国家使命，成都探索了场景营城这一综合性战略路径，其主要原则体现在以下三个层面：其一，坚持以人民为中心，创造幸福美好生活。习近平总书记指出，人民对美好生活的向往，就是我们的奋斗目标。进入新时代，中国城市需要积极探寻面向和服务于人民美好生活的城市发展路径。成都场景营城战略路径就是对此任务的一项前沿探索。其二，坚持实事求是的科学精神。一个基本的事实是：人的幸福美好生活，包括工作、生活、休闲、学习与社交等发生于一定的场景内，城市运行的各类软硬件要素和服务业都聚合体现于场景之中。此为“实事”。以场景为基本视角和工作方式，用场景来联结、聚合、融合各类要素和各个领域，开展服务于幸福美好生活的综合性实践，探索城市发展新路径和新方法，提出场景营城，增进城市发展中的生活美学和美学品格。此为“求是”。其三，坚持系统观念。场景营造涉及多个层次、多个领域、多重尺度，必须坚持用系统思维开展工作。成都探索场景营城从新经济创新起步，逐渐拓展到消费、治理、生态建设等多个领域，正在形成一个全域公园城市场景体系。

（一）公园城市是新时代美好生活的空间载体

城市让生活更美好，这是城市发展的永恒主题。美好生活需要空间依托，需要空间营造，需要发展生活美学。从古至今，园林化生活一直是人类营造美好人居环境的重要追求方向，“城市山林”与“诗意栖居”是东西方社会各自的精彩表达。

城市诞生初期，农业文明下的城市从广大人民劳作的大地田园中分离出来，承担管理、手工业、贸易、军事等基本职能，城市与乡村、城市与田园出现明显的整体性分离。但是，人们对于田园和自然的期许始终存在，突出体现在帝王的苑囿、王公将相府邸的花园、普通家庭的院落等场所之中，但总体上这些场所是私有的、封闭的。尽管如此，经过长时间的摸索，人类产生了许多经典的造园思想与成果，深化了对“园林化生活”的追求，特别是中华文明造园实践中体现和发展着的天人合一、道法自然等重要思想，对今天的公园城市建设仍是十分宝贵的文化资源。

西方文艺复兴运动之后，城市发展的世俗性提升，旧有的城市防卫体系、城市发展动力体系和管理体系开始转型。在工业革命发生后，人口快速集聚到城市，城市规模快速扩张，其主要职能转向大规模生产，取得成就的同时也带来了环境、公共卫生等方面的问题，还出现了“人的异化”等思想、价值、文化层面的深层次问题。在应对工业文明下城市问题的过程中，出现了从私家花园到公园的变迁。1843 年，英国利物浦市建造了公众可免费使用的伯肯海德公园，这是用城市公共税收建造的第一座市政公园，此后在英国兴起了公园运动。

几乎在同一时期，欧洲大陆上的法国出现了奥斯曼巴黎城市改建，建设大面积公园是其中重要任务。此后，在美国兴起了规模更大、影响更为广泛的城市美化运动。上述实践标志着公园不再是少数人享受的奢侈品，而是公众愉悦身心的空间。拓展到城乡关系层面，马克思和恩格斯提出，城乡发展从低水平均衡到发展差距拉大，再走向高水平均衡，这是历史发展的方向。1898 年，英国社会活动家霍华德针对工业城市引发的问题提出更为系统的田园城市理论，成为现代城市规划理论源头。《雅典宪章》中将城市的基本功能总结为“居住、工作、交通、游憩”四大方面，这一经典的功能分区思想深刻影响了全世界此后数十年的城市营造活动。第二次世界大战后，伴随着对现代主义思想的深入分析和反思，进而叠加信息化、智能化趋势的影响，全世界开始兴起可持续发展思潮，在城市领域体现为生态城市、低碳城市、绿色城市、数字城市、智能城市等潮流。

进入新时代，面向生态文明与信息社会融合的社会发展前景，习近平总书记提出公园城市理念，为城市更好服务人民美好生活需要指明了方向。公园城市将成为更好满足和承载广大人民美好需求的综合性空间载体。

（二）融合中外营城思想与经验建设公园城市

公园城市是古今中外美好人居理想的现代表述，涉及城与乡、人与自然、生产与生活、空间与体验等重大关系的综合考量，需要在更高层次上推进营城理论创新，在新的时代条件下更好地回答“城市让人民生活更美好”这一主题，将公园城市建设成为美好生活的最优载体，为城市发展注入新的强劲动力。国内外前沿城市的历史与当下实践为开展公园城市建设积累了丰富经验。例如，伦敦早在20世纪40年代的大伦敦规划中就提出“绿带”规划，此后又逐步向中心延伸，建立起绿道、绿网、绿楔、口袋绿地等组成的公园网络，2019年伦敦颁布了《伦敦国家公园城市宪章》作为建设标准，并提出“绿色治城”的环境战略，将零碳城市、韧性城市等绿色城市发展计划整合其中。除此之外，美国波士顿的翡翠项链公园系统开创了城市绿道体系从规划到实践的成功实践。新加坡的“城市公园连道系统”进一步升级城市绿道的规划手法，使之成为提升城市全球竞争力的“绿色引擎”，助力新加坡建设自然城市。上海市提出以建设“生态之城”为目标，不仅建设“城市里的公园”，还要打造“公园里的城市”。成都市迅速贯彻落实公园城市理念，已经形成了公园城市发展的一整套规划、机构和体制机制，目前正在向全域公园城市场景体系的纵深方向推进。

上述实践体现出生态文明背景下城市发展逻辑与路径的深刻变迁。放眼世界，创新成为城市发展的主要驱动力，正如学者乔尔·科特金所言，哪里更宜居，知识人群就在哪里聚集；知识人群在哪里聚集，财富就在哪里聚集。城市发展的核心逻辑正从工业文明时代的“产业—要素—配套”模式迈向后工业文明时代的“良好自然人居环境与公共服务—吸引人才与机构—衍生创新成果与产业”的发展模式。人力资本追求绿色健康、宜居舒适的高品质生活环境，城市竞争力也转变为“自然、人居、创新”三个生态体系的叠加，自然生态保障良好的健康环境，人居生态满足教育、医疗、交通、文化等社会需求，创新生态为创业就业以及更高层次的自我实现提供土壤，三个生态的集成勾勒出了未来理想人居的前景，高质量发展与高品质生活彼此成就，蓝绿空间将不仅是空间的“留白”，还会成为诗意栖居的关键载体。

“窗含西岭千秋雪，门泊东吴万里船”“晓看红湿处，花重锦官城”“山桃红花满上头，蜀江春水拍山流”“锦江近西烟水绿，新雨山头荔枝熟”……这些脍炙人口、引人入胜的诗句都体现了成都的历史文脉。接续这些美好生活的历史意向，成都在建设公园城市的方向上探索出系列创新举措。2018 年，成都出台《加快建设美丽宜居公园城市的决定》，对公园城市建设作出了系统部署。此后，成都在全国率先成立公园城市研究院，开展了高水平系列课题研究，在全市新一轮规划建设中积极落实，划定两山（龙门山和龙泉山）、两网（岷江和沱江两大水系）和六片生态隔离区等重要生态空间，限定和稳固城市格局，依托生态空间建设一系列的城市郊野公园。结合山川水系、通风廊道和重要节点视线廊道建设各类城市公园，并与外围生态空间相互连通，形成“城在绿中、园在城中、城绿相融”的城市公园体系。结合城乡交通和水系脉络，构筑以“一轴两山三环七带”为主体骨架的天府绿道系统，串联城乡空间，融合城乡功能，加快塑造“推窗见田、开门见绿”的城市特质。同时，深度融合未来的创新场景、消费场景、生活场景等推动公园与绿道的场景革命，为生态、生活、创新的互动聚变提供新型载体，推动美学体验和文化深度融入人们生活。

（三）将公园美景拓展为可居可游的人本化场景

自公园城市理念提出以来，成都系统开展了公园城市建设实践，逐步形成了一条公园城市的意象化、场景化表达，通过场景营造打造美丽宜居公园城市，遵循可感知、可进入、可参与、可消费的理念重塑生态空间，努力创造条件，让人们的生活如入画中。

公园城市建设与场景具有内在的“磁频共振”，一个个场景叠加与串联，把公园城市的宜居舒适性品质不断转化为人民群众美好生活体验。场景营城代表着城市发展路径转型，从工业逻辑到人本逻辑，从生产导向到生活导向。这种营城理论指导下的城市发展，相关政策不仅关注产业发展的需要，而且关注从事产业的人的发展需要。“场景驱动城市发展”的营城新模式逐渐形成，探寻一条发展路径，在广阔的自然山水里，把生活城市、人文城市安放其中。宋代词人辛弃疾曾在《沁园春·灵山斋庵赋时筑偃湖未成》之中描述过这样一副美好的场景：“叠嶂西驰，万马回旋，众山欲东。正惊湍直下，跳珠倒溅：小桥横截，缺月初弓。老合投闲，天教多事，检校长身十万松。吾庐小，在龙蛇影外，风雨声中。”在现代城市，“吾庐小”恐怕是很难改变的事实，但可以通过城市整体营造上的创新，让人们更好地亲近自然。

成都推动了自然生态空间景区化、景观化，以山川森林等自然资源和城市绿道为载体，植入旅游、休闲、运动等场景元素，建设绿意盎然的山水公园场景，珠帘锦绣的天府绿道公园场景，美田弥望的乡村郊野公园场景。在人们日常生活中，用人本视角经营空间、环境和人的各项活动，将公园空间融入社区街道、文化创意街区和产业功能区的建设，用优美怡人的环境，滋养天府文化，串联产业生态，引领健康生活，营造清新怡人的城市街区公园场景，时尚优雅的人文成都公园场景，创新活跃的产业社区公园场景。一个个场景串联与叠加，把公园城市宜居舒适性品质不断转化为人民可感可及的美好生活体验，进而转化为城市发展持久优势和竞争力。

如果说工业时代定义伟大城市的因素是——城市规模、经济总量、基础设施、工厂数量、资源丰富程度等，那么，后工业时代定义伟大城市的标签更多体现在生活品质、创新能力、空间舒适度、文化愉悦性等新因素。一座城市能不能持续创造新可能、发现新机会、提供新体验、链接新网络，将决定这座城市未来发展的成败。而城市场景正是孕育这些多样且复杂因素的新载体。场景是可感知的，体验者的认同是场景价值所在；场景是可参与的，行动者是场景中不可或缺的要素，是场景的活力之源；场景是可想象的，它不仅带给人眼前的景象，还能与特定文化意义、生活方式、符号象征等勾连起来，延伸人们的生命体验。

二、成都场景营城的内涵、策略、脉络与特点

（一）国家战略与城市政策中的场景

“场景”这个概念首次出现在国家战略《中华人民共和国国民经济和社会发展第十四个五年规划和2035年远景目标纲要》文件

之中。我们梳理了文件中涉及场景的相关内容，从技术和文化两个角度，至少包括三种类型场景：一是“打造未来技术应用场景，加快形成若干未来产业”，这和科技创新、新经济发展等领域关系紧密；二是“推动养老托育、医疗卫生、家政服务、物流商超等便民服务场景有机集成”，这与社区发展治理、公共服务供给等领域关系紧密；三是“营造现代时尚的消费场景，提升城市生活品质”，这与消费创新、文体旅游、城市更新等领域关系紧密。当然，当前中国城市场景实践探索中，类型更加丰富，远不止这三种类型。总体上看，这反映了“十四五”时期国家战略中场景作为各个区域推动高质量发展、创造高品质生活的新“抓手”的重要性。

事实上，场景已经陆续被运用在我国多个城市工作与政策实践当中，有的从技术角度，有的从文化角度，均在积极探索场景的实践价值。2018 年，上海发布人工智能应用场景计划；2019 年，北京发布“十大应用场景”，浙江省提出“九大未来社区场景”；2020 年，重庆、天津、南京、武汉等城市加入场景实践中，有针对性地出台了一系列政策。尤其注意的是，2021 年以来，我国提出“培育建设国际消费中心城市”目标，国务院公布了国际消费中心城市建设试点城市，北京和上海等试点城市已经把打造消费场景作为培育建设极具鲜明特色的国际消费中心城市的重要举措。这说明，场景作为一种新的理论工具对我国城市建设和发展产生了深远影响。

与上述城市相比，成都在推动场景实践方面更加全面和系统，既有从技术层面探索的场景，如新经济应用场景等；也有从文化层面探索的场景，如消费场景等。早在 2017 年，成都就在新经济建设领域提出场景概念，用新场景培育新经济、激发新动能。随后，在消费领域、社区领域、生态领域等相继实践探索了“消费场景”“社区场景”“公园场景”等独具特色的场景分类体系。此外，成都还着眼城市特质与资源禀赋，提出“场景营城”这一战略性路径，从而形成了相对完整的全域公园城市场景体系与实践机制。

对于居民来说，选择一座城市或地方工作与生活，意味着选择不同的场景与生活方式，实际上是一种场景意向和价值取向的表达。对这种巨变的理解、洞悉，正是场景营城的灵感来源，也是场景营城紧紧抓住的关键要素。因此，我们应把场景营城作为调适人民美好生活需要和现实发展条件的关键抓手，对标国际城市的服务功能和消费趋势，对城市有机生命体进行开放设计、价值创造、形象营销，全面提升宜居舒适性、体验感和美誉度，通过场景营造不断增强公园城市带给公众的宜居舒适性体验，为企业创造新机会、为市民创造新生活。

（二）成都场景营城的主要内涵

成都在推进场景营城实践中对场景这一概念进行了新诠释、新表达。从城市演进趋势看，场景是具有价值导向、文化风格、美学特征、行为符号的城市空间；从生活方式变迁看，场景是一个地方生活方式、价值观念等的集中呈现，涉及消费、体验、符号、价值观与生活方式等文化意涵。场景既是文化认同也是价值判断，场景既是消费空间也是生产要素，场景既是生活方式选择也是个人价值选择。在成都市制定的《中共成都市委成都市人民政府关于以场景营城助推美丽宜居公园城市建设的实施意见》中，场景被认为是“承载城市生产、生活、治理功能的集成系统和要素结构，是城市运营的基本功能单元，深刻影响人们的行为方式和价值选择”。这又赋予了场景概念以结构性和实践中的可操作性。

除对场景概念加以发展外，成都在场景营城实践中还对幸福、美好、生活等表达美好生活需要的基本概念作出辨析探讨，进一步完善了相关概念体系。在成都关于场景的相关文件中指出："幸福，是人们对生活满意度的一种主观感受，重在个体价值的自我实现；美好，是一种内在尺度的感性显现，重在共同愿景的激励感召；生活，是人们在一定价值观自我确定下对生存状态的感知实践，重在城市特质的凝念彰显。"毫无疑问，幸福、美好、生活都是高度日常化的概念，但内涵比较泛化，在政策实践中容易引发误解，成都基于理论高度和实践要求对这些概念作出规定，既有助于相关政策制定时不产生误解，也有助于进一步完善场景营城的概念体系，推动营城理论体系优化发展。

城市的核心是人。这就要求新时代营城逻辑从工业逻辑向人本逻辑转向。这就意味着"精筑城、广聚人、强功能、兴产业"的重要性。从人的角度出发，城市吸引力法则正在被场景所改变，通过场景营造，以人的需求为导向开展城市形态重塑和功能完善，把吸引人、留住人、发展人作为价值追求，提升市民对城市的归属感认同感，培育激发市民在城市中的创造力。

场景营城，即以场景营造城市。以场景为抓手，以城市营造为总体方案，着眼人民对美好生活的向往，是践行新发展理念的城市建设新探索、新路径。具体来说，场景营城立足美好生活品质的场景重构，强调无限创新创意的空间集聚，突出文化消费潜能的情境激发，彰显公共空间的美学体验，形成应对市民深层次需求的城市机制，充分考虑创新、协调、绿色、开放、共享等因素在城市发展中的重要性，对实现城市高质量发展和高品质生活提出了明确的城市行动方案。

场景营城是立足美好生活品质的场景重构。场景营城推动城市场景实践，着眼于"场景激发创新""场景刺激消费""场景提升治理""场景赋能生态"等，通过投资与持续营造不同类型的城市场景，充分考虑城市居民的多样性、复杂性，让各类社会群体能够更加精准地找到与自身生活期许相匹配的场景设置，为每一个人提供最宜居、最舒适、最愉悦的美好生活品质的构造物，从而不断增强城市的宜居舒适性体验和美学品质，实现生活美学和营城逻辑的交相辉映。

场景营城是强调无限创新创意的空间集聚。新发展理念要求我们切实转变发展方式，推动质量变革、效率变革、动力变革，这就要求不断寻求城市发展手段的变革和城市发展机制的变革。这种变革的灵感并不外在于城市，更不是从国外经验“移植”而来，而是城市生活中闪闪发光的一系列创新、创意与创造。因此，场景营城要求高度重视生产、生活、生态的创意与体验，将城市看成生产、生活、生态与梦想的大舞台，看成可以筑梦与圆梦的地方，只有将那些存在于舞台上、存在于梦想中、存在于理念中的好设计、好灵感呈现到现实生活中、展现在城市空间中、服务于幸福提升上，用场景营城来贯彻新发展理念才有了有效抓手和可能性。

场景营城是突出文化消费潜能的情境激发。贯彻新发展理念，构建新发展格局，必须以扩大内需作为战略基点，增强消费对经济发展的基础性作用，以改善民生为导向，以新消费、新业态、新模式为引领，推动消费向体验化、品质化和数字化转型。在这一过程中必须积极挖掘消费动力、提升文化消费、增进消费氛围，以构建消费城市发展蓝图。在实践中，场景营城十分注重消费场景、消费体验与消费氛围的构建，一旦被场景所激发的时候，潜在的消费需求便可能成为消费的动力。构建消费场景的手段机制很多，比如沉浸式体验、展示式消费、消费环境营造等，通过这些场景营造活动在更大的范围内、以更人性化的表达来激发消费，促进城市发展。

场景营城是彰显公共空间的美学体验。过去对城市公共空间的利用过于强调功利主义色彩，在空间设计过程中过于强调商业价值而忽略人文艺术与社会价值。公共空间设计除了功能化的考虑，还需要美学和艺术化的理念，尤其是对于人本需求、社交需求和美学提升的重视。通过场景营城就是要给人们带来一种新的、与过去生活不一样的城市空间体验，这种城市空间体验是具有很强的地点文化风格和美学意涵。

场景营城是应对市民深层次需求的城市机制。随着经济社会的发展，人们的需要逐渐由低层次的生存和安全需要转向更深层次的社交和精神需求。作为今天人们栖居的主要家园，城市不仅要为人们提供丰富的物质产品，更要有条件帮助居住在城市的人们摆脱压力束缚，追求更高质量的精神生活。从根本上来说，场景营城是一场文化实践，其目的就是要借助场所的再造、空间的形塑、情境的重构来解决精神与身体、个体与群体、自我与社会之间的“脱嵌”问题，让人们能够在场景中感知自我、释放自我、陶冶自我，在寻求身心放松与精神愉悦的基础上更好地实现自我与社会的有机联结，促进人的自由与全面发展。从这个意义上说，场景营城不仅“营造城市”，更要营造心灵、营造人。

（三）成都场景营城的主要策略

场景营城作为一种营城路径的新探索，具有一定的策略性。成都场景营城策略性主要表现在以下几个方面：

第一，城市的理想化。过去的理论工作者特别是城市理论工作者，对未来城市作了无数的设想，如田园城市、花园城市和生态城市等。这些畅想都是对未来生活的一种憧憬。这种憧憬一般从技术和物质满足两个角度进行考虑，但较少从精神文化需求的角度去考虑。在城市发展的几千年历史中，有很多著作和畅想。我们最终的畅想是建设理想城市。每个人、每个城市都对理想城市有不同的表达，成都对未来的理想城市畅想，就是公园城市。所以，成都场景营城关注的核心问题就是诠释公园城市的意象和意象化表达，让人民群众真正切实感受到公园城市带来的宜居舒适性品质与美好体验。

第二，生活的艺术化。人们来到城市的主要目标是追求有滋有味的生活、美好的生活，而不是无趣的生活。二者之间的差距和鸿沟最主要的便是艺术性体验。什么叫艺术性，就是把一件事做到极致就是一种艺术。但我们没有能力把事情做到极致，所以我们需要通过空间构造和场景营造，给人们提供逐步达到理想生活状态的路径。比如，研讨会在咖啡馆里进行，其实就是一种策略。有的咖啡馆过去曾是一个地下空间，人们顶多把它当作一个避风的港湾，但现在它变成了年轻人的消费场所，它提供了一种年轻人相遇、交流、社交的可能性体验。为什么不是所有年轻人都愿意去成都太古里？那是因为其他地方有不同于太古里的体验。我们鼓励生活艺术化，鼓励艺术多样化。艺术化在某种程度上就是无限创意化。

第三，生产的人本化。生产人本化主要有两个特点：一是生产产品越来越多地面向人的美好生活需要；二是生产环境越来越多地得到了大幅改善，更加注重人的发展。比如，新城或新的园区建设，不仅要关注产业发展的需要，还要关注从事产业的人的发展需求。城市建设要回归到人本化。无论工作岗位、工作环境以及劳动工具和产品标准，都需要把人的创造性和技术的支撑有机结合。

第四，文化的 IP 化。文化是一个比较泛化的概念，是一种无形的感知与体验。每个人对文化有不同的解读，但文化 IP 化可以让人们印象中的文化变成可感知可体验的文化现象。比如，设计产业功能区首先要考虑文化，即文化地标。早期西方社会从希腊开始，中心城市是宗教中心，因为宗教文化统治人们的思想。古代中国，城市中心是官衙，官本文化影响着人们。现在，我们是学校教育引领思想。很少有城市能找到自己的精神文化原点，解读自己的城市精神。很多人说成都的文化是天府文化，但天府文化是什么？能表现出来吗？如果不能表现出来，它无非就是行政干部和文化创作者口中的一种语言表达方式而已，并没有成为人们精神上的寄托。当一种文化不是人们精神寄托的时候，这种文化的价值就非常有局限性。

第五，生态的景观化。天府之国给人们不一样的印象，不仅仅是生态底子好，成都的森林覆盖率仅 40% 左右，这在中国以及世界城市中并不高；但成都的生态景观做得好，能不断把城市宜居舒适性释放出来。因此，成都的生态优势在于生态景观做得比较好，大部分城市绿化都有寓意表达。生态的景观化也是对公园城市的一种表达。公园城市不仅要强调绿量，而且要强调景观化，能给人们美好的生活体验。

（四）成都场景营城的发展脉络

成都围绕场景营城开展了大量的场景营造实践，尽管不能一一列出，但我们课题组根据时间顺序，梳理了成都场景营城的发展脉络，具体如下：

2017 年 11 月，成都新经济发展大会提出，把发展新经济培育新动能作为推动城市转型的战略抉择，鲜明地提出聚焦“六大新经济形态”、构建“七大应用场景”，加快打造最适宜新经济发展的城市，具体包括：大力提升服务实体经济能力，大力推进智慧城市建设，大力推进科技创新创业，大力推进人力资本协同，大力推进消费提档升级，大力推进绿色低碳发展，大力推进现代供应链创新应用。

2019 年 10 月，《成都市城乡社区发展治理总体规划（2018—

2035年)》提出“七大社区场景”，包括社区发展治理中的服务、文化、生态、空间、产业、共治、智慧等场景类型。

2019年11月，《成都市美丽宜居公园城市规划(2018—2035年)》提出“六大公园场景”，即山水生态公园场景、天府绿道公园场景、乡村郊野公园场景、城市街区公园场景、人文成都公园场景和产业社区公园场景。

2019年12月，成都建设国际消费中心城市大会举行，制定实施《关于全面贯彻新发展理念加快建设国际消费中心城市的意见(征求意见稿)》。该意见提出，打造“八大消费场景”，通过消费场景营造加快推进国际消费中心城市建设，包括地标商圈潮购场景、特色街区雅集场景、熊猫野趣度假场景、公园生态游憩场景、体育健康脉动场景、文艺风尚品鉴场景、社区邻里生活场景和未来时光沉浸场景，形成广泛覆盖城市生产、生活、生态和治理各领域的场景系统。

2020年3月31日，成都新经济新场景新产品首场发布会上提出“场景营城、产品赋能　新经济为人民创造美好生活”，向全球持续发布1000个新场景、1000个新产品，建设未来场景实验室、实施场景示范工程，助力消费升级，释放市场需求，为企业提供更多城市新机会，为万千市民提供美好生活体验。

2020年5月，成都市召开“凝聚社区发展治理新优势　激发办赛营城新动能”工作会议，要把场景营造作为深化城乡社区发展治理的着力点。要努力构建具有世界影响力、满足不同群体需求的场景，吸引更多的人前来旅行、工作和生活。要坚持“一个产业功能区就是若干个新型城市社区”，全力打造“上班的路”“回家的路”，促进生产生活平衡。要构建更多消费场景、商业场景，更好满足市民美好生活需要。

2021年8月，《公园城市消费场景建设导则(试行)》对外发布，这是全国首个针对消费场景建设的导则，通过消费场景打造，优化城市功能，提升城市品质。该导则从基本指引、场景特征、舒适物指引、业态指引四个维度，提出场景建设分类指引，进一步强化消费场景主题鲜明化、消费业态多元化的建设理念。

2022年，《中共成都市委　成都市人民政府关于以场景营城助推美丽宜居公园城市建设的实施意见》正式出台，成都围绕美好生活、智能生产、宜居生活、智慧治理四个城市场景体系，构建“城市机会清单 + 创新应用实验室 + 未来场景实验室 + 示范应用场景”场景全周期孵化机制，面向全球发布2000个新场景，打造150个具有引领带动力的示范城市场景，建设15个具有综合影响力的城市场景创新发展集聚区。到2025年，累计发布5000个新场景，打造300个示范城市场景，建设30个城市场景创新发展集聚区，形成新时代美丽宜居公园城市场景支撑。

（五）成都场景营城的主要特点

成都以公园城市为指引，不断营造场景、激活场景，一个个场景叠加与串联，把公园城市的宜居舒适性品质转化为人民群众可感可及的美好生活体验，形成全域公园城市场景体系，让场景成为公园城市的实现机制和表达形式，即城市场景化。这一观点无疑具有成都特色，但同时，也具有更为普遍性的意义与特点，具体包括四个方面：

第一，场景营城是一个久久为功的过程，而不是可以毕其功于一役的项目。所谓“城市场景化”，就是以场景化人，逐步将空间、地点打造成场景，让城市充满场景与机会。因此，场景打造的过程，是一个动态过程，贯穿于城市规划、建设与治理的全过程。

第二，场景营城服务于更高层次的城市目标。场景是城市创新、城市美学、发展机会、生活方式的集合。对一个城市来说，这些因素都至关重要，但只有将它们置于更加明确的发展战略中，场景营城的作用才能最大限度地彰显出来。对于成都来说，“践行新发展理念的公园城市示范区”是城市发展的根本遵循，场景营城契合这个目标、服务这个目标、推动这个目标不断实现，这就需要“全域公园城市场景体系”的支撑。

第三，场景营城是一个多位一体的概念系统，而非单维度的概念。公园城市作为新时代城市发展的高级形态，其内容是非常丰富的，要将如此丰富的发展目标嵌入场景营城的实践之中，自然需要将场景营城的概念更加系统化。成都提出了新经济场景、消费场景、社区场景、公园场景等多种场景串联和叠加构建的城市场景体系，这一体系未来还将不断扩充，共同构成“全域公园城市场景体系”的实现路径，也将成为推动场景营城的具体抓手。

第四，系统开展场景营造。如前所述，场景赋予一个地方更多的意义，包括生产、生活、生态、体验和价值情感，已经成为影响城市经济和社会生活的重要驱动力。成都东部新区提出将“广聚人”作为第一要务，探索构建“人城产”融为一体的场景生态系统，用场景营造的思维“精筑城”，营造出“一个产业功能区就是若干个新型城市社区”的新场景，进而激发新经济、新动能。这就是用场景思维系统开展空间经营。

简言之，建设“践行新发展理念的公园城市示范区”，要以自然为美，把好山好水好风光融入城市，要统筹生产、生活、生态三大布局，提高城市发展的宜居舒适性，并把宜居舒适性品质不断转化为人民可感可及的美好生活体验。这是成都场景营城路径实施的重要任务与目标。这就意味着未来城市发展需要在创新、消费、生态和治理四个子系统上发力。城市生态是基础优势，城市创新是基础动力，城市消费激发经济活力，城市善治让社会井然有序。这些共同构成了现代城市品质。

三、成都场景营城的实践机制

成都场景营城的关键在于把新发展理念与人民美好生活需要两条主线贯穿城市营造的全过程。具体而言，成都坚持新发展理念引领城市发展方式转变，将创新、协调、绿色、开放、共享的新发展理念全面地应用于场景营城实践中，基于美好生活导向的营城路径创新，实现先进理念的城市全景化呈现，在全域开展场景营造。

第一，面对新一轮科技革命和产业变革推动城市新旧动能转换的时代机遇，以新经济场景为抓手，确保创新意识与制度的有机协同，营造新经济生态、发展新经济、培育新动能。第二，在国际化、多元化、艺术化的新消费时代背景下，关注开放活力与本土价值之间的张力关系，打造消费场景，不断增强人们的城市舒适性与愉悦性体验。第三，为应对社区参与不足与社区认同感不强等治理难题，通过社区场景营造促进社区参与、培育共享和公共精神、提供安全保障，培育社区共同体。第四，为探索生态价值转化和可持续发展，通过公园场景营造来推动绿色发展、促进生态价值转换，不断增强公园城市的宜居舒适性品质。尤其注意的是，这些场景营造过程并非相互独立，而是协调、平衡、兼容，以街区、社区、公园与广场等空间为载体，促进不同场景类型平行而交互发展，由点到面、串联叠加逐渐形成全域公园城市场景体系。实现这一目标，成都在实践机制上作了很多有益探索。

（一）以要素活化形塑场景营城路径

在推进场景营城实践中需要充分激发各类要素资源，尤其是空间要素、市场要素、市民要素、文化要素、技术要素等。在构建包括新经济场景、消费场景、社区场景、公园场景等在内的多元场景体系过程中，如果各种要素活力得不到释放、要素资源得不到利用、要素纽带得不到整合，则很难取得重大突破。成都需要在推进以公园城市为核心的营城实践中进一步激活要素潜能、挖掘营城动力。

1. 赋能空间载体，塑造城市特色场景 IP

场景营造不能止于空间，但场景离不开空间，空间是场景的载体，在很大程度上决定了场景营造的品质下限。近年来，我国城市空间的同质化日趋严重。城市化的快速发展以及对于成功发展案例的大范围模仿，导致城市之间除了地名的区别，宛若一片片千篇一律的混凝土森林。

这种同质化蔓延到了城市发展的方方面面，包括物理建构、城市文化和生活方式等。场景所强调的空间美学正是解决城市同质化的一剂良药。它的概念又恰恰是多维度的，强调社区街道、物理建筑和舒适物、多元化人群、社会生活和活动以及价值认同的互动共生，从而形成有机而形态各异、独具特色的文化空间载体。

成都自古拥有天府之国的美誉和舒适安逸的生活方式，具有消费和生活的先天优势，这些文化资源都能为今日的场景营造赋能。然而，文化是易泛化的概念，不同群体对于文化有着不同的解读。因此，场景营城的一大任务就是围绕成都特色的天府文化、生态美学和生活方式，通过文化的 IP 化，打造更多属于成都的场景空间 IP，规避当代城市“千城一面”的困境。将蕴含地方特色的文化标签穿插于功能设施、道路驿站等物理空间和社会组织、消费群体等生活氛围，以构建独特的天府场景，用物质的呈现方式使得人人都能体验、感知，并认同城市文化，最终成为市民的精神依托。

2. 激发市场主体潜能，加速企业孵化成长

以场景为导向的营城模式需要坚持政府主导、市场主体。经济

社会的发展趋势决定了政府和企业之间关系的转变。以生产为导向的传统产业有着较为固定的市场，以及稳定的供需群体和产业链，而企业最需要通过政府获得土地、资本、管理、赋税优惠等要素资源。

相对而言，对尚不成熟的新经济市场，企业需要政府提供的是新技术、新模式能够落地的应用市场；同时，不同类型的企业在新技术和新业态于研发、应用、推广的不同阶段有着不同的痛点和需求。因此，成都提出了新经济企业梯度培育计划，针对中资企业、准独角兽企业、独角兽企业不同的生命周期以及成长环节的痛点和需求，提供差异性、针对性的政策支持。比如，“场景九条”针对新经济企业发展、成长、成熟三个阶段，提出了引投资、创平台、组联盟三项具体措施：首先，以政府主导鼓励投资机构和企业来成都战略投资，缓解新经济企业初期的高融资成本和高风险问题；其次，建立新经济创新产品目录和交易平台，提升国有企业和政府的采购力度；最后，通过政府牵头，引导具有行业资源和专业化运营能力的企业牵头组建跨行业、跨领域的创新生态联盟。

3. 促进市民参与，满足美好生活体验

场景营造的关键要素是人，构建场景的是人、享用场景的也是人，场景营城很重要的关切是丰富城市的生活方式，提升人们的获得感、幸福感和归属感，而这种幸福感与人们日常生产和生活的场所密切相关。没有市民的广泛参与和认同，城市场景就无从谈起。

成都在推进场景营城过程中要注重市民的需求，积极鼓励并引导多元社会主体参与社区的治理和发展，促进城市的共建共享共治。充分感知市民的生活感受，以社区营造和功能区营造为重点，通过场景将包容性文化、创新技术、多元化群体、时尚消费等元素整合到一起，赋予其文化美学意义。

一条条街道、一个个商圈、一座座公园不再作为以功能区分的物理架构，而是人们生活方式、文化身份认同的重要组成部分。正如芒福德所说，城市是一个有机生命体，其最终形态能化能量为文化，化死物为活生生的艺术造型，化生物繁衍为社会创新[①]。场景正是激增空间能量、激发人群活力、激活文化动能的关键。通过全域城市的场景串联、融合，提升人们对于场景的认同感以及城市的归属感，为“老成都”留住蜀都的乡愁记忆、为“新蓉漂”营造新时代的归属认同。

4. 营造文化氛围，激发城市创造潜能

成功的场景营造离不开文化的重塑与氛围的创造，尤其是创新创意氛围的营造。成都在推进场景营城中特别注重将天府文化的内涵与价值因素贯穿于场景之中，运用场景将创新创意要素、文化美学要素融入经济社会活动中，吸引汇集高质量人才，提速产业发展。场景是创新的沃土，让创意的种子生根发芽、开花结果。

对城市空间进行全方位改造——从产业到社区，从街道到商圈，通过空间美学的开放性设计、结合成都生态景观化的特点、本地文化形象的营销以及各种多功能舒适物的集合，全方位提升城市的美学享受、宜居体验和创新活力。通过城市空间的改造重塑吸引全国乃至全球人群来到成都发展、生活，其中，包括受过高等教育的年轻大学毕业生、高新科技人才，也包括新职业群体、艺术家和旅行者等，还包括创业者、企业家和投资者等。

同时，成都通过多样场景中的工作、学习、消费，逐渐激发政府、企业、居民、媒体、社会组织等多元群体的创造力，加速创新创业、激活转型发展动能。最终，让每类人群都能见证到天府之

---

① ［美］刘易斯·芒福德：《城市发展史：起源、演变与前景》，宋俊岭、宋一然译，上海三联书店 2018 年版，第 582 页。

美，感受到创新创意的活力氛围，见证处处是场景、满地是机会。让成都成为人才的“吸铁石”，创新产业的“孵化器”。

（二）以思维创新提升场景营城水平

场景的概念集合了空间结构、商业价值、美学与人文氛围，是城市中多样设施、活动与服务构成的舒适物系统。它赋予一个地方包括生产、生活、生态、体验和价值情感等不同意义。以场景为导向的城市发展战略尤其注重多元化思维、多维度融合和多部门联动，其多元素耦合叠加的特性对未来城市建设具有独特意义。要继续以新发展理念为指引，在借鉴全球城市营造理论与经验的基础上，成都结合自身特点，进行思维创新，引导场景营城模式的战略部署。

1. 着眼公共视角，创新场景服务供给

场景营城的核心是助力满足人民美好生活需要，成都通过政策机制的创新，将人本导向融入城市每个角落，以人本化的公共视角、服务导向，通过场景营造赋能公共空间。成都场景营城的核心思路就是为人民创造美好生活，从居民生活中的难点痛点和潜在的文化美学需求出发，把人的创造性和技术的支撑有效结合，秉承公共视角，推进城市治理发展模式的转变。

具体来讲，一是通过基层党建平台链接政府、市场和社会多元主体，统筹关键资源，提升公共教育、公共卫生、就业、养老等基本公共服务体系，让市民能更加有保障、均等地享受公共服务。二是提升生活供给，将生活性服务产业与社区布局有机结合，形成一个个小范围生活消费场景。例如，建设 15 分钟生活圈，让居民在社区步行 15 分钟的范围内就能享受衣食住行各方面的优质服务。三是推动生产场景服务供给机制优化，推动发展逻辑由“产城人”向“人城产”转变。从职工便利的角度引导产业社区布局，促进职住平衡，住房小区和配套便利设施要与企业相匹配，破解潮汐交通难题，在整体上实现成都以幸福生活需求为导向、追求有滋有味的生活方式、实现“人、城、境、业”的统一和协调。

2. 坚持未来视角，创新场景业态布局

我们身处信息技术和高新科技加速发展的时代，新科技和新业态带来的变革正在渗透到城市建设发展各个方面。成都场景营城始终把握新一轮科技革命和产业变革的方向和趋势，坚持前瞻视角，充分运用人工智能、大数据、区块链、物联网等新一代信息技术赋能城市规划、建设、运行、管理全过程，引领超前布局新基础设施和服务形态，逐渐形成智能感知、智慧决策的城市发展场景。

在消费领域，成都场景营城持续聚焦新时代人民对于更高品质生活消费的新需求，前瞻性地推进消费场景和商业模式创新，灵活运用新技术，赋能日常交易、金融投资等场景，为人民经济生活提供便利。在生态领域，成都始终将城市与自然的和谐共生看作发展的根本，坚持绿色可持续发展新理念，为未来城市空间和自然生态极值留白。总之，着眼未来、聚焦当下，不仅从技术和物质层面入手，而且从市民的精神需求出发，将公园城市作为城市理想化的意象体现，以勇于探索、开拓创新的前瞻精神走出一条面向未来的营城之路。

3. 立足体验视角，创新场景文化表达

场景的理念融合了一般性和具体性，它将一座城市不同地区的舒适物、人群、文化和价值视为一个个有机的整体，但是同样强调城市内部地区间的差异。例如，人口结构、多元文化、消费特征、街区形态等因素，并将多样的区域特质视为场景营造的灵魂。因此，场景营城的思路也是突出差异、因地制宜的，在战略层面加强总体策划和协同联动，根据地方既有的产业结构、文化特质、资源禀赋、消费结构，从生活的艺术化出发，通过空间构造和场景营造，形成不同感知体验的独特场景供给。

场景供给的差异性首先体现在宏观的市区级别，根据成都天府文化气韵，构建若干具有世界级影响力的“地标”场景，吸引不同国籍和地区、不同文化背景和消费偏好的旅行者；其次体现在中层的区域级别，根据不同地区产业和社区布局的特点以及与毗邻区域之间的资源供给衔接进行统筹工作，促进职住平衡；最后体现在微观的街道层面，根据城乡社区不同的发展阶段、历史文化背景和市民不同的生活需求，塑造各美其美的生活宜居场景。

4. 运用美学视角，彰显场景人文风韵

美好生活的向往是对美的创造、发现、分享的过程。因此，场景营城下的成都发展也力图回归生活美学的价值本源，展示城市魅力，挖掘城市文化潜力，提升城市发展境界。场景的美学设计和人文厚度是成都聚人兴业的关键：别出心裁的创意设计能引人注目，深刻厚重的人文风韵能让人流连忘返、回味无穷，它推动着以政府为中心的城市规划活动转变为以天府成都生态景观化、新兴消费特点和独特生活美学为导向的艺术创作活动。例如，通过改造老旧院落，营造社区生活新场景；通过美化街巷河道，营造自然生态新场景；根据本地文化历史打造特色街区，营造文旅消费新场景。通过结合并强化现代美学体验和城市历史文化融入衣食住行游购娱，创造人文价值鲜明、商业功能融合的美学体验空间，满足人们更高层次的文化需求。

（三）以能力建设提升场景营城效能

场景营城始于一个个场景的营造，是一个由点到面的集合过程。而每一个场景的营造离不开新技术与传统经济业态、市民需求、在地文化、物理建构的有机融合。这种跨界、跨维度的融合依赖于技术的创新、思维的创新、应用路径的创新。成都在推进场景营城过程中始终将场景思维培养和场景能力建设放在重要位置上，积极提升场景研发策划能力、场景推广运营能力和场景机会营造能力，在能力增进与理念革新中提升营城效能。

1. 提升三种场景营城能力

第一，提升场景研发策划能力。场景的研发策划与开发是场景营造的起点，需要极强的技术、创意与营造能力。在场景营城实践中，成都为了弥补在这方面能力的短板，在全市范围开放了创新应用实验室和未来场景实验室的招标，通过评审竞标的方式选择筛选具备新技术潜力和跨界思维能力的项目，以政府补贴认证、技术支持为潜在的未来场景提供沃土。

具体来讲，创新应用实验室点燃技术创新的火花，支持技术创新催生新场景，聚焦新经济技术的研发以及市场化应用，由政府设立新经济天使基金联合社会资本提供投资，并支持实验室从市场化、技术成熟度以及应用领域等方面对新技术进行实测，促进新技术向新产品转化、向新场景突破。如果创新应用实验室关注的是新技术研发应用的难题，那么未来场景实验室解决的则是社会服务应用的不足，为具备潜力的新产品和服务进行实测和市场验证，并通过由政府搭建平台为新兴场景进行试点实验以及商业化测试，加速场景在市场中的成熟、在市民生活中的应用。

第二，增进场景推广运作能力。场景的推广运作能力的提升有助于我们更有效地发现、布局和营销场景。相比于企业、楼宇、公园等传统城市的组成部分，场景的概念更为抽象，因为它缺乏一种可触及的物理载体或表征，强调新技术的应用与物理架构、商业形态、历史文脉的统一。正是这种不可触及的特质使得场景营造更为困难，因为我们很难用一种标准化的指标或尺度衡量一个场景。因此，对于优秀的场景进行推广和运作有助于提升全市范围政府、企业和社会组织对于场景营造的理解和供给能力，并激发市民对于场景的潜在需求，释放场景驱动的城市机遇。

第三，优化场景机会创造能力。现在是信息、科技、消费瞬息万变的时代，更是机会无价的时代。成都深刻把握经济社会的发展趋势，推动政企关系从“给优惠”转变为“给机会”，不再依赖传统形式的优惠政策和资金补贴，而是更多地为企业提供入口和机会，从而激发企业、市场的内生动力，促进新成果转化。成都创新性建立的“城市机会清单”发布机制：围绕政府在城市规划建设管理等方面的需求以及政府采购和服务购买等信息，梳理出可供新业态企业参与的机会，以清单形式集中发布，缓解了创新型中小企业的市场对接难的问题；同时，按不同场景领域举办对接会和发布会，促进供需双方交流对接，极大程度上解决了机会不均等、不公开的问题，促进前沿技术和创新模式落地，加快应用场景转化为市场机会。

2. 组织创新保障场景营城方案落地

场景营城是一种全新的多维度、交叉学科的城市理论，在实践中需要政府、社会、企业和市民四种力量共同推动，在政府主导规划引领下，统筹社会多元力量共同推动场景营造。更强调多个政府部门、多方社会主体有效地配合协作，传统行政组织的分工和协作机制面临着新的挑战和瓶颈。因此，场景营城的落实离不开城市政府自身刀刃向内、自我革命。成都以场景营城为契机，将场景思维运用于机构创新与部门重构之中，建立新经济发展委员会、公园城市建设管理局、城乡社区发展治理委员会等新机构，推动部门之间联动，提高协作效率，通过体制机制与组织创新切实保障了作为公园城市建设的场景营城方案有效落地。

第一，建立新经济发展委员会，提出新经济七大应用场景，释放城市发展新动能。面对经济全球化和新一轮信息技术革命呼啸而来的时代背景，以高新技术产业为龙头的新经济形式在新时代城市发展中扮演着至关重要的角色。新经济形态的开发和应用为独立场景的营造和多元场景的叠加融合提供了关键的技术支撑。作为全国首个提出将新经济系统性纳入城市发展蓝图的城市，成都面临的不仅是技术上的挑战，更是支撑机制方面的“无人区”。成都于2017年成立了全国首个新经济发展委员会，负责统筹推进全市新经济领域综合改革，解决传统行政管理体制创新不足、政府部门缺乏统筹、政策创新供给不足对于新经济发展的限制。

第二，打造城乡社区发展治理委员会，推动社区场景营造，提升城市人文温度。社区是连接城市和每个市民的桥梁，建设幸福宜居的社区是城市高品质生活、高质量发展、高效能治理的基础。目前，作为管理常住人口超过2000万、拥有4000多个城乡社区的超大型城市，成都面临着现代化治理转型的难题。另外，成都的社区治理工作曾经由组织、民政、财政、住建、人社等多个部门分头负责。然而，这些传统行政部门之间缺乏统筹规划，其职能分散交叉、权责不明的问题造成了“九龙治水”的混乱局面。成都提出加快转变超大城市发展治理方式，成立市委城乡社区发展治理委员会这一特色部门，成了成都突破传统行政组织的惯性和局限性的重要举措。城市社会的加速发展和转型为城乡社区的治理带来了全新的挑战。随着人口数量的增加、社会结构的多元化，信息传播的多样化，成都城乡社区的治理急需更加多元化、精细化、高质量。

第三，建立公园城市管理局，提出“六大公园场景”，推动生态价值持续转化。为了全面推进公园城市建设中的总体规划、统筹领导和资源整合，成都成立了公园城市建设管理局，以市林业园林局为基础，整合龙泉山城市森林公园管委会的职责，市国土局、市建委等部门的城市绿道、绿地广场、公园和微绿地的建设职责，以及世界遗产公园、风景名胜区、地质公园管理保护职责，负责联合相关部门编制生态建设、生态产业、园林绿化等发展规划文件；同时，将原有风景园林规划设计院、林业勘察规划设计院、龙泉山城市森林公园规划建设发展研究院进行整合，成立成都市公园城市建设发展研究院，支持公园城市建设的系统性理论以及发展战略研究。在公园城市建设管理局的统筹下，成都陆续发布了《成都市美丽宜居公园城市规划建设导则（试行）》《成都市美丽宜居公园城市规划（2018—2035年）》《成都市公园城市绿地系统规划（2019—2035年）》等顶层文件。以美丽宜居公园城市规划为例，文件提出重构过去单向度的城市生态空间发展路径，遵循可感知、可进入、可参与、可消费的理念，以空间形态的景观化呈现为目标营造"六大公园场景"：对于自然生态空间开展景区化和景观化，以山川森林等自然资源和城市绿道为载体，植入旅游、休闲、运动等场景元素，建设绿意盎然的山水生态公园场景，珠帘锦绣的天府绿道公园场景，美田弥望的乡村郊野公园场景；将公园空间融入社区街道、文化创意街区和产业功能区的建设，用优美怡人的环境，滋养天府文化，串联产业生态，引领健康生活，营造清新怡人的城市街区公园场景，时尚优雅的人文成都公园场景，创新活跃的产业社区公园场景。

第四，加强部门协同联动，循环渐进、循序渐进，逐渐形成场景营城政策体系。场景营城对政策统筹能力要求较高，需要各部门之间形成更好的联动机制。但我国政府部门存在条块分割等科层体制困境，这就需要探索更为灵活、结合自上而下和自下而上的政策动力机制。为了实现部门协调整合，成都一方面强调部门统和性，通过新经济委、社治委等部门的领导统筹，明确传达、延伸至各区（县）及街道政府部门，提升市区及各级部门之间的协同、联动，推进"三城三都""社区发展治理30条""美丽宜居公园城市规划导则""场景九条"等顶层政策文件在全市范围的贯彻实施。另一方面也考虑区域差异性，根据不同类型的群体、产业、资源不断调整完善政策。“新经济”“公园城市”等新政策概念不应被视为空中楼阁、盲目应用，而是结合不同区域的资源禀赋、历史文脉、主导产业等比较优势实施场景规划。以“试点先行”的路径，首先建立起一批试点场景，将成功的案例作为示范场景进行推广，同时将经验和痛点反馈给市级部门，循环渐进、循序渐进，最终推动形成一种设计、试点、推广，试点、实施、再设计的场景营城政策体系。

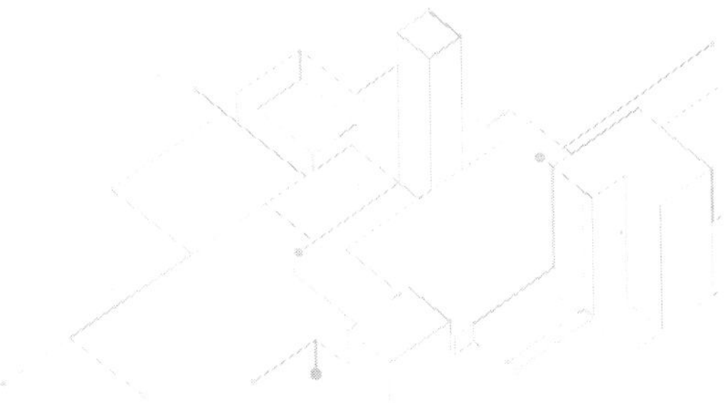

第三章

场景激发创新：建设应用场景，培育发展新动能

激发以创新为主要特色的“新经济”是场景营城的重要内容之一。新经济之“新”在于形态之“新”、应用之“新”、动力之“新”。形态之“新”，以数字经济为载体，加速推动新经济产业价值链的分解融合，加快发展资源型数字产业、技术型数字产业和服务型数字产业。应用之“新”，推进数字经济的社会化应用、生产的智能化和社会生活的变革。动力之“新”，加强前沿科技研究，把握新一轮科技革命机遇，聚焦先导性、颠覆性、带动性等发展趋势，以技术突破带动众多领域的创新，加速改变现有生产方式和生活方式。基于此，本章主要是从技术角度来理解成都的场景营城实践。近年来，成都将发展新经济、培育新动能作为全面贯彻新发展理念、落实创新驱动发展战略、城市战略转型和重塑城市竞争优势的重要抓手，将“应用场景供给”作为新经济发展的重要载体和推动产业发展的全新逻辑，围绕“凝聚创新智慧、鼓励创业行为、激发创造活力”出台新举措、新办法，推动组织架构“从无到有”、场景创新“从业到城”、空间布局“从点到面”，从生产、生活、生

态和治理等多维度打造场景矩阵，以供给场景机会来激发城市发展新动能，助力构建新时代具有成都特色的新经济产业体系，营造新生态、发展新经济、培育新动能，塑造了“最适宜新经济发展的城市”品牌。

一、新经济的崛起与场景激发创新的主要体现

新经济是建立在信息技术革命和制度创新基础上的“持续、快速、健康”发展的新型经济形态，是当前经济发展中最具活力的部分，其以新技术、新产业、新业态、新模式为内核，既是前沿的、抽象的、交叉的理论概念，又是可被操作、可被执行、可被量化的政策工具，呈现聚合共享、跨界融合、快速迭代、高速增长的突出特征[①]。就其理论实质而言，新经济是基于新的资源形态与新的发展方式带来的经济发展范式与经济发展格局变革，它不同于传统经济发展的轨道，是一个新的经济发展的形态[②]。就其政策功能而言，新经济的政策创新有利于破除制约城市高质量发展、高品质生活的体制机制障碍，实现以科技创新和数字化变革优化经济结构、升级经济形态、创造新生产关系、培育新发展动能，能够规避传统经济发展中面临的诸多风险，对地方经济加速融合创新、全面提质升级具有重大引领带动作用。

创新本质上是各种生产要素的重新组合，新经济因其跨界、渗透、交互等特性，天然具有创新驱动的特点，成为融合创新的活跃领域。5G、物联网、大数据、云计算、人工智能、区块链等新技术

---

① 《以应用场景供给打造新经济机会之城》，2019 年 3 月，内部资料。

② 《西沐：新经济是新时代中国经济发展的重要战略亮点》，中国经济网，2020 年 9 月 29 日，见 http://www.ce.cn/culture/gd/202009/29/t20200929_35841849.shtml。

高速迭代形成前沿性、引领性科技创新成果，推动产业与科技、产业与金融、产业与文化价值发现等领域深度融合，催生传统产业系统性、质的“代际”飞跃，形成新经济产业的基本形态。但相对于传统产业相对固定的市场，新经济在不断生发中，产业形态不断融合，新产品、新业态、新模式大多不够成熟，新经济市场也处于萌芽状态和动态变化中，尚未形成清晰的商业化路径和运行机制，新经济主体亟须新技术、新模式能够落地的应用市场。于是，以应用场景供给破除技术与实体经济的供需对接矛盾，为技术找到商业化应用落点，为产业寻求转型升级的解决方案，为企业链接新产品与市场需求提供入口机会，成为新经济发展的新逻辑。

从 2017 年开始，成都遵循以技术赋能链接新经济革命的总体思路，把建设应用场景①作为助力传统产业蝶变升级和经济组织方式变革的重要途径，从以经济规律研判新经济发展趋势，到以技术规模化应用引领产业变革，再到以新发展格局标定数字化路径，从供给侧布局数字、智能、绿色、创意、流量、共享“六大新经济形态”，从需求端构建服务实体经济、智慧城市建设、科技创新创业、人力资本协同、消费提档升级、绿色低碳发展、现代供应链创新“七大应用场景”，为不断进阶的新经济发展找准与之高度契合的多元应用场景切口，以此聚集新经济发展要素、引领城市新经济话语体系。

从技术和产业视角看，应用场景就是创新转化的新孵化平台和产业爆发的新生态载体②，是新一代信息技术将数字化的资源、知

---

① 应用场景可视为建构生产力与生产关系相互关联的新变量，作为推动产业发展的全新逻辑，如同装配线、生产资料一样，为当代工作场所提供重要的资源基础，推动传统产业发展理论与模式的深刻变革。

② 张宇、黄寰等：《以营造城市场景和产业政策创新探求新经济发展路径》，《中国发展观察》2021 年第 1 期。

识、能力等进行模块化封装后转化为新的产品和服务，进而形成的新的价值增长空间。相比土地、政策、资金、财税等促进产业发展的传统优惠方式，成都建设应用场景强调打破传统惯性思维，从问题出发深化改革、加强制度供给，推动政府由“给优惠”向“给机会”“以市场机会换产业投资”“打造机会之城”的思路转变，依靠市场力量提供各类系统化场景解决方案，为企业搭建创新创造平台，为人们提供美好生活体验，这种天然的契合性和关联性使其主要功能充分适应了新经济的特征，成为最适宜新经济成长的动力引擎。

从这个角度讲，应用场景激发创新主要体现在以下三个方面：

第一，孵化落地功能。应用场景是新产品、新技术、新模式等创新成果孵化落地的应用市场，是实验空间、市场需求和弹性政策的复合载体，是各类硬件、软件和服务以不同的组合形式满足目标用户在特定环境下产生的具体需求的供需匹配空间①。应用场景不是先天存在的，而是通过“主动”供给给予企业直接的行业知识、实际的客户需求和大规模的验证数据，为新经济企业提供入口和市场机会，为创新提供真实的实验环境和政策空间，加速验证创新的商业价值，促进创新成果的落地。

第二，链接赋能功能。应用场景首先是客户消费产品和服务的触点，重构消费者体验的要素。通过线上线下闭环融合实现场景互通，将动态变化的需求和供给有机地撮合在一起，帮助企业连接客户和合作方并建立长期互动关系，提高企业快速反馈、响应、持续并创新性满足多方需求的能力。同时，通过“设计—生产—营销—消费”全链纵向融合，建立产业协同网络整合供应链上下游各环节业务系统，实现企业资源优化配置和精准调度，通过“链接”生态赋能企业不断突破自身资源和能力边界。

---

① 《以应用场景供给打造新经济机会之城》，2019 年 3 月，内部资料。

第三，包容共生功能。信息技术的发展推动产业破除已有边界实现融合式发展。在同一时空场景中，用户可以产生多种需求，而多种需求也可以由多个企业来共同满足，极大地促进组织间跨界合作的可能，实现各类资源在场景中聚合共享、相互渗透与跨界融合，借助平等、开放、共建、共享的平台生态圈，如互联网平台、技术类共用平台、开源开放平台、公共服务平台等，实现高效协同合作、共生共荣、共创共赢，从竞争逻辑转向共生逻辑。

成都深刻认识到场景作为新动能的特殊性，前瞻性部署新经济相关工作，并将新经济明确定义为“以数字经济为主导的，一种由技术到经济的演进范式、虚拟经济到实体经济的生成连接、资本与技术深度黏合、科技创新与制度创新相互作用的经济形态”。成都制定《中共成都市委　成都市人民政府关于营造新生态发展新经济培育新动能的意见》，开创性提出发展新经济“六大形态”，以“多元应用场景供给”为“构建具有成都特色的新经济产业体系”提供丰沃土壤，提出“以产业生态圈理念组织新经济工作”，并在《成都市高质量现代化产业体系建设改革攻坚计划》中进一步明确“5+5+1”先进制造业、现代服务业、新经济协同发展的现代开放型产业体系，面对新发展形势进一步梳理、深化理论创新和实践探索的路径，提出“五新”（培育新主体、发展新赛道、建设新载体、供给新场景、营造新生态）系统工程，强调以“新赛道”①深化“六大新经济形态”、以“新场景”体系化“七大应用场景”，成都新经济工作已经逐步形成独有的系统化的理论体系与工作方法，既体现了成都基于自身资源禀赋对标高质量发展对新经济价值取向和未来发展方向的前瞻性把握，也体现了新经济工作方法论“形态—产业—

① 加快新经济形态向细分赛道演进，推动创新产业链深度融合，前瞻布局卫星通信、量子计算等引领技术前沿的未来赛道，重点培育工业无人机、精准医疗等抢占战略制高点的优势赛道，大力支持区块链、清洁能源等面向共性需求的基础赛道。

赛道—生态”的持续迭代演进。

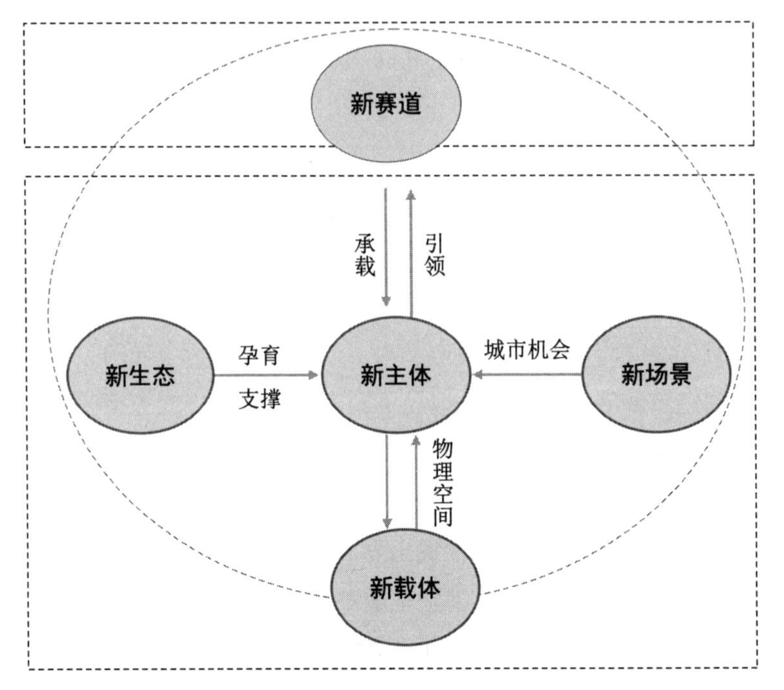

图 3—1 “五新”逻辑关系[①]

经过近年来的实践探索，新经济正逐步成为支撑成都高质量发展的增长极和动力源，最适宜新经济发展的城市品牌进一步彰显。截至 2021 年底，成都市累计注册新经济企业突破 58.3 万家，同比增长 27.3%。新经济营收 20693.5 亿元，同比增长 26.8%；新经济增加值 5266.5 亿元，同比增长 18.5%，占 GDP 比重 26.4%；新经济从业人数 391.6 万人，同比增长 5.1%。[②] 成都正持续推动数字赋

① 《成都新经济》编辑组：《让“五新”成为引领成都新经济发展的“方法论”与“工作法”》，《成都新经济》2021 年第 2 期。

② 《彭祥萍：加快数字赋能智慧蓉城建设　成都发布〈新经济赋能智慧蓉城城市机会清单〉》，成都市人民政府网，2022 年 6 月 16 日，见 http://www.chengdu.gov.cn/chengdu/c128563/2022-06/16/content_fc05843d6da54b919ff1a1dfcd288f17.shtml。

能智慧蓉城建设，构建城市机会清单＋创新应用实验室＋未来场景实验室＋场景示范全周期场景孵化机制，为应用场景建设落地匹配解决方案，为创新产品进入市场提供窗口渠道。

二、供给全周期应用场景，培育新生态激发新动能

在对新经济理论和实践持续探索的同时，成都把“供场景、给机会”作为发展新经济发展的“先手棋”，通过夯实场景突破基础、创新场景供给方式、厚植场景培育土壤三个维度为企业提供场景赋能，成为新经济从创新走向应用、从概念走向实践的关键抓手。

成都提出“到2022年，面向全球发布2000个新场景，打造150个具有引领带动力的示范城市场景，建设15个具有综合影响力的城市场景创新发展集聚区；到2025年，累计发布5000个新场景，打造300个示范城市场景，建设30个城市场景创新发展集聚区，形成新时代美丽宜居公园场景支撑”的目标任务，搭建创新应用实验室、城市未来场景实验室、“十百千”场景示范工程、“双千”发布会等众多平台载体，在战略、设施、资源、要素、业务、效益等各方面持续推动场景进阶式升级、产业智能化再造、产城融合化发展，全要素、全链条、全周期营造更加智慧、更有品质、更具活力的新经济应用场景。

总体来看，成都在应用场景实践中，摸索出了一条“场景生命周期”理论引领新经济发展实现“0—1—N”进阶演化的独特路径，形成了一系列以“场景供给”凝聚创新智慧、鼓励创业行为、激发创造活力的新举措、新办法，涌现出一批具有代表性、开创性、示范性的典型案例，构建了独具成都特色的新经济产业生态。具体表

现为，从技术端、应用端、生态端依次发力，打造从硬核技术突破到产品应用落地再到市场推广的场景供给闭环，对处于试点、示范和推广等不同阶段的新经济项目给予差异化的政策支持，即技术突破环节以“创新应用实验室”确保新经济企业在研发初期有方向，应用落地环节以“未来城市场景实验室”确保新经济企业在起步阶段有平台，示范推广环节以“十百千”场景示范工程确保新经济企业在首用关口有政策，生态营造环节以“产业社区”“高品质科创空间”确保新经济企业落地发展有载体。

（一）技术端链接突破：应用场景赋能硬核技术迭代攻关

新一代信息技术引领的第四次产业革命是全产业链、全价值链的变革，是包括生产侧和用户侧的整体系统的颠覆，体现为新一代信息技术应用于产业产品创新、运营管控、用户服务、生态共建、员工赋能、数据开发等，实现生产全要素、全过程互联互通和动态优化，从而推动生产、管理和营销模式变革。因此，新经济发展不能从局部的实践开始，而必须首先进行一场彻底的思维革命，即运用系统论和思维实验的方法，把智能技术群给新经济产业及其应用场景带来的颠覆性革新从整体到局部、再从局部到整体梳理清楚。

表 3—1　智能技术群与新经济的核心特征

新技术应用	新制造理念	新经济形态	新产业生态
5G、工业互联网、大数据、云计算、人工智能、机器人、区块链、新材料、边缘计算、AR/VR、纳米技术、生物技术。	虚实融合的新时空观、重新定义机器和工厂、发挥知识资本的价值、分布式网络化制造、重构生产与用户的新关系、构建产用融合制造范式。	工业 4.0、CPS（信息物理系统）、数字孪生、零工经济、软件定义、人机协作、共创分享、效用产品、规模定制生产、柔性制造、创客化组织。	传统线性产业链→园区化、集群式产业链（特定地理范围多个企业互补、以创新速度和效率见长）→共生型产业生态圈体系（生产要素汇聚，上下游与协作关联企业协同优化，构建产业级的数字生态）。

技术迭代是智能加速引擎，是驱动应用场景进阶升级的关键变量和创新原动力。基于信息技术的数字化革命，首先体现在数字化赋能技术手段本身，这不仅指数字化、网络化、智能化等代表新一代信息技术核心特质的各分支技术的纵向迭代升级，形成前沿性、引领性科技创新成果，而且能够发挥技术横向渗透的共享效应和倍增效应，提供面向所有企业主体的关键核心技术、底层技术和共性技术。突出表现为，随着数字化进程的不断推进，新一代信息技术包含的内涵在持续拓宽，云计算、大数据、移动互联、物联网、人工智能、区块链等新技术层出不穷，并由单点应用向连续协同演进，形成新的数字产业体系，而量子计算、脑机接口等技术领域已突破传统信息技术领域范畴，走向“数据—信息—知识”的深化发展，这些都对培育适应于学科融合和新的以机器智能为主体的知识自动化的应用场景提出了迫切需求。

依据新产品开发过程与产品生命周期理论，新产品项目从研发到问世再到大规模应用需要经历试点（初试）、示范（中试）、推广（量产）三个阶段。试点项目多为技术成熟度较低、市场风险较高，需要进行研究探索，宜先在小范围先行试做的项目，更多注重创新突破。成都设立创新应用实验室，旨在聚焦试点项目的场景创新环节，发挥龙头企业引领作用，带动中小企业瞄准人工智能、网络协同制造、云计算和大数据、生物技术、区块链等硬核技术应用规范和接口标准开展技术攻关，为场景创新提供技术支撑。

2020 年，成都发布的首批 3 个创新应用实验室项目，涉及物联网、区块链、工业云关键技术，由平台型企业、龙头企业牵头组建，为创新应用测试提供从网络到终端、平台、应用的环境和条件，新经济天使投资基金、科技创业天使投资基金联合社会资本可予首投和跟投。其中，物联网智慧产业创新应用实验室致力于制定物联网终端设备接入标准，推动 AIOT 技术创新，并完成智慧城

市、智慧社区领域应用部署；联盟区块链开放平台创新应用实验室突破生成可信数据区块的BCC芯片技术、基于安全容器的链式数据总线技术等区块链相关核心技术，并推动区块链在金融领域的应用模式创新；工业云制造创新应用实验室则围绕云制造系统总体、制造能力云化、云制造平台、云制造应用等方面建设创新能力平台，提出新一代人工智能技术引领下的云制造系统的新体系架构及其新技术体系。

同时，信息技术迭代离不开新型基础设施支撑新场景和关键数据赋能新场景释放的场景红利。在“供场景、给机会”的战略部署中，成都市正适度超前建设智能感知、边缘计算、通信网络等硬件设施，探索建立新型基础设施建设条件的土地供应制度，为构建应用场景提供感知、传输、运算等基础支撑。支持新经济平台类企业将业务数据接入成都市公共数据运营服务平台，以市场化方式促进数据共建共享共用，开展城市协同治理、产业功能区建设等应用场景创新。例如，作为“数字世界的身份证”，标识解析体系被认为是工业互联网“基础中的基础”，是驱动工业互联网创新发展的神经中枢和关键核心设施，需要企业、行业、地方政府等各方共同参与构建。“工业互联网标识解析（成都）节点”是四川省唯一的区域性综合节点，上线一年多，标识注册量突破8亿条，标识解析超过4100万次，并在成都家具、电子、食品、环保等多个行业领域迅速推广标识应用。再如，5G网络设施作为新技术深入应用和持续发展的重要基础，需要政府牵头构建城市级的场景。成都大力推动5G网络部署，已建成5G基站3万余个，基本实现5G、光纤宽带、NB-IoT对产业功能区及重点企业的全面覆盖，企业外网支撑能力和服务水平位居全国前列，为构建快捷、可靠的企业内网奠定了坚实基础，5G+工业互联网应用正在部分企业试点实施。

表 3–2　关键核心技术攻关：创新应用实验室

实验室名称	应用场景特征	项目性质
物联网智慧产业创新应用实验室	建设物联网基础创新平台，汇聚智能终端、提供开发运行服务及轻量级应用。实验室致力于制定物联网终端设备接入标准，推动 AIOT 技术创新，并完成智慧城市、智慧社区领域应用部署。作为新基建、新型基础设施的重要参与方，项目将在 AI 数字化、智能化、5G 发展中起到基础示范、平台搭建作用。	平台型龙头企业牵头建设
联盟区块链开放平台创新应用实验室	突破区块链相关核心技术，包括生成可信数据区块的 BCC 芯片技术、基于安全容器的链式数据总线技术及一种异构网络及设施接入和分片方式等，重点针对区块链在金融领域（供应链金融、融资领域、知识产权融资等方面）的应用模式创新，推动区块链的产业化应用，以及实体经济深度融合。	优势赛道区块链
工业云制造创新应用实验室	聚焦边缘制造、制造能力服务化、工业智能等关键共性技术，围绕云制造系统总体、制造能力云化、云制造平台、云制造应用等方面建设创新能力平台、突破关键共性技术，提出了新一代人工智能技术引领下的云制造系统的新体系架构及其新技术体系，攻克了其相关的新关键技术，打通工业云制造产业技术链、创新链，提升区域制造工业整体水平，具有广泛的产业带动能力。	重点支持领域工业云平台

专栏 3–1

大数据技术迭代赋能产业数字化转型升级

大数据，听起来还带着神秘感的行业术语，其实早已成为助力城市高效能治理、产业转型升级和市民美好生活的“利器”，与人民群众工作生活场景息息相关。《成都市大数据产业发展蓝皮书（2020）》显示，成都大数据产业持续保持快速增长势头，251 家入库企业 2019 年产业规模同比增长 29%；研发经费投入同比增长 33.3%；从业人员超万人，同比增长 78.0%。从行业应用来看，政务、生态环保、信用、公共安全、应急管理、司法、知识产权、城市管理、农业、工业、金融、电信、物流、旅游、健康医疗、教育、交通运输、食品安全、人社、体育、传媒……大数据与细分领域的融合发展，百花齐放，创新应用场景层出不穷。

大数据技术支持管理流程优化。“随着互联网的飞速发展，数据资源也是爆发式增长，海量数据的存储与计算需要一种更先进的云技术来提供服务支撑，否则没有整合、计算、分析过的数据，也只是冰冷的数字。”传统企业选择数字化转型升级，最大的需求在于降低成本、提高效率。有了大数据、云技术等技术支撑，到底可以为企业客户节约多少成本？以一家民生物流打造物联网大数据平台为例，给出的答案是：50%以上。该物联网大数据平台打通了城市民生物流的水路、铁路、公路干线的运输数据，通过对这些数据的清洗、分析，平台将订单流程标准化、可视化，实现了对订单的预测分析，降低了管理成本。

大数据赋能催生传统产业新活力。在成都，涌现出越来越多的“数字大脑”。积微物联的CⅢ工业互联网平台利用数据整合优势，为传统钢铁行业提供更为全面的经营和交易数据，实现钢铁产业从制造端到用户端的交易、生产、仓储、加工和物流等全过程高效协同。成都公路港一体化打通了供应链系统，汇聚了信息、交易、智能车源、区域分拨、仓储配送、汽配服务、加油加气等货运行业供应链上的各个环节，提高了原本低效的末端货运周转效率。成都卡车司机通过“信息服务一体化项目”，在手机上就能接到货运委托，等货时间从原来的72小时缩短到2小时。在通过大数据推动农地确权方面上，四川某信息技术股份有限公司承担了农业农村部农村土地承包管理国家数据库集成建库、国家农村土地承包经营权信息应用平台等多个国家级项目。

（资料来源：根据《成都日报》相关报道、成都市新经济发展委员会提供的案例材料汇总整理。）

（二）应用端孵化示范：应用场景赋能传统产业提质升级

当新经济企业在“创新应用实验室”的关键核心技术攻关战中培育出新优势之后，科技创新“种子”需要在示范推广环节中播种扩散、开花结果，政府需要积极为企业提供城市机会和市场入口，分类引导和支持成长性好、发展潜力大、创新意愿强的企业围绕新技术、新业态、新模式开展市场化应用攻关。

成都将“城市未来场景实验室”和“十百千”场景示范工程分别作为推动技术项目落地和推广环节的两个重要抓手，其实质都是为新技术充分赋能传统产业提供应用市场。落地环节聚焦技术成熟度适中、市场风险中等、宜在推广前作出可供学习典范的项目，旨在树立标杆，探索新型模式和方法，发挥引领、辐射和带动作用；推广环节则多面向技术成熟度较高、市场风险较低、可在社会进行广泛推广的项目，更多注重新业态和新模式的复制。

“城市未来场景实验室”由企业独立或牵头组建，聚焦场景试点试验环节，重点围绕智慧生活、智能生产、城市治理、绿色生态等领域，开展新技术、新模式、新业态融合创新的场景实测，验证商业模型，评估市场前景的前瞻性试验空间和弹性政策的复合载体。“十百千”场景示范工程重

图 3—2　城市未来场景实验室授牌仪式

点打造十大应用场景示范区，开展场景集中示范和集群创新；树立100个示范应用场景，鼓励企业提供行业标准、解决方案，打造高识别性示范场景；推出1000个具有核心竞争力和商业化价值的示范产品（服务），推动硬核技术和创新产品应用落地。

1.“新技术＋制造业”场景供给，推动“成都制造”向“成都智造”转变

成都智能制造发展具有两个特性：延续性和融合性。延续性体现为，数字化、网络化、智能化三个基本范式既在时间和目标上次第展开、迭代升级，又相互交织、并行推进。融合性体现为，制造业数字化转型是新一代信息技术（信息化）与先进制造技术（工业化）的深度融合，数字化网络化智能化技术作为实现制造技术创新（包含产品创新、制造技术创新和产业模式创新）的共性使技术贯穿于产品研发、生产、管理、销售、服务全流程各环节，使制造产品内涵发生根本性变化、产品功能极大丰富，并深刻地改革制造业的生产模式（工艺水平和生产效率）和产业形态。

基于智能制造三阶段演进范式，智能制造应用场景可进一步切分为以海量数据、广泛互联、全面集成、高度智能（制造业智能化

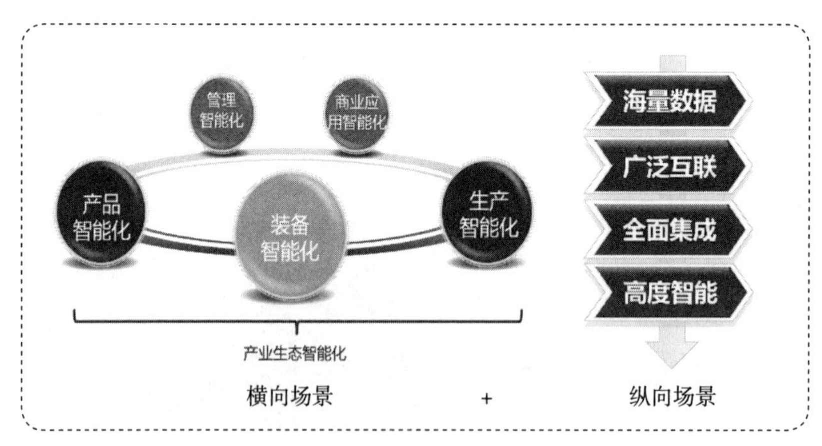

图3–3　二维智能应用场景

的四个阶段）为演变主线的纵向场景，以及以产品智能化、装备智能化、生产智能化、管理智能化、商业应用智能化、产业生态智能化为核心模块的横向场景，实现技术融合路径与应用模式的二维智能化应用场景集合，从而汇聚出如柔性制造单元、定制化智慧工厂、5G+ 工业互联网等属于新时代新经济的生产新场景。

因循制造范式演进的路线，智能制造三个阶段分别呈现不同的场景特征及各产业链环节的技术融合模式。

（1）数字技术推动产品创新。智能制造演化通常从新产品创造开始，新产品创造又分为创新工作原理（如 3D 打印技术的增材制造、快速成型工艺）和创新动力装置的驱动和控制系统（如光刻机超精密工作台通过数字化控制和补偿实现高速高精的技术要求），从而构建出数字技术提高产品智能化程度（如自适应、自学习、自我决策等能力）的应用场景。

成都市与优秀照明企业合作以智慧路灯为入口建设智慧路灯未来场景实验室，推动传统制造企业加快数字化转型步伐。通过在传统路灯上搭载各种传感器及感知设备，依托智慧路灯上集成的各类智慧部件（如充电桩、LED 信息发布屏、高清摄像头、应急报警、5G 基站搭载网络，Wi-Fi 网络、环境检测、井盖和积水检测、城市广播等）及软件平台，使路灯成为智慧城市信息采集终端和便民服务终端，在智慧停车、智慧绿道、智慧城管、智慧环保等领域开展场景应用，为人们停车提供多样性的服务，实现占道停车智能化管理，同时为管理部门提供信息发布、环境监测和应急报警等服务，提高环保、宣传等市政管理部门城市治理的时效性。依托项目建成的物联网智慧城市大数据平台，后续还可结合 5G、人脸识别、无人驾驶等领域的优秀方案，构建智慧城市新场景服务生态圈。

例如，在城市智慧交通未来场景实验室，基于移动支付的扫码 / 刷脸支付技术已在成都地铁等公共交通场景应用，企业通过对现有传统平台进行改造升级与新建，通过人脸识别的方式支付通行，有效提升了城市公共交通智慧化服务水平，促进绿色城市发展。又如，成都下辖彭州数字工厂 3D 打印应用场景，则针对传统企业广泛采用的切、削、铣、刨、磨等减材制造工艺环节多等痛点，采用 3D 打印一体成型，通过拓扑优化设计、激光烧结、固化、熔融成型等工艺，给传统企业在个性化、定制化、小批量制造上作应用示范，在产教融合、医工结合、数字化文旅及个性化消费等领域探索融合发展。

专栏 3–2

数字化赋能产品创新，
构筑起智慧城市的场景“底座”（一）

在构筑智慧城市治理的场景中，政府有了更精细的城市治理方案，同时也为新经济企业在其中找到了技术迭代和创新产品的应用场景。

上午十时，上班早高峰刚过。成都高新区益州大道一侧的环球中心西门外，共享单车巡检员罗女士正忙着将街面上违规停放的共享单车搬到划定的停放区域。她指出：“当后台显示某个区域的车辆过多时，我们还需要按照提示对车辆进行调度。”家住石羊场的罗女士结束了自己的家庭主妇生活，正式入职成为一名共享单车巡检员，她说道：“伴随着城市居民对‘最后一公里’出行的更多需求，相信从业队伍会越来越大，这也让我为成都更宜居贡献了自己的力量。”

如果在共享单车智慧管理的场景中，“罗女士们”承担着“手脚”的功能，那么背后的大数据人工智能平台则是共享单车运维的“大脑”。共享单车综合智慧治理平台可以通过设置的监测点位，实时监测和统计共享单车的停放数据，动态监测“黑名单”车辆回流情况，自动识别街面单车乱停乱放情况。监测到点位“爆仓”情况时，平台会自动报警并生成调试任务，派送至共享单车企业运维人员，保证道路环境整洁有序，也让市民用车更加方便。

所有的共享单车管理数据都会最终汇集到成都高新区网络理政的巨型大屏上。在这里，大家看得见的场景是屏幕上每隔几秒就刷新一次的数据；看不见的则是一场范围遍及全区各部门的“数据库大会战”：成都高新区打通了65个系统，归集整理了超过12亿条数据，最终形成了一套可视化的数据系统。有了这个“数据”底座，成都高新区进一步推动了大数据、云计算、区块链、人工智能等前沿技术在城市治理场景中的应用：围绕一网统管、一屏会商，不断衍生出群租房治理、渣土车治理、无人机巡查、全面全时巡视等17个细分专题。

（资料来源：根据《成都日报》的《成都共享单车巡检员罗红：每天步行20公里换“1公里”安全》等报道资料汇总整理。）

专栏3-3

数字化赋能产品创新，构筑起智慧城市的场景“底座”（二）

在青龙湖，科技和跑步爱好者可以体验智慧绿道，感受能放音乐视频的智慧灯杆、万能智慧驿站、智能机器人等“黑科技”。全长3.3千米的环湖智慧跑道，实时记录运动数据，全程跟踪运动情况，分析卡路里消耗等数据，给市民带来全新公园体验。

作为成都首条以“智慧”为主题打造的锦城大道建设示范段已经建成，根据设计方案，锦城大道将布局为“智慧锦城大街”，预留智慧锦城App接口、智慧休闲互动设施及试点智慧市政设施。当地面的方形井盖打开后，就会立起一根多杆合一的智慧灯杆，它旁边的红绿灯、路牌、路灯、天网会视情况拆掉，所有的功能都将集合在一根灯杆上。

百度5G智慧城智能驾驶项目落地成都高新区，它是四川首个智能驾驶示范项目。项目建成后，将向成都市民提供包括无人驾驶公交车和无人驾驶乘用车在内的自动驾驶运营服务，并在新川创新科技园区内打造多种无人化应用场景。

（资料来源：根据《四川日报》的《智慧大脑点亮“生活试验场”》等报道资料汇总整理。）

（2）数字技术推动制造技术创新（设计技术、加工技术、管理技术）。这方面主要表现为企业间、产业间横向技术融合（从内部互联到企业间互联互通再到跨领域、跨产业供应链、价值链的连接和优化），全链路、各环节纵向技术融合（打造“研发+生产+供应链”的数字化产业链），线上、线下场景融合（企业与用户通过网络平台实现联结和交互）三个方面，从而构建出数字技术提升企业研发设计能力、搭建智能生产系统的应用场景。此外，一些产业之间边界明晰，实现全方位融合难度大，借助“共享”经济理念构建资源、技术、渠道、空间、资金、人才共享的行业互助生态，可推动非常时期的帮扶互救尝试转变为行业共享合作的长效机制，成为场景融合发展的重要补充。

一方面，企业间、产业间横向技术融合，助力新业态场景创新。“工业互联网智能工厂”示范场景将智能生产管理、智能分析决策等智能系统进行集成，打造硬件集群化、流程自动化、设备智能化、信息网络化、数据模型化、模型业务化、软件服务化的智能制造基地，实现增质高效的无人化关灯数字生产场景；成都精灵云科技有限公司依托自身研发的国内唯一拥有双调度引擎的容器云平台技术，打造出以容器云为底座的大数据平台、人工智能基础开发平台，开发了“信融通”金融服务场景、“天府信用通”信用融资场景、“长虹集团”智能研发场景等应用场景，帮助传统企业数字化转型，实现“上云用数赋智”；工业云制造创新应用实验室以云制造系统攻克了边缘制造、制造能力服务化、工业智能等相关领域的新关键技术，打通了工业云制造产业技术链、创新链，从而显著提升了区域制造工业整体水平，具有广泛的产业带动能力。

专栏 3-4

数字化转型中锻造新优势的成都“智”造（一）

在成都市崇州市的某家具生产车间，板材切割工人李师傅不时抬头瞥一眼工位前方悬挂的平板电脑，通过这个平板电脑了解下一个生产步骤的要点，确保对板材进行精准切割。此外，当天的生产任务、目前的生产进度、每道工序的生产效率都在平板电脑上显示得一清二楚，李师傅能始终保持高效的工作状态。

“别小看李师傅面前的这块屏，它是我们工厂数字化改造的一个典型场景，让我们的生产不再‘盲人摸象’。”该家居信息化中心总监介绍说，“现在就好比给每个员工装上了一面镜子，不但能看到自己的生产进度、质量，同时还能看到别人的情况，管理人员则可以通过它看到整个工厂的生产状况。”流程看似简单，过程却需要花费很大精力。传统制造企业进行工业互联网改造时，遇到的第一个“瓶颈”就是无法“上云”的传统设备本身。

为了让生产中的信息流对上实物流，该家具引入标识解析打造数字化车间。“标识”是产品、设备的“身份证”，记录其全生命周期信息；“解析”是指利用“标识”进行定位、查询。“例如，从仓库送出来的原料会先来到开料的生产程序，根据订单的需求被切割成不同形状的板件。切割完的每一块板材都会被自动分配一个号码来统一管理。”就像身份证一样，通过扫描这个二维码，后面的生产环节就可以知道关于这块板材的生产规格等各种细节，中央系统也可以全程追踪它的生产进度和生产品质。

专栏 3-5

数字化转型中锻造新优势的成都“智”造（二）

在成都某科技有限公司，红黄蓝三色闪烁，无数机械手臂来回忙碌，玻璃基板如流水一般，在不同机台之间运转、衔接，液晶面板一张张下线……在这一成都新型显示领域的“未来工厂”，对 5G 应用场景的探索虽尚在起步阶段，但已悄然引起一系列变化。

“目前，工厂在点灯实装前的液晶面板生产阶段智能化水平已经很高，下一步我们希望在质检、包装出货阶段通过 5G 网络提高效率。”站在公司“无人工厂”的参观走廊，技术部部长如是介绍。自动小车在工厂里自如地穿梭，货物被机器人准确地放到货架上……这些曾经出现在科幻电影中的场景，通过 5G 赋能，都将成为现实。小车、物料、工人之间的高频互动，为 5G 提供了“大展拳脚”的舞台。该部长表示：“如果用 Wi-Fi 实时链接，支持同时链接数量有限，容易出现丢包掉线，一旦连接不上就会大大影响生产效率，现在我们正逐步替换成 5G 网络。”5G 网络在低时延、工厂应用的高密度海量链接、可靠性等方面优势突出，“其关键就是系统之间的实时链接和信息交互”。

专栏 3-6

数字化转型中锻造新优势的成都“智”造（三）

在西门子智能制造成都创新中心，一份 10 分钟的企业数字化程度评估问卷，帮助数字化企业画像并提供生产运营解决方案，其与赛迪联合研发的灵犀数字化企业能力评估模型，基于西门子生产运营管理体系及助力数千家客户数字化转型的实践，融合了赛迪灵犀贴近中国市场的智能制造评估经验，从六大维度为不同行业、不同发展阶段的企业进行数字化成熟度评估，助力企业实现均衡生产和数字化精益制造；借助 NX 软件，革命性的新机器和新工艺正迅速将增材制造从原型环境推向工业化应用，该软件提供了一个单一的集成系统，通过无缝集成简化了从模型设计到打印零件的过程，从而消除了在应用程序之间的转换和重新建模部件的可能，使整个团队可以在一个全面的系统上协同工作；在 Teamcenter 提供的统一平台上，概念设计阶段需求—建模—模型验证—持续优化的所有过程将实现集成，帮助所有企业将所有领域的内容整合在一起并作出符合全局的最优决策，实现模型的在环验证……各类生产场景数字化演进为智能制造提供了全生命周期管理，推动传统制造业向“制造 + 服务型”转变。

另一方面，全链路、各环节纵向技术融合推动场景模式升级。近年来，技术渗透带来的媒介生态变革在加速产业“生产—营销—消费”全链融合进程的同时，也进一步推进了场景融合形态的跃变。从“内容创意开发—生产设计制作—营销传播推广”的传统线性产业链，到特定地理范围多个企业互补、以创新速度和效率见长的集群式、园区化产业链，再到汇聚人才、资源、资本、技术等各种要素，上下游与协作关联企业融合共享形成的产业生态圈体系，场景模式升级发挥着重塑区域经济的作用。位于成都科学城的天府海创园、IC 设计产业总部基地、人工智能创新中心等核心区域，先期建设高品质科创空间示范点，以优质的创新创业环境“引凤入巢”。“王者荣耀”作为一款现象级“成都造”的游戏产品，不仅能够整合 IP、硬件生产、游戏开发、游戏发行、分发平台几个关键环节，还能够与出版、电影电视、服装、玩具、制造等其他企业集合，同时也将促生产业链运行所需的信任机制、互动机制、利益分配机制，最终形成一套完整成熟的产业场景生态系统。在蓉欧新经济创新创业园，园区导入猪八戒网的八戒知识产权、八戒金融、八戒工程、八戒财税等企业服务，按照“平台 + 政府”的模式运行，围绕区域内双创提能升级，通过技术支持、人才共享、管家服务、科技经纪人等方式，增强入驻企业对园区的黏性，探索园区模式的双创服务场景，为远郊区县新经济企业寻求培育路径。

2. “新技术 + 服务业”场景供给，创新成都服务体系与消费模式

在文化领域，数字信息技术为满足新生代文化消费群体需求升级贡献了新场景。互联网文化企业做连接、做工具、做生态，可成为传统文化企业的“数字化助手”；文创与文博融合，以“新方法”链接“新公众”，可发掘传统文化主题在数字时代的“活化”模式。在成都，“文化 + 业态 + 要素”多维融合使场景融合的范围更广、程度更深、层次更高、类型更新。天府文化经典 IP 与 VR 融合发

展，形成 VR+ 多人游戏 / 电竞、高沉浸体验的 VR+ 直播、VR 主题乐园与线下体验店、VR+ 文博、VR+ 非遗、VR+ 艺术品展示微拍、VR+ 导览、VR+ 住宿等智慧旅游产品、沉浸式场景、虚拟景区旅游等新业态集合，塑造“文化 + 旅游 + 数字科技”深度融合的场景典范。咪咕音乐以“5G+VR+AI”线上线下融合模式创新云演艺直播新业态，结合成都文化地标、校园、社区打造爆款节目和歌曲，形成“线上线下全场景”“沉浸式互动场景”“UGC 星主播场景”“联合直播场景”四大场景体系，借助音乐活动“云端”模式，推动传统演艺的 O2O 创新升级和转型，实现亿级成都文化传播覆盖量。成都中科大旗软件股份有限公司和成都安思泰科技有限公司联合搭建的智慧文旅生态场景，首次提出“文旅产业生态操作系统”概念，通过构建“云 + 中台 + 应用”技术架构体系，搭建人工智能、大数据等文旅领域关键共性技术支撑平台，培育文旅领域场景化应用开发生态和运营生态，形成文旅产业“一张网”。

在金融领域，数字化转型的终极目标旨在构建“生产服务 + 商业模式 + 金融服务”数字化生态体系。近年来，成都通过加强“区块链 + 金融服务”场景供给，推动中小企业融资、银行风控、跨境清结算、应收账款融资、政府监管、法定数字货币试点等场景应用，构建起安全、可信、高效、可审计的低成本综合交易环境，降低了中小企业金融服务门槛。其中“供应链金融”在推动各类产业跨界融合、上下游合作共赢、产品及业态创新等方面发挥了重要作用，尤其在文化贸易、影视剧制作发行、中小企业贷款等融资领域已经具备较为成熟的商业模式和产品体系。可以预见，通过链式金融与数字金融的融合，实现产业与资本深度接轨，培育产业数字供应链融资技术平台，将是未来金融资本助力数字产业化和产业数字化快速发展的重要途径。

在健康医疗领域，成都中创五联科技有限公司发布的中创新影

医学影像三维重建系统，让医学影像与VR结合，实现沉浸式、可交互的查看与操作，使用户可以更直观、更真实地对目标（病灶）进行观察和研究。奥泰医疗系统有限责任公司研发的新一代高性能短磁体超导磁共振成像系统ASTA.5T打破了欧美跨国公司在该领域长达30年的技术垄断，可以结合疫情防控、移动医疗等公共卫生的需要改造为方舱（方厢）式移动磁共振设备并作为医学影像的采集载体开展医疗大数据的运营工作。

在商业运营领域，新技术成为赋能企业商业模式创新和突破的核心力量，体现为“产品＋服务”产出融合转向“专业化的服务要素深度参与产业价值链的各个环节”的投入融合，从而形塑出数字技术变革生产组织模式、企业商业模式的基本场景范式。例如，数字化使企业的生产、制造、运营流程发生了显著变化，催生出新的组织生产方式，即订单驱动的生态协同型组织，产业链上下游企业已不再是买卖关系，更多是相互依存的关系，企业与企业之间、产业内部之间的协同变得越来越重要；工业互联网引发整个产业运作模式和企业内部业务模式的改变，并在某些领域实现了充分的商业模式创新，甚至颠覆了传统业务模式。再如，数字化科技企业通过对VPN系统、高清视频会议系统、内部沟通工具进行扩容，以在线办公、远程办公、协同办公等模式最大限度地维持了疫情期间各行各业的正常运转；新技术、新媒体的应用拓展了传播和消费的空间维度，云院线、在线博物馆、网络视听、在线商务、数字支付等使传统企业运营场景发生迁移，实现了线上线下的虚实交互和优势互补。

上述场景只是数字技术赋能企业运营模式和商业模式的普通范本，更为集成融合的复合式场景在成都持续上演。在天府新区，无人驾驶智慧旅游场景提供“自动驾驶＋智慧旅游”的智能出行服务，在实现无人驾驶、主动安全、电子围栏等安全代步功能的同时，附加基于位置的导览解说、服务信息查询、一键呼叫、互联网分享、游戏互动等多种增值服务，实现景区的智慧旅游服务落地。在解决游客代步刚性需求的同时，作为新型娱乐项目进行运营，打造科技体验、景点推介、景区消费场所导航、商务洽谈等新场景。在青白江区，成都积微物联电子商务有限公司基于积微物联工业互联网平台以“滴滴打车”的抢单、竞价模式，构建新型钢铁货运物流配送系统，通过集约整合和科学调度货源、承运商等零散物流资源，配套全程可视可追踪以及可监控的机制，针对不同客户需求，制定积微专运、积微快运的专属物流模式协同运作，为托运人及承运商提供运输信息发布、数据实时传递、在线招投标、竞价抢单、在线接单、调度管理、物流跟踪、确认收货、结算等全方位、一体化、安全高效的规模化、集约型运输服务。在高新区，聚合银行、运营商、第三方支付机构、互联网平台、政府、企业等行业资源和流量，为实体商户提供与头部行业资源异业合作的可能，赋能数字化经营、金融、营销能力，搭建“多触点权益”数字化异业营销场景。

从生活性服务业到生产性服务业，在现代服务业的发展中场景已然成为成都拓展产业发展新空间的重要抓手。在《成都市生产性服务业发展总体规划》中，成都更是将生产性服务业新场景营造行动列为聚焦细化落实、重点突破、示范先行的行动计划之一：坚持场景营城、产品赋能，营造一批与生产性服务业紧密结合的多元化应用场景。而在新兴生活服务场景营造中，成都将重点定位为体验服务场景、共享服务场景、绿色服务场景、定制服务场景。

3.“新技术＋农业”场景供给，助力成都建设全国农业农村数字经济转型升级示范区

随着农业进入大数据时代，转变传统农业的运营模式，利用信息技术对农业生产、经营、管理、服务全产业链进行智能化控制，实现农业生产优质、高效、安全和可控，是现代农业发展的必由之路。在一、二、三产业的融合过程中，人工智能技术正在被越来越

多地应用于农业解决方案，从而打破信息“瓶颈”、促进信息流动和分享，催生农业数据信息感知、农业智能决策、农业智能装备使用等众多数字农业应用场景涌现。

强化顶层制度设计，引领农业农村大数据应用场景构建。成都于2019年率先编制《成都市数字农业农村发展规划（2020—2025年）》，紧扣国家战略，体现成都特色、突出数据驱动，提出了五项重点任务、四大重点工程，同时启动农业农村信息化标准体系建设，制定了《农业物联网平台建设要求》《农业物联网平台基础信息采集要求》等地方标准。

建设大数据中心，催生农业农村数据融合共享场景。在“城市大脑”统一规划建设农业一张图，不断完善农业农村数字化应用场景，城乡融合的数字化发展体系初步构建。启动建设数字农业农村大数据平台，以基础数据库为底座，通过统一入口、融合数据，设计开发领导指挥舱、农业资源监测感知等智慧应用场景。成都已建成统一的政务信息资源共享平台，日均交换数据3600万余条，支撑农业行政审批、执法监管、惠民惠农补贴“一卡通”和农村金融等业务应用。

开展数字农业试点示范，探索现代信息技术应用推广场景。开展物联网示范基地建设，以现代农业产业功能区和重点园区为载体，整合项目资金，高标准开展试点示范，建成温江区、邛崃市等农业物联网基地示范县，建成农业物联网示范基地70余个，推动物联网技术应用于茶叶、水果、食用菌、中药材等地方特色农产品种植等领域。鼓励开展区块链+智慧农业等探索实践，成都市现代农业产业研究院基于“区块链+农业应用”研发国家发明专利“一种去中心化多维评价方法与系统”，打造区块链+农业应用——CNG农业链，集成该院3e平台（川农牛e购、农科e站、蓉e检），形成“1链3e乡村产业振兴数字化共享平台”集成创新成果，初步实现产品链化、企业链化和产业链化。

建立共建共享机制，构建农业数字产业生态圈场景。加快乡村基础设施数字化转型，集聚整合80余家在蓉高校、科研院所、信息化企业、机关事业单位、农业经营主体等行业资源，组建“成都市数字农业农村联盟”，深度与中国农业科学院、四川农业大学等科研院校，与京东、腾讯、阿里、中化、清华同方等企业合作，布局建设一批产地仓和数字农场，创新构建农业数字产业生态圈。坚持“政府引导、企业主体、市场运作”，支持建设“天府惠农服务中心”“润地吉时雨”“中化MAP”等各类涉农数字服务平台，逐步形成信息管控、教育培训、农资集配、农机调配、金融保险、应用展示为一体的综合数字农业服务体系。在大邑县，采用搭载遥感技术为主的空间信息技术的无人机，对大面积农田、土地进行航拍、植保，建立大田作物基础大数据库与数字化模型、病虫害预警—监测体系，“无人机+智慧农业”数字化管理服务场景生动展现了人工智能赋能农业的广阔应用前景。

专栏3-7

生产智能化、管理数据化、服务在线化

——大邑数字农业服务平台通过“三化”让农民当上“跷脚老板”

为破解管地难、种田难、卖粮难、挣钱难等难题，基于运用数字技术攻破大田种植的需求，落地了润地“吉时雨”数字农业服务平台项目，出台了《大邑县高端绿色科技产业扶持政策》《大邑县创新创业扶持政策》等“一揽子”配套政策。近年来，先后承接了国家大田种植数字农业建设试点项目、国家新一代人工智能创新发展实验区建设重点项目，通过“平台+中心”的推广应用，实践出数字技术赋能粮食生产的经营体系

和发展模式。2020年，润地“吉时雨”数字农业平台累计服务农田面积约30.1万亩，平台服务农户1200余户，其中，种植面积大于50亩的规模化农场主472个，入驻平台的品类农业服务商55家，年营业额超8600万元。润地“无人机+智慧农业”数字化管理服务场景获得成都市“十百千”示范应用场景三等奖。

大邑县运用5G、AI、遥感、大数据、物联网等新技术，搭建的润地“吉时雨”数字农业服务平台，实现生产经营、管理服务、主体融资三大场景的智能化、数据化、在线化，为农户提供了农场管理、农情监测、农资购买、农机作业、金融服务、粮食销售等一站式全方位服务，形成了生产、技术、市场全链条运营模式。

第一，生产经营智能化。布局对数字农业发展具有“支撑作用、平台功能”的基础设施，推动北斗地基增强基站、田间环境采集系统、监测无人机及环境视频监测系统等设备延伸到田间。联合国家农业信息化工程技术研究中心、成都市农林科学院、电子科技大学等单位开展产学研用合作，自主研发的三维信息获取及分析处理系统，被国内7家企事业单位引进，实现了对水稻、小麦主粮作物的空间分布、水肥状况、长势与产量，以及气象灾害、病虫害等农情数据的自动采集与数据分析。润地“吉时雨”数字服务平台犹如系统“中枢”，全面直观反映作物生长的地块、气候、土壤、农事、生理等情况，并为常见农作物病害进行快速、远程诊断，提供产出优质作物的精准解决方案和环境参数，实现对粮食生产全领域、全过程、全覆盖的实时动态监测。

第二，管理链条数据化。润地“吉时雨”数字服务平台深度集成农机作业、农资采集、农业生产托管、粮食烘干加工及销售等功能，联合国家农业智能装备工程技术研究中心成立了“四川工作站”，免费向农户提供“管农场”“管农资”“管作业”“管金融”“管销售”的粮食生产全链条数字化服务。平台与农业企业、银行建立合作关系，鼓励农产品电商以低于市场价10—15%的标准入驻平台，农户在家通过“吉时雨”手机App，直接对高清农场服务、土壤墒情服务、苗情长势服务、病虫害情服务等状况进行实时监测，为农户提供企业低价优质的农事服务和银行高效便利的结算服务。

第三，融资服务在线化。“吉时雨”平台对供应链上游农资企业、中游农户、下游农产品电商进行资源整合，汇聚融合交易各环节信息、数据，形成精准的大数据和融资信用优势，联合中国平安、农商银行、蚂蚁金融等金融机构，通过全程在线办理种植贷款验证评估业务，为农户提供比普通资金借贷和农资赊销更高效、便捷、优惠的融资服务，解决了农户种粮融资难、融资贵、风险高等实际问题。

（资料来源：根据成都市发展改革委员会的《大邑县：创新打造“吉时雨”数字服务平台，推动现代农业数字化转型》等资料汇总整理。）

（三）生态端优化协同：应用场景赋能产城融合生态营造

新一代信息技术使产业空间与地域边界逐渐趋于模糊，生产、生活、生态空间的关联性、共生性、聚合性迅速提升，区域产业中心与关键节点通过要素流动、资源共享、产业共生、机制联动等孕育形成多层级的场景生态共同体，这些应用场景在区（市）域级、城区级、社区级分别以不同的空间组织形式呈现，并成为新经济发

展重要的空间载体、创新策源地和活力区，进一步形成生态端优化协同、产城融合的场景营造体系。

1. 区域级——成渝地区双城经济圈 + 成德眉资同城化发展场景：重塑新经济发展空间载体

综览全球先发城市，与外部腹域空间的链接程度越高，城市经济纵深和发展场域越宽，运筹资源的能力就越强，城市的全球影响力和在世界城市体系中的位势能级就越大。党的十八大以来，以城市群推动国家重大区域战略融合发展成为中国城镇化进程的主体形态选择，成渝地区双城经济圈、成都都市圈（成德眉资同城化）、国家自主创新示范区、全面创新改革试验区、自由贸易试验区、东部新区、国际门户枢纽建设等国家级、省市级重大战略布局，正为成都重塑优势互补高质量发展的区域经济格局、全面提升城市能级和核心竞争力提供重大历史机遇。

从 2011 年国务院批复、国家发展改革委印发《成渝经济区区域规划》，到 2016 年国家发展改革委、住房和城乡建设部联合印发《成渝城市群发展规划》，再到 2020 年中共中央、国务院印发《成渝地区双城经济圈建设规划纲要》，成都立足新时期区域协调发展战略的新要求，坚定贯彻成渝地区双城经济圈建设战略部署，聚焦"一极两中心两地"① 目标定位，按照"国家—区域—市域—核心城区"递进的层级体系拓空间、塑格局，坚持完善城市体系与提升城市功能互促共进，在都市圈内营造"更具活力"的新经济应用场景载体，以重塑城市空间结构和产业经济地理为抓手，寻求破解"大城市病"的重要路径。

在区域级层面，以主体功能区为引领，发挥好成都作为国家

---

① "一极两中心两地"是党中央赋予成渝地区双城经济圈的目标定位，即在西部形成高质量发展的重要增长极，建设具有全国影响力的重要经济中心、科技创新中心，建设改革开放新高地、高品质生活宜居地。

中心城市的“提纲挈领”作用，围绕融入“双循环”、唱好“双城记”，推动形成成渝双核引领、区域联动的一体化城市群功能场景，推动双城经济圈早日与京津冀、长三角、粤港澳大湾区形成国家战略核心地区的“钻石结构”。一方面，最大限度优化城市群布局形态，促进各类要素合理流动和高效聚集，深化拓展“一干多支，五区协同”区域发展新格局，加快推进成都平原经济区一体化发展，形成“国家中心城市—区域大都市—地方性中心城市—特色功能节点城市”联动发展局面，合力打造区域协作的高水平示范样板和发展共同体。另一方面，强化成都作为核心城市的“主干”引领带动功能，统筹核心城市瘦身强体和周边新生城市培育，全面布局集合城市、多中心节点、组团式结构，拉大城市发展空间骨架，拓展城市内部功能重组和向外疏解转移的空间载体，形成优势互补、错位发展、同频共振的发展格局。

在市域级层面，成都基于做优做强全国重要的“五中心一枢纽”这一核心定位，围绕“一心两翼三轴多中心”多层次网络化的城市空间结构体系场景建构，深化规划联动、功能联动、产业联动、交通联动、机制联动、政策联动，进一步推动形成“东进、南拓、西控、北改、中优”的差异化空间功能场景，构建起“东南西北中”体系分明、梯度合理、结构连绵的市域平衡结构，统筹生产、生活、生态布局。借全球创新创业交易会契机，成都联合成渝地区双城经济圈城市以及“一带一路”国际城市，发布涵盖成德眉资同城化区域、成渝地区双城经济圈其他区域，以及国际友城的供需信息的“国际味”城市机会清单，这充分体现了作为成渝双城地区经济圈的中心城市之一，成都将自身发展置于国家改革发展大局的战略高度谋划其角色定位，处理好区域发展战略要求与自身发展的关系，并用大历史观，以更高标准、更大尺度，在更深层次上思考解决其在城市群布局中应当“引领什么、承载什么、示范什么”

的问题，持续性、系统性推进规划对接、战略协同、产业联动、市场统一、公共服务均等化等区域重大合作，也为应用场景的进阶升级提供了广阔空间。

2. 城区级——产业功能区 + 产业生态圈协作场景：打造多功能多维生态系统

在城区级层面，产业功能区和产业生态圈是应用场景组织形式的具象，是成都市区（市）县新经济发展的特色承载空间和先进要素集聚载体，承担着打造区域经济增长极、形成产业比较竞争力、促进产城融合发展的重要任务。“产业功能区 + 产业生态圈”协作场景能够汇聚域内重点平台、科研机构及传统园区，提升人才、技术、资金、数据等要素在细分领域聚集的密度，促进各类主体的交流互动与协同合作，形成数个高自发性、高凝聚力的创新群体，编织起高频互动的创新网络，不断催生新产品、新模式、新业态，调整适应新经济发展的组织形式，为新经济发展提供源源不断的内生动力。

成都在现代产业体系构建中推出产业功能区和产业生态圈概念，提出以都市圈为重点完善产业生态环境，以产业生态圈为引领系统整合产业配套链、要素供应链、产品价值链、技术创新链，以重点关联产业功能区为载体落地集聚一批高能级产业项目，以主导产业上下游、左右岸为脉络融合培育若干微观生态链，通过多维复合功能产业载体的生态构建带动区域走向高质量、可持续发展模式，成为成都在多年探索中形成的应用场景生态营造的特色“打法”。聚焦新经济“六大形态”落位布局和新经济细分产业集聚发展，打造数字经济、智能经济、绿色经济、创意经济、流量经济、共享经济 6 个新经济形态主体承载区，成为成都推动“5+5+1”现代化开放型产业体系集群成链发展的重要空间载体。市县两级联动工作机制的建立，则进一步确保了产业功能区和生态圈建设有序推进。

首先，产业功能区不同于传统产业园区。产业功能区既不同于传统工业园区、开发区、集中发展区，同时又与之有着千丝万缕的联系。传统工业园区、开发区、集中发展区主要聚焦第二产业特别是大工业项目，在产业选择的视野格局上不够开阔，这里面既有以GDP考核为指挥棒的政绩冲动，也缺乏贯彻落实新发展理念、因地制宜发挥比较优势的战略主动，容易造成产城脱节、职住分离、配套缺失。产业功能区根本上摒弃过去搞开发区的传统做法，兼顾城市与产业，主要通过构建产业生态圈创新生态链吸引人才、技术、资金、物流、信息等要素高效配置和聚集协作，形成集设计、研发、生产、消费、生活、协作、生态多种功能为一体的新型城市社区，从而有效破解了传统产业园区、开发区、集中发展区重生产发展轻生活服务、重项目数量轻企业协作、重地理集中轻产业集聚等问题，有效解决了产城分离、同质竞争、产业协作不经济、基础设施不专业等现实问题。

其次，产业功能区和产业生态圈具有内在肌理联系。产业生态圈，是指在一定区域内，人才、技术、资金、信息、物流和配套企业、服务功能等要素有机排列组合，通过产业链自身配套、生产性服务配套、生活性服务配套以及基础设施配套，形成产业自行调节、资源有效聚集、科技人才交互、企业核心竞争力持续成长的一种多维生态系统。产业生态圈是产业功能区的内核与关键，是必须始终贯穿产业功能区建设的理念；产业功能区是产业生态圈在地理空间上的物理映射，是支撑经济高质量发展的空间载体。从物理空间来看，产业功能区有着明确的行政边界和实体边界，规划了一定的地理区域空间，而产业生态圈的形态开放、边界概念较为模糊，往往跨越具体的园区边界甚至行政边界。从呈现形式来看，产业功能区的形态是“园”、内涵是“圈”，“园”与“圈”之间有位阶之别、虚实之别、内外之别。产业功能区主要体现为工业厂房、物流仓库、配套设施等外在形态，而产业生态圈则是各类市场主体、创新主体、要素主体、功能设施的有机融合。因此，以产业生态圈理念指导产业功能区建设，有利于引导各类资源要素打破地域约束和行政壁垒，促进物化的产业园区与虚拟的要素生态之间虚实结合、相互耦合，从而达到主导产业鲜明、要素自动吸附、人才流入聚集、企业核心竞争力不断增强的局面[①]。

最后，产业生态圈场景营造须从产业、功能、机制三个关键点发力。成都市委提出“产业生态圈”理念构想，源自对城市产业空间布局问题的反思，旨在以产业生态圈创新生态链推进经济工作组织方式转变，从源头上解决空间产业人口结构失衡、生产生活业生态布局分离的问题。

（1）科学选择产业是核心。按照凸显最主要功能、尽量不交叉重复原则，聚焦重点产业集群、重点支撑区域，形成以先进制造业类、现代服务业类、都市现代农业类为主的 14 个产业圈类型，并精准确定每一产业生态圈具体涵盖的产业功能区空间范围。重点产业项目遍布全市 14 个产业生态圈，数量居前列的是智能制造产业生态圈、电子信息产业生态圈、现代商贸产业生态圈，项目个数分别为 45 个、40 个、28 个；从产业功能区看，目前已有 57 个产业功能区引进重大项目，数量居前列的是成都新经济活力区、成都医学城、双流航空经济区，项目个数均为 14 个。

（2）功能配套是关键。成都划定的 66 个产业功能区核心区（58 个产业功能区明确产业功能定位，其余 8 个产业功能为未来发展留白），以 1 平方千米范围起步，围绕建设产业功能区高质量发展示范区，推动功能区重要生产场景、生活场景、生态场景在核心

---

① 《建设产业功能区构建产业生态圈——成都转变经济工作组织方式的一场深刻革命》，2019 年，内部资料。

起步区集中融合呈现，促进功能区重大产业化项目及关键核心配套项目率先在核心起步区落地投产，建设成为高质量发展和高品质生活有机统一的示范区。在科学划定空间范围上，以产业功能区为载体，推进乡镇（街道）行政区划调整和体制机制改革，原则上确保产业功能区空间范围覆盖整建制的乡镇或街道，与乡镇（街道）行政区划改革同频共振；确保产业功能区有充足的发展空间或更新潜力，在空间范围上充分体现产城融合理念，合理配置产业用地和居住用地。

（3）体制机制是支撑。推进产业功能区、产业生态圈建设，体制机制创新是动力之源、活力之源。成都以制度创新、政策创新、工作创新推动产业层面、企业层面的科技创新、管理创新和商业模式创新，用一整套更加完善管用的政策机制激发市场活力和社会主体活力。

在创新工作推进机制方面，强化全市统筹，构建权责明晰的工作推进机制，形成产业生态圈"分管领导＋市级部门＋区（市）县"的工作机制，健全产业功能区"管委会＋专业投资公司"的运营架构。市领导担负起总牵头、总协调的责任，统筹推进产业生态圈下各产业功能区的规划审查、政策整合、项目统筹重大问题协调；市级部门履行好行业统筹和要素保障职责，会同各区（市）县和产业功能区开展产业研究、规划编制、要素政策制定、营商环境优化和重大项目招引等工作；各区（市）县切实担负起产业功能区建设主体主责，负责推进辖区内产业功能区规划编制实施、产业政策制定、平台设施建设、项目招引促建、政策服务优化。

在创新政策集成机制方面，一方面，深化普适性政策集成叠加。进一步深化"放管服"改革，持续推进"五项制度改革"和营商环境综合改革，着力打造国际化营商环境先进城市，充分发挥国家自主创新示范区、全面创新改革试验区、自由贸易试验区和国家级新区、经开区、高新区等多重先行先试改革试点的叠加优势和乘数效应，用活用足改革试点政策空间。另一方面，凸显差异化政策集中高效，根据每个产业功能区的发展定位、主导产业和远景目标，形成一套聚焦产业、精准定制的专业性政策保障体系，提高政策安排的差异化匹配度和有效性。

在创新要素保障机制方面，坚持以构建产业生态圈创新生态链为目标，深化要素供给侧结构性改革，持续破解要素供需错配问题，打造要素供给的比较竞争优势。一方面，按照形成要素竞争比较优势的理念，推动传统要素降成本提效率，促进土地、水电气、公共服务等资源要素向产业功能区倾斜。另一方面，按照推动产业协作配套的理念，推动高端要素降门槛扩规模，特别是产业功能区建设所需的标准厂房、专业楼宇、人才公寓、创新资源等新增生产要素要切实保障到位。

在创新考核评价机制方面，坚持差异化考核评价体系，做到考核内容各有侧重、考核标准有所差异。产业发展的考核重点是突出主导产业和企业培育，功能配套的考核重点是突出生活配套和设施保障，政策保障的考核重点是突出政策资源的方向和效率。在加强对各区（市）县产业功能区建设任务进行考核的同时，强化专业管理、要素匹配等市级相关部门的督促考核，推动形成“考核一张网、全市一股劲”。

3. 社区级——“产业社区”等产城融合场景：打通“人城产”有机循环

当城市发展进入存量更新时代，热衷于“产业主导”的规模扩张式城市发展受到空间框限，“产城融合”的提出为存量改造条件下寻求产业发展与城市功能协同提供了一种新的镜像。无论产业功能区还是产业生态圈，其本质都是从“功能导向”向“人本导向”

的回归，映射出从“产城人”向“人城产”[1]城市发展逻辑的转向中“人本型产业”功能载体的变迁与更迭，作为“十四五”时期国家优化提升超大特大城市中心城区功能的重要途径，产城融合着眼于“独立城市”的整体功能和运行的需要，发轫于产业发展与城镇建设同步的现代化发展理念，适应于城市高速度发展向高质量发展的接续转型，力求打通“人城产”有机循环，以达到人本发展、产业升级与城市升值相互促进、持续向上的融合化发展模式。产业社区、高品质科创空间[2]等是产城融合背景下社区级“更有品质”的应用场景的最佳形态。

在《成都市公园社区规划导则》中，产业社区同城市社区、乡村社区共同构成成都公园社区营造的三大主体类型。产业社区强调人本逻辑，突出产城融合，是集生产、研发、居住、消费、休闲、娱乐等综合功能的“人城产”高度融合的社区单元。作为以社区形式组织生产活动的新模式，小尺度、多功能新型产业社区兼具产业聚集与社区服务的特点，凸显人文标准、人本逻辑、人性尺度，以人文生态环境集聚企业、吸引人才，打造“人城境业”价值综合体，具有产业活力强劲、城市品质高端、服务功能完备以及更加融合开放、活力共享、社群化等基本特征。《雅典宪章》关于“居住、工作、交通、游憩”四类经典的城市功能分区思想，深刻作用于成都的产业社区空间营造理念，在生产与生活、居住与工作、空间与

---

① “产城人”模式强调“以产带城，以城留人”，通过加大招商引资力度做大产业规模，通过大规模居住区开发和产业区建设为产业人口提供落脚空间，城市建设与产业环境营造适用于既有产业，也使产业发展与人口增长脱节。“人城产”模式强调“以人为本，以城聚人，以人兴产，以城促产”，以“人”为引领，通过对人的需求的深度挖掘与精准服务实现高端人才的集聚，通过高品质的城市建设汇聚产业生态所需的相关资源，使人、城、产三者在结构、空间、运行上相互协作配合。

② 高品质科创空间旨在推动研发设计、生产服务、生活休闲功能场景融合呈现，吸引更多创新企业和研发活动向科创空间集聚，满足特定产业创新需求，构建创新平台、产业协作、专业咨询、运维能力为核心的竞争优势。

环境、人与自然等综合权衡中构造出四大类产业社区全域场景，擘画出一幅“人城产”完美融合的和美画卷。一是凸显产业特性的工作创新场景，围绕产业发展全生命周期需求，提供弹性产业空间；二是凸显活力共享的生活邻里场景，打造产业社区共享客厅，提供精准化、品质化、多样化服务配套；三是凸显开放无界的游憩交往场景，构建开放无界公共空间体系，打造舒适过渡空间，设置停留空间；四是凸显产业特性的绿色出行场景，构建“公共交通＋慢行”优先的绿色出行网络、独立绿道系统、趣味体验微路径和高品质交通设施体系①。

专栏 3–8

成都市郫都区菁蓉湖国际化产业社区

围绕电子信息产业功能区和“雪山倒映菁蓉湖”两大 IP，成都市郫都区按照公园城市理念，以菁蓉湖社区为重点，深化场景营造、科学系统治理，在德源街道全域打造产居一体的产业公园城市示范区和国际化产业社区品牌。

郫都区德源街道菁蓉湖国际化产业社区是目前全市最符合《成都市公园社区规划导则》相关指标的产业社区代表之一。规划面积 22 平方千米，产业人才 3 万余人，高学历人群占比逐渐上升，年龄结构逐渐年轻化，就业倾向于技术与研发方向。

以电子信息产业为产业核心标识，吸引聚集华为、京东方、旷视科技、拓米、佳驰电子、银河磁体、安徽杰狮隆电子，以及新锐传感器、国盛科技、国锐科技、瑞雪科技、5G 配套

① 成都市规划设计研究院：《公园城市理念下产业社区空间营造研究》，2020 年。

国家电子辐射研究中心等众多行业顶尖企业。该区域还吸引了清华启迪等新型孵化器 62 家，聚集新兴产业项目 1813 个。同时，它也是典型的“三生”(生产、生活、生态）融合新型社区，“一湖三河”为生态核心要素的 1500 余亩的菁蓉湖城市公园辐射全境，绿道蓝网将产业空间、生活空间紧密串联。

打造与产业社区配套的舒适物体系。打开菁蓉湖国际产业社区场景地图，湖畔喜来登酒店、爱思瑟国际学校等正在加紧建设；粤港澳（成都）国际会展中心、新华 5A 甲级写字楼等高端业态完成布局。菁蓉湖方圆 3 千米内，郫都区人民医院、郫都区中医医院、郫都区政务中心、郫都区图书馆、郫都区文化馆、郫都区体育馆近在咫尺；网球、羽毛球、轮滑、滑板等各种运动健身场景丰富多元；菁蓉街、滨清路、菁蓉夜市三条美食街环抱四周，独具网红气质的 UME 星空餐厅新鲜开业；菁蓉滨湖湾、智荟城人才公寓以及配套幼儿园也在如火如荼建设中；贯穿全境的蓉 2 线有轨电车既带来了交通便捷，也带来了浪漫时尚……便利齐全的“十五分钟生活圈”基本形成。作为万亿级电子信息产业功能区重要功能配套，一个集生产、研发、居住、消费、服务、生态多种功能于一体的产业型公园城市示范区、高品质生态宜居地和人城产深度融合范本正在快速崛起。

（资料来源：根据《成都市郫都区菁蓉湖国际化产业社区发展治理规划》、成都市新经济发展委员会提供的场景案例材料等汇总整理。）

按照“一个产业功能区就是若干城市新型社区”的理念，成都以新型产业社区为基本营造单元，结合主导产业发展形态、配套需求、人力资源结构等特性，在资源配置、功能完善、产业链搭建、

空间环境塑造等方面全面规划部署产业功能区，引导人口与产业在产业功能区有效匹配，推动区域生活、生态、生产空间深度融合。《成都市产业功能区产业社区高品质公共服务标准配置指南（2020年版）》（以下简称《指南》）作为推进产居融合的首创性地方标准，为指导产业功能区产业社区加快建设高品质公共服务空间提供了重要参鉴和指引。《指南》以“功能复合、职住平衡、服务完善、宜业宜居”为发展导向，围绕居民宜业宜居、上班回家路上所需服务，营造生活服务港、文翁乐学堂、文体俱乐部、健康幸福里、美丽公园家5类（涉及42个项目）场景，明确建设内容、供给主体（政府供给或市场供给）、配置弹性（必须配置或按需配置）、配置标准及规模等，助力打造产业功能区便利化、品质化生活场景，吸引人才、技术、资金、信息等要素高效集聚和配置，不断提升产业功能区的核心竞争力和功能承载力。

延伸到产业功能区的内核——产业生态圈和创新生态链层面，产城融合理念则体现在多维生态系统的全域载体中，产业功能区以外地域范围的人力资源分布以及人居生态环境和协作配置能力，将特定地域作为一个完整的生态系统来分析，关注生产与生活的和谐共生，既包含构成产业链的各企业主体，也包含为企业主体持续发展提供各类要素支持的外部环境。通过科学规划生产空间、商业街区、生活社区和公共服务空间，合理布局商务休闲、文体娱乐等生活配套设施和绿道公园、街边绿地等生态场景，优化调整产业结构与发展层次，匹配提升多样性、吸引力和带动力的城市功能，谋求产业与资源环境承载力的动态平衡，共同勾勒国际化、现代化、园林化的城市框架。成都实施科技创新创业、人力资本协同、消费提档升级以及绿色低碳发展工程中的“蓉漂”计划、建设创新转化、场景营造、社区服务等为一体的生产生活服务高品质科创空间、组建校院企地创新共同体、环高校知识经济圈……都是产城融合中

"人本理念、规划先行、产业引领、服务功能"重要内容与发展路径的体现。

专栏 3-9

以高品质科创空间构建为引领打造田园康养产业社区

都江堰市按照"在产业功能核心起步区打造集研发设计、创新转化、场景营造、社区服务等为一体的生产生活服务高品质科创空间"要求，在精华灌区康养产业功能区核心起步区构建了"林田水院、价值转化、产业体系"三位一体的高品质科创空间。

充分发挥生态资源转化优势，以"坚持政府主导、市场主体、商业化逻辑"强链补链，吸引集聚生态资源保护利用相关创新企业和研发活动，逐步形成以头部企业为带动的"生态农业 +"科创体系和"农商文体旅医养研学"复合型产业体系。比如，搭建精华灌区大数据应用中心，推动资源数字化管理在龙头企业精准招引、水资源供需研判、旅游市场客源分析、农业康养产业发展趋势分析等领域的运用；联合知名高校搭建"农业 +"科技服务平台，首创启动"稻田温泉"建设；围绕龙头企业实施产业链"强链、建链、补链"招商，大力招引高端医养、生态农业、文创艺术等业态和项目，已落地国际创新园、麓艺小镇、阡陌林盘等多个项目；探索生态资源确权和标准量化，以生态资源"绿交所"推动排污权、水权、碳排放权和滨河林盘等生态资源价值转化；针对重大引领性项目和新经济、新场景打造项目等，制定"最高给予 3000 万元"的产业扶持办法。

以"护林、整田、理水、改院"为设计理念，推进核心区农田基础设施提升改造、林盘房屋风貌改善、城乡环境整治，完善基础设施和公服配套，着力打造展示体验区、林盘生活区、农田生产区和产业体验区四种川西林田水园形态，提升农民生活便利度和满意度。如产业发展区将创新要素和生态要素融入功能组团，建成非遗竹雕馆、酿酒工坊、萤火虫餐厅、稻虫共生科研示范园等农事体验场景，既差异化打造特色产业项目，又融入区域生态格局，形成“各美其美，美美与共”的错位共生业态布局；林盘生活区遵循绿色生态和美学价值理念，坚持不破坏原有生态植被、不改变原有水系景观、不拆迁原有建筑遗迹，采取原址重建、原屋修缮、原貌修复等方式，对周家院子、徐家院子等传统林盘院落进行整治，打造出3A林盘景区，并通过10千米“灌区映像”乡村绿道串联零散分布院落，呈现出“院在林中、田林交错”的川西林盘特色。

专栏3-10

香樟社区的产城融合场景

成都市锦江区成龙路街道香樟社区坚持党建引领，探索设立产业社区综合党委，并建立党建联席会议制度，形成“一核引领、二轮驱动、三方参与”的产业社区组织构架，统筹协调产业社区建设各项工作，促进党建圈、生产圈、服务圈、生活圈相融共生。

社区联合绿地集团、楼宇物业及骨干企业，打造了绿地“468”红色星空党群服务中心，并依托楼宇党群服务中心，整合政务、商务服务功能和企业、院校等优势资源，打造了集文创展示区、党群服务中心、人才服务中心、阅读沙龙区、微小企业孵化中心于一体的社区产业支持中心，为企业孵化、发展提供支持、营造环境。

香樟社区还依托产业支持中心，整合企事业单位、四川大学、四川理工大学、四川音乐学院等高校合作资源，以及项目投融资、公共技术的对接平台，助力小微企业孵化成长，已成功孵化企业 27 家。其间，社区还协助企业举办企业党建、文创艺术节、企业沙龙、业务培训等活动 10 余场，有效促进企业交流和互助。通过各类活动的开展，充分调动辖区各方力量深度参与社区发展治理，实现事务共议、资源共享、阵地共用。

三、以应用场景供给培育新经济：创新意识与有机协同

作为融合创新的活跃领域，新经济呈现新资源、新要素有机集合而非简单相加的整体性，以及因循技术迭代轨迹由单点应用向连续协同演进的动态性，客观上要求以知识增值为核心，企业、政府、知识生产机构和中介机构等为实现重大科技创新而开展大跨度整合的创新组织模式，进而突破创新主体间的壁垒，达成创新互惠、知识共享、行动同步的系统匹配，这一过程无不彰显创新意识与有机协同的内在逻辑。

成都“以应用场景供给培育新经济”的政策环境日渐成熟，决策层对场景驱动技术创新、赋能经济发展和优化新经济生态普遍具有较高的认识水平和部署能力，作出多项长期性、全局性、前瞻性重大战略安排，通过顶层设计打造重要创新成果“从涌现到实现”

的战略平台，为企业特别是中小企业技术创新应用提供更多“高含金量”的场景条件，促使创新主体间人才、资本、信息、技术等要素活力充分释放而实现深度合作，持续推动产业高质量发展。其中，既包括普适性的创新发展政策，也包括支持各类产业场景赋能的特定专项政策，既充分体现了以技术赋能链接新经济革命的共性诉求和不同政策逻辑，也成为成都区别于其他城市的特色工作方法。

（一）坚持系统观念注重整体协同，全局性把握顶层设计

党的十九届五中全会审议通过的《中共中央关于制定国民经济和社会发展第十四个五年规划和2035年远景目标的建议》，将“坚持系统观念”作为“十四五”时期我国经济社会发展必须遵循的五项原则之一，指明了提高社会主义现代化事业组织管理水平的方向。协同性是系统观念的关键特性，体现协调发展理念，要求着眼全局、通盘考虑、整体谋划、统筹推进，各项改革相互衔接、相互促进，各种措施有机配合，构建形式多样、内容丰富的多重体系。因此，系统观念、系统方法自然成为组织新经济工作不可或缺的基础性思想和工作方法。

新经济应用场景营造是在人文、美学、智能、价值等多重目标中寻求动态平衡的过程，从多因素、多层次、多方面入手研究经济社会发展，从系统论出发研究新经济场景生成机制、新经济企业成长特征、新经济产业发展规律，协调不同部门、各种政策，优化治理方式。在这些方面，成都始终坚持系统谋划下好“先手棋”，通过系统探索发展理念、系统设计推进体系、系统构建三大抓手确保运行机制高效推进。

一是系统探索发展理念。成都构建“1234567”工作理念，即明确新经济“一个定义”，融合发展物理和虚拟“二维世界”，推动

“政府配菜”向“企业点菜”、“给优惠”向“给机会”、“个别服务”向“生态营造”“三大转变”，把握新经济聚合共享、跨界融合、快速迭代、高速增长四个特征，坚持以新技术为驱动、以新经济为主体、以产业为支撑、以新业态为引擎、以新模式为突破“五条路径”，重点发展数字经济、智能经济、绿色经济、创意经济、流量经济、共享经济“六大形态”，重点提升服务实体经济、智慧城市建设、科技创新创业、人力资本协同、消费提档升级、绿色低碳发展、现代供应链创新应用“七大应用场景”，着力培育新经济发展的市场沃土。

二是系统设计推进体系。成都设立新经济发展委员会这一特色部门，顶层设计新经济发展总体思路和实施方案，形成印发《中共成都市委　成都市人民政府关于营造新生态发展新经济培育新动能的意见》“一个主体文件”，出台“六大形态”“七大应用场景”实施方案，制定科技创新、企业引进、人才培育、税收优惠等多项政策措施的“1+6+7+N”的政策体系以统筹推进。设立成都新经济发展研究院，构建全国各类大数据研究系统，提供趋势研究、政策设计、决策判断、平台运营、对外合作、生态建设等方面的服务和支撑。组建全国首个城市级新经济企业俱乐部，建立企业、行业协会和政府常态化交流对话机制及服务平台。建立新经济企业创新加速营，帮助企业链接技术、人才、资本资源，提升新经济企业创新能力。

三是系统构建三大抓手。成都探索建立以“数据应用渗透率论英雄”“数据质量论英雄”“数据价值转化论英雄”为导向的指标体系、统计体系和考核体系，创建新经济统计指标体系。针对新经济新业态跨界融合、难以统计的问题，成都抢抓“三新”统计试点机遇，搭建新经济企业统计平台，开展统计普查，推动新经济主体从“范围模糊”到“家底清晰”。创建新经济大数据监测平台，针对新经济新业态快速迭代、高速增长的特点，建立全国重点城市新经济发展水平动态监测机制，推动新经济趋势分析从“结果分析”向“趋势预测”“行为预测”“横向对比”转变。创建适应新经济的行政考核体系，将适应新经济发展需求的场景培育、新经济营收、企业增长、获得风投、创新产业推广应用等纳入考核指标，切实压实新经济工作重点任务①。

（二）以方法论创新引领进阶升级，构建全周期场景供给体系

创新驱动发展的核心是要把人民群众的美好生活需求通过市场主体的创新活动转化为现实，政府在创新引导中发挥着重要能动作用，体现为政府如何将“推动创新的良好意愿”融入对适应新经济的场景供给模式重新思考、重新设计、重新建构的过程探索。成都在“城市机会清单”机制、“创新应用实验室 + 城市未来场景实验室”供给机制、“十百千”场景示范工程的阶段性工作推进中，创造性完成了应用场景供给设计、验证、推广的“三步走”战略，从技术端到应用端再到生态端逐次进阶，打造“场景全生命周期”供给体系。技术端解决“应对硬核技术突破，怎么搭平台”的问题，应用端解决“面对企业发展需求，怎么给机会”的问题，生态端解决“面对人城产转型，怎么优生态”的问题，最终通过链接新场景、孵化新场景、示范新场景、扩散新场景实现串联。

以清单发布链接新场景，解决“找得到”。成都在全国首创“城市机会清单”发布机制，以项目化、指标化、清单化的表达方式创新公共服务类型，推动对企业的支持从单纯的政策优惠向更广阔的场景机会转变。建立“场景营城产品赋能”“双千”发布机制，持续举办线下发布会，全年发布 1000 个新场景、1000 个新产品；搭建线上“场景汇”，提供新场景新产品线上统一发布平台。通过

---

① 张宇、贾伟:《践行新理念　培育新动能》,《成都新经济》2021 年第 2 期。

将“七大应用场景 +N 个延伸场景”具象为可感知、可视化、可参与的城市机会，主动释放资源要素、优化发展环境，为政府资源、企业需求与新经济场景有机链接奠定基础。

以“两个实验室”孵化新场景，解决“能落地”。成都发布的《供场景给机会加快新经济发展若干政策措施》(“场景 9 条”）在首场“场景营城产品赋能”“双千”发布会上发布，“创新应用实验室 + 未来城市场景实验室”供给机制进一步完善机会清单，助力企业开展新技术、新模式、新业态融合创新的应用攻关、场景实测和市场验证，成为新产品孵化落地的重要载体。

以典型工程示范新场景，解决“易推广”。“十百千”场景示范工程打造 10 大应用场景示范区、树立 100 个示范应用场景、推出 1000 个具有核心竞争力和商业化价值的示范产品（服务），打造高识别性示范场景和开展集群创新，推动硬核技术和创新产品应用落地。首批支持项目名单（涵盖 3 个应用场景示范区、48 个示范应用场景项目）着眼“筑景成势，营城聚人”，将新经济“七大应用场景”有机融入智能生产、美好生活、宜居生态、智慧治理等城市场景体系，推进场景构建与城市空间结构、商业价值、人文氛围的有机统一。

以能级提升扩散新场景，解决“可辐射”。在成都提出的“五新”新经济工作体系中，“新场景”作为一种更优质的提升城市能级的资源配置手段，以“顶层设计、孵化验证、示范推广”范式全周期创新场景供给，以未来视角前瞻留白应用场景空间，将新经济场景向城市的全方位、各领域推广扩散，优化新经济发展的生态路径。

（三）以治理创新强化场景效能，由“给优惠”转向“给机会”

改革和创新是一切有机体的活力来源，政府治理体系也是如

此。政府治理变革的动力来源于经济和社会的转型，旨在通过寻找和建立新的治理途径和方式提升治理效能并与环境维持动态平衡。当一个城市由传统经济模式转向新经济模式，信息化程度的高速发展、知识经济的发展更新以及科学技术日新月异的变化等诸多因素，都决定了以政府全能主义和政府本位为特征的传统管理模式已经弊端尽显，传统的自上而下的动员型工作方式方法已难以适应外部条件的迅速变化，推动管理型政府向服务型政府转变成为实现经济模式转换的前提条件和必然结果。成都市将应用场景作为推动政府转型的重要契机和试验场，通过规划场景、创造场景、包容场景三阶段战略积极探索应用场景的供给路径，在破解制约市场要素自由高效流动的政策方面做文章。主动对接企业发展需求、提升为企业服务的能力和水平，以公共视角为新经济企业提供应用接口，并让企业参与政策制定，针对性解决企业成长阶段的“痛点”，极大提高了服务型政府建设的实效，真正实现政府“有啥做啥”到企业“吃啥做啥”、“政府配菜”向“企业点菜”的转变。通过面向社会各界公开征集应对实际需求的创新解决方案，真正实现了城市资源“零门槛”开放共享、企业创新“零距离”对接市场，推动政府服务由滞后服务到跟进服务再到超前服务的三级进阶。

超前谋划、规划新场景，以工作机制完善推进场景设计。成都较早把握了新经济条件下场景产业的未来趋势，将场景作为解决新技术供给与新产业需求不匹配的潜在市场，充分考虑前沿科技对未来生产生活的影响。建立市级行业部门牵头、“功能区管委会 + 街道办 + 重点企业”的联动工作机制，以“无策划，不规划”“无规划，不实施”“无发布，不招标”为基本原则，超前谋划、前瞻布局做好顶层设计，在城市规划中充分留白，为前沿场景提供充分的发展机遇与空间。

超前部署、创造新场景，以广开渠道、动态更新推进场景建设。通过 OA 系统、门户网站、企业服务群、公众号等多渠道同步发布或现场研讨、一对一沟通等方式广泛发动，分批次梳理汇集新经济细分领域场景供需信息，进一步聚焦新经济“七大应用场景”中的细分场景，逐一筛选、甄别供需信息，策划智能生产、智慧生活、智慧治理等多个主题，于 2019 年首创性发布政府需求、政府供给、企业能力和企业协作四张“城市机会清单”，并持续推动清单更新迭代。目前，成都已发布 8 批次清单 2800 余条供需信息，涉及规划编制、解决方案、人才需求、企业配套方面的 1400 余条信息成功对接，涉及项目投资额达 140 余亿元①。这一模式于 2020 年入选国务院办公厅深化“放管服”改革优化营商环境第一批十大典型经验做法。

超前服务、包容新场景，以搭建平台、政企沟通推进场景落地。政府主动跟进“城市机会清单”，及时掌握对接和进展情况，积极为企业牵线搭桥、畅通政企沟通渠道，引导关联方运用“新技术催生、新业态衍生、新模式内生”新场景促进项目落地。对新生业态给予大胆包容，不断升级服务理念、创新服务方式，对于经过市场考验、发展前景好的创新项目，以政府首购、试点示范等形式加强推广支持。举办全球创新创业交易会、新经济企业市（州）行、新经济企业海外行等品牌活动，帮助企业开拓市场寻找机会，提升城市新经济影响力。在“危”与“机”共存的新冠疫情时期，为进一步释放城市资源，推动企业创新产品应用落地，成都创新策划新场景新产品发布会，秉持“场景营城、产品赋能”这一核心思路，围绕美好生产、智能生产、宜居生态和智慧治理等领域，每年举办 10 场新经济“双千”发布会，每年推出 1000 个新场景和

① 张宇、贾伟：《践行新理念　培育新动能》，《成都新经济》2021 年第 2 期。

1000个新产品。2020年成都“双千”发布会围绕天府绿道、国际消费中心等10个主题持续发布共计1050个新场景和1193个新产品，释放出6400亿元的城市场景建设项目投资，吸引了1700余家企业的参与和872.3亿元的社会资本。

（四）以理念创新营造包容审慎制度环境，精准提供要素支撑

针对新经济主体需要要素支撑、新业态需要包容环境、新产业需要落地空间等问题，成都遵循“转型升级传统场景、审慎包容创新场景、战略留白前沿场景”的实施原则，在尊重产业发展规律的前提下突破固有思维定式，以“包容审慎”全新理念指导新经济实践，完善创新新经济企业发展的政策环境，全要素、全链条、全生命周期构建政策体系，尤为强调政策设计与制度构建的系统性、衔接性、精准性，避免了企业“不敢用”、政策“不能用”、制度“不好用”的问题，让企业有获得感、产业有成长性。

建立健全容错免责机制，解决“敢用”的问题。成都适应新经济发展需要，制定了新经济发展包容审慎监管的指导意见，对初创期新经济企业试行“包容期”监管执法制度，特别是针对发展区块链、共享经济等“四新经济”企业轻微违法设立“观察期”“过渡期”，变“事前设限”为“事中划线”“事后监管”，从重管理向重服务转变、从重处罚向重行政指导转变；深化“放管服”改革，进一步放宽新经济市场准入，精简投资准入负面清单，定期发布投资白皮书，实行“容缺登记”，完善新经济企业标识制度；在全国首推柔性执法“三张清单”，分级分类实施不予处罚、从轻处罚、减轻处罚，推动政府管理向政府治理转变。

建立正向反馈和政策改进机制，解决“能用”“好用”的问题。聚焦5G、区块链、集成电路、生物制药等新经济优势赛道，实施新经济企业梯度培育计划，遴选市场认可、资本认可、行业认可的新经济企业，聚焦企业全生命周期和不同成长阶段“痛点”针对导入期、成长期、成熟期的创新产品开展差异化政策支持。

总之，本章从技术角度理解场景，即应用场景。应用场景供给就是为技术突破向市场应用转化搭建桥梁，加速创新成果扩散，激发社会各界将科技成果创造性地用于各类场景，催生新产品、新模式、新业态，抢占新一轮技术革命和产业变革的先机，为新经济增长与城市发展注入新动能。

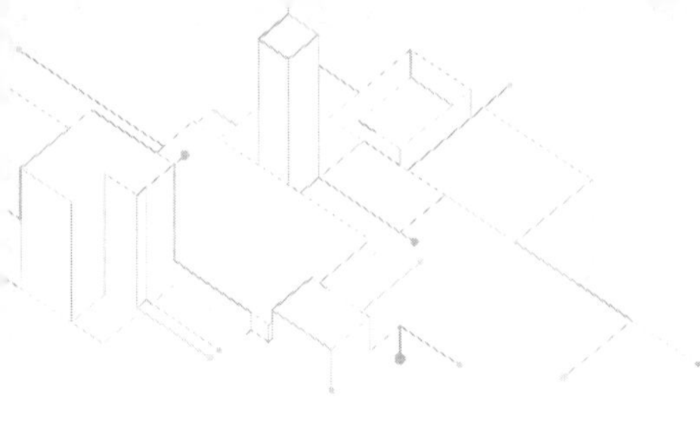

第四章
场景刺激消费：打造消费场景，创造美好体验

近年来，成都市全面贯彻新发展理念，在全国率先把场景概念运用到消费领域，并结合城市特质与资源禀赋，打造特色鲜明的多样消费场景，加快培育建设国际消费中心城市，优化城市功能，提升城市能级，更好地满足人民日益增长的美好生活需求。2019年，成都在全国范围内率先制定实施了《关于全面贯彻新发展理念加快建设国际消费中心城市的意见》。该意见提出，塑造满足人民美好生活需要的“八大消费场景”，包括地标商圈潮购场景、特色街区雅集场景、熊猫野趣度假场景、公园生态游憩场景、体育健康脉动场景、文艺风尚品鉴场景、社区邻里生活场景和未来时光沉浸场景。尤其值得注意的是，2021年成都立足新发展阶段，贯彻新发展理念，构建新发展格局，在已有实践基础上，制定并实施《公园城市消费场景建设导则（试行）》，进一步明确了消费场景建设的目标定位，包括“创造美好生活引力场、构造公园城市美空间、建造品质品牌活力区、打造新型消费策源地”。这是全国城市中首份针对消费场景的建设导则，以政策形式率先推进消费供给侧改革，并公布了相关方案的“施工图”和“路线图”。

一、地方消费主义兴起与城市转型发展

新冠疫情改变了全球化进程，重塑着世界经济社会秩序。过去靠投资和外贸的传统发展动力在新形势下受到抑制。在这种情况下，通过消费推动经济社会发展变得尤为重要。相较于传统消费行为与活动，“在哪里消费”和“消费什么”越来越重要，二者之间的关系越来越紧密。

从全球范围来看，城市已成为后工业经济增长的焦点。重工业雇用的工人逐渐减少，服务业则不断增长，知识经济异军突起。许多关于个人服务和消费的舒适性设施、服务与活动开始越来越多地定义着一个地方能带给人们的美好生活体验与生活方式意义。比如，兴旺发达的特色餐馆、长盛不衰的音乐剧、视听休闲的电影院、美丽典雅的城市建筑，以及形式多样的咖啡馆、酒吧、书店、艺术馆、健身房、瑜伽工作室等。这些舒适物以集合场景的形式嵌入城市空间中，塑造着不同人群的聚集与交流交往形式，影响着人们社会的生活质量。

这反映了当前人们对服务消费、文化消费、体验消费、空间消费等不可移动消费品的巨大需要。比如，在历史街区咖啡屋里喝咖啡和在其他地方喝咖啡，因场景不同，情感体验也会不同；在历史街区场景中喝咖啡，消费者为一杯咖啡所支付的价格中，就包含了历史街区场景中所蕴含的情感体验价值，此时，空间不是被免费使用，而是作为消费对象而存在。在这里，消费者消费的不仅是商品本身，还包括商品的符号意义和所处情境的价值①。有学者把这种

① ［法］让·鲍德里亚：《消费社会》，刘成富、全志钢译，南京大学出版社 2014 年版，第 48 页。

基于一个地方的不可移动的服务、空间与体验等消费选择的偏好和价值观念，称为地方消费主义[①]。这主要表现在对一个地方作为整体性消费品的质量（即地方质量），主要取决于该地方所拥有舒适物的数量与品质。这种地方品质也会影响到创新性人力资本的城市集聚和产业升级。把一座城市看作一个地方，就意味着城市消费主义的兴起，把城市看作一个整体性的消费品去塑造。

理解地方消费主义需要从微观、中观和宏观三个层次把握：即消费单位、消费层级和消费对象[②]。消费单位，是指消费预算、消费资源配置和消费摄取的制度性范围。比如，微观层面的个体或家庭范围，中观层面的社区或城市范围，宏观层面的主权国家范围之内。微观层面的消费为私人消费（个体或家庭），中观层面的消费为市民消费（社区与城市），宏观层面的消费则上升到国家。消费层面不同，系统整合机制就不同。私人消费的系统整合机制是市场，市民消费的系统整合机制是城市与社区，公民消费的系统整合机制则是国家。地方消费主义对应的是城市，属于市民消费范畴，因此，它的系统整合机制是城市与社区。不同于个体微观层面的纯消费性支出，中观层面的城市消费支出，不但是消费性支出，而且还是一种投资，比如城市舒适性设施的增加与改善，不但会带来区域人力资本与社会资本的提升，而且还会带来大量的就业机会。

相关研究证明，一个地区人力资本高低和社会资本的多寡，会制约本地区经济发展的好坏[③]。从私人消费上升到市民消费层级，系统整合机制从市场变为了城市与社区，经过后者的机制整合之

① 王宁：《地方消费主义、城市舒适物与产业结构优化——从消费社会学视角看产业转型升级》，《社会学研究》2014年第4期。

② 同上。

③ 吴军、叶裕民：《消费场景：一种城市发展的新动能》，《城市发展研究》2020年第11期。

后，消费就变成了集体消费，如建设好的博物馆与文化馆、增设步行道或自行车道、开设书店与剧院等。从这个层面来讲，消费与生产在功能上不再截然分开；集体消费上的支出，既是消费，又是投资，既是生活，又是生产。集体消费品构成了消费型资本。消费场景就是这样的一种集体性消费品，把属于个体有关的消费元素整合到城市层面，变成一种空间消费品，进行投资、生产和运营，从而推动城市发展。

随着人们收入的普遍增加，这种地方消费主义愈加显著。无论是精英还是大众，地方消费主义的兴起正改变着传统经济秩序和社会生活。消费不再仅仅是满足人们基本生存需求，还向休闲性和发展性需要延展。当面对丰富多样的消费品时，大众对于选择的思考更多开始偏向“是否符合个人喜好”“是否显示独特品位”等。这反映了大众消费的个性化、体验化、美学化转向。这一转向使得消费的定义从传统“在空间中消费”逐渐转向“对空间的消费”，即把“空间”本身当成一种消费品。

消费场景就是人们对空间消费的一种选择偏好，它把物理空间中的设施、活动、服务和人群等元素系统集成，反映了一个地方的美学价值与生活方式意义。伴随着消费转向，消费结构的内涵调整和外延拓展成为当前理论建构和经验实践中需要破解的难题。这个难题解决得好坏，直接关系着未来城市发展动能的切换。

事实上，消费场景是城市空间研究的新课题，这个议题具有时代创新性。它重新诠释现代社会中消费与城市空间的关系，经济生产和社会生活的关联。不仅如此，它还将影响社会演进的诸多要素，如全球化、信息化、休闲化、艺术化等，整合进来，共同来诠释当下所处的社会发展进程。随着我国经济增长转向内需拉动，消费场景不仅是刺激消费、拉动经济增长的动力，而且还是影响人们美好生活的重要实践。

消费场景赋予消费更多的意义。它不仅把消费看作一种经济行为，而且还把消费拓展为具有经济、社会、文化等多重意义的丰富概念。消费场景既是一个经济实用主义的过程，也是一种社会行为和文化形态，是联结经济活动和文化活动的社会实体存在。消费场景支撑下的城市发展实践，既能发挥消费在经济发展中的作用，又能不断满足人民群众日益增长的美好生活需要。

工业时代的城市会发展出有生产价值的地点，比如工厂、写字楼、停车场以及各色各样的工业生产园区等生产导向性的设施或场所。后工业时代的城市会发展有体验价值的地点，比如各色各样的餐馆、咖啡馆、书店、酒吧、公园、学校、博物馆、展览馆等设施或场所。哈佛大学经济学家爱德华·格莱泽（Edward Glaeser）对纽约和波士顿等城市进行研究后发现，传统的城市优势与竞争力几乎是锁定在生产功能上，而新的大城市的优势与竞争力主要在消费。随着城市结构的转型，诸如新型企业、高素质人力资本，甚至社团这样的组织会变得更加具有流动性（More Mobile），而大城市的发展则会越来越依靠——作为消费中心的城市功能与定位。

国际城市研究表明，城市的宜居舒适性越高，城市发展也就越快，相反，城市的宜居舒适性越差，城市发展就越缓慢，甚至可能出现恶化和衰退现象。前车之鉴，如美国的底特律。有学者把底特律衰败归结于：工业转型失败造成经济衰退，经济衰退导致犯罪激增和社会动荡，城市宜居舒适性遭到破坏，再加上传统社会治理方式的失败进一步推动人口外迁，特别是高素质人才的外流加剧了底特律的衰败，最终，造成了“底特律鬼城”现象，被美国人自己称为“腐锈地带”。

与底特律等城市衰败刚好相反，芝加哥作为工业城市转型升级成功的“优等生”，得益于城市宜居舒适性、愉悦性的塑造。20 世纪初到中期，作为工业时代的城市巨人，芝加哥大都市区是美国最重要的制造业聚集区（Manufacturing Belt），是美国工业布局的心脏地带。然而，工业城市发展到一定程度就会累积一些问题，如产能过剩、空气污染、能源浪费、交通拥挤、基础设施陈旧、犯罪率上升、人口流失和社区衰败等问题。芝加哥由美国第二大城市下滑到第三大城市。

针对这些问题，芝加哥市领导推行了强有力的城市创新与改造项目，兴建与更新大批的城市舒适性设施，以及开展多样性的文化交流活动，举办大型的国际赛事与活动。从美好体验入手，从不同人群生活方式切入，建设多样性丰富的舒适性设施，鼓励市民活动参与，兴办公共教育，改善环境资源，发展旅游文化休闲，针对本土特色，发展足球运动联赛、爵士音乐节……这些都是芝加哥政府为了改善城市面貌与提升城市魅力所采取的措施。比如，2012 年，芝加哥市长宣称要投资 73 亿美元用于市内基础设施建设，通过公私合营的方式建立信托基金，用于项目开发，包括破旧城市建筑整修项目，强调市场运营内容。现在的芝加哥完全是一个以消费、娱乐、金融、科技为主的美国大都市区。

事实上，城市转型一旦成功，就会吸引大批高素质人才流入。传统的芝加哥号称“钢铁城市”和“工业时代巨人”，现代的芝加哥被称为“艺术城市”“创新城市”和“花园城市”。工业城市转型成功很大程度上得益于城市能够供给的宜居舒适性。因为这些特点影响着地方供给的生活质量与生活方式，从而影响着高素质人才集聚和产业升级。

消费城市的基础就是城市提供的宜居舒适性和愉悦性。这是因为城市的未来取决于其对密度的需要。如果大城市想继续维持现有的增长与繁荣，就必须有更多人持有生活在高密度城市里的意愿和冲动，而这种意愿与冲动的培养与塑造，城市宜居舒适性和愉悦性起到关键作用。

这种现象说明了地方消费主义兴起。各种设施、活动或服务基本取向都是为消费和提升人的生活质量而存在。按照这个逻辑，城市如果变得更有吸引力，就需要创造更多的空间、释放更多的机会去容纳这些活动，比如引导和鼓励市民举办嘉年华音乐节、农贸集市或都市农场、创意市集或跳蚤集市、草坪咖啡厅等。这些都是形成城市场景的重要因素，也是城市活力的重要来源。

工业时代的人们，更多的是把城市理解为关于地点（Place）的生产意义，而后工业时代的人们却更在乎城市作为地点的美学品质，可以去消费、体验、互动与交往、产生信任与合作、激发创新与创意发展，还可以让生活更有文化格调或塑造人的价值观。而我们的城市规划、建设、管理与营造，就应该去供给、去满足人们这种对美好生活的空间品质诉求，同时，也能把这种空间美学品质诉求变成生产力。

尽管工业时代定义伟大城市的传统因素——城市规模、经济总量、基础设施、工厂数量、资源丰富程度等仍然发挥着作用，但生活品质、创新能力、空间舒适度、文化愉悦性等因素的重要性越来越显著，能不能持续创造新可能、发现新机会、提供新体验、链接新网络决定了一个城市未来发展的高度，而消费场景正是孕育这些多样且复杂因素的承载之物。消费场景作为一种新的政策工具，为我们去实现这样的目标提供了路径。

二、打造“八大消费场景”，不断提升城市能级

作为一座拥有4500年文明史与2300年建城史的人文渊薮之城，“蜀都味”与“国际化”铸就了成都消费场景的风骨。从整体来看，成都市依托城市特质，坚持高端化与大众化并存、快节奏与

慢生活兼具的“八大消费场景”建设，构筑“无场景，不消费”的消费新矩阵，多样性与特色明显、开放活力与本土价值兼具，用消费场景提升城市能级，培育建设国际消费中心城市，更好地满足人民日益增长的美好生活需求。

成都以打造消费场景来加快建设充分体现天府文化特色和国际时尚魅力的国际消费中心城市，“八大消费场景”发挥着重要作用，主要包括地标商圈潮购场景、特色街区雅集场景、熊猫野趣度假场景、公园生态游憩场景、体育健康脉动场景、文艺风尚品鉴场景、社区邻里生活场景和未来时光沉浸场景。

何谓消费场景？通常来讲，有三层含义。第一层强调对“特定活动”的共同兴趣，如地标商圈潮购场景、体育健康脉动场景等。第二层强调“特定场所”的特质，如中关村创业场景、加州好莱坞场景等。当居民或游客穿行于大街小巷时，无论是步行或骑行，不同场景中其体验也会不同。比如，路演沙龙的众创空间——蕴含自我表达精神；时尚人士青睐的高档餐厅——充满时尚魅力；即兴演奏的音乐酒吧——呈现迷人气质；社区生活美学馆——充满睦邻精神。不同场景所蕴含的精神价值不同，对人群的吸引力也不同。第三层是在前两种基础上进行延展，是关于一个地方的美学价值和生活方式的意义。它作为一种新的城市分析工具，不仅能分析一个地方的设施与活动，而且还能揭示一个地方所蕴含的精神价值与生活方式。消费场景赋予了城市生活独特体验和情感共鸣，体现了一个城市整体消费文化风格和美学特征[①]。舒适物（Amenities）是能够给人们带来舒适、愉悦的事物，包括设施、活动和服务等。舒适物主要分为自然舒适物、文化舒适物和社会舒适物三类。其中，自然

① ［加］丹尼尔·亚伦·西尔、［美］特里·尼科尔斯·克拉克：《场景：空间品质如何塑造社会生活》，祁述裕、吴军等译，社会科学文献出版社2019年版。

舒适物是指自然生态类舒适物，如温度、阳光、湿度、水资源以及自然景观；文化舒适物是指图书馆、博物馆、影剧院以及一些规模较小的便利店、书店、咖啡馆、饮品店，甚至还包括各色餐馆等，往往具有较强的消费属性；社会舒适物是指一个地方人口多样性、受教育程度、收入水平以及价值观与社会氛围等①。

（一）地标商圈潮购场景：打造城市消费能量场

“时尚蜂鸣”可以吸引人才，提升创造力，虽然关于“时尚蜂鸣”的定义和内涵的争论仍在继续，但显然，城市街道和空间的社会密度及其之间相互作用产生的“能量”在许多城市中促进了经济社会发展②。地标商圈是最能体现城市活力的流量场，同时也是城市特色文化的集中体验场。地标商圈潮购场景打造的核心在于“筑景成势、引人聚能”。成都在地标商圈潮购场景的打造过程中，致力于汇聚最新最酷最潮流的前沿业态，通过创意时尚的空间来激发人群流量增长，持续带来场景红利。

1. 国际文化地标，构筑都市新质感

城市地标代表着城市形象，也最能凸显城市特色，打造地标商圈潮购场景，需要与城市文化底蕴相呼应，与城市精神品格相一致，与城市人民的美好生活需求同频共振。

成都市地标商圈潮购场景打造的逻辑在于转变以前仅以城市重点地标建筑为主的建设思路，以场景思维促进地标之间的区域联动与流量转化，同时，以重点商圈为载体，发展品牌首店、国际新品首发、时尚秀展、都市娱乐、品牌餐厅、主题乐园等业态，让消费者在跨境电商体验店、高端定制店、跨界融合店等最新最

---

① 吴军：《文化舒适物——地方质量如何影响城市发展》，人民出版社 2019 年版，第 37 页。

② Mayor of London，*World Cities Cultural Report*，London：Mayor's Office，2013.

酷潮流店中感受“成都购物”，零时差把握国际时尚脉络，引领潮流风向标。

专栏 4-1

春熙路商圈潮购场景
——努力打造世界级商业街区

“众人熙熙，如登春台”，传承千年商业基因的春熙路商圈是成都商贸经济的重要名片。它位于成都市锦江区，《道德经》中的“众人熙熙，如享太牢，如登春台”一句，将成都人闲适从容、乐活雅致的生活态度展现得淋漓尽致。1925年，春熙路一经建成便成为成都的“摩登”地标，“中”和“洋”各类商家云集此街，亨得利、大光明、商务印书馆、中华书局、耀华餐厅等明星品牌皆有门户。每逢周末与节假日，商家们便在门口拉上讲解促销的横幅标语，摆出扩音喇叭，播放百代公司唱片，敲起洋鼓、吹响洋号，引来上百人围观，街道上摩肩接踵，热闹非凡。对于当时的成都市民来说，一天最完美的消遣，必定是流连春熙路①。春熙路商圈汇聚各种国际知名品牌，涌现各类消费新业态。目前，这里集聚了最时尚最潮酷的商品，全球首家旗舰店、全国首店、西南首店等百余家，是中国西部地区名副其实的消费聚集地。

全球首店汇集，发展线上消费，构建时尚潮流引领地。近年来，围绕构建全球时尚品牌聚集地与时尚潮流的引领地，春熙路商圈一方面大力引进并发展首店经济，另一方面不断创新消费体验的业态与形式，如线上商城、直播带货、平台集市与

---

① 徐芳：《春熙路——昨朝晴色动春熙》，《城市地理》2020年第11期。

视频会展等信息化驱动的新体验，让人们切身感受到互联网发展带来的生活变化。网红主播的常驻，成为春熙路太古里一道流动的时尚风景线，让春熙路商圈持续爆发话题热度和消费热点。

片区协作，强强联动，聚力做强极核功能。场景营造不但是一种热点创造的思维，而且还是一种组合联动的思维。春熙路商圈作为成都市地标商圈潮购场景打造的示范点，着重突出片区协作，通过片区功能有机关联、业态融合互补、项目组团支撑的形式，逐渐形成八大功能板块，包括春熙路国际潮购汇、盐市口总部商务活力区、红照壁国际交往中心、四圣祠国际医美城、水井坊滨江潮玩廊、牛王庙市井烟火风貌区、攀成钢国际金融商务中心、东湖时尚文旅区。依托直邻天府广场，高端商业商务体量达60万平方米的天府茂业城百亿级城市名片项目和位于四圣祠片区投资达160多亿的“大城之窗”等高能级项目，春熙路商圈不断巩固提升主导产业优势，加强国际顶级商圈极核引领的功能。

多元融合，创新业态，打造国际顶级商圈。春熙路还将场景营造的组合思维用于消费供给与业态创新上。春熙路通过串联12条主题游线90个热门打卡点，打造商圈潮购、街巷漫游、美食品鉴等消费场景，发布锦江消费地图、美食地图等，重塑全域全景全时消费新体验，并通过“春台市锦”“十二月市”等项目打造户外消费体验目的地。围绕“老成都、蜀都味、国际范”定位，大力发展后街经济，深入挖掘街巷历史文脉，塑造特色风貌，植入精品业态，高品质打造华兴街、黄伞巷等多条特色街区，让市民在体现天府文化基因和千年城市肌理的街坊里巷中穿越城市历史，在特色小店中感受城市温度，品味市井烟火锦江“慢生活”。传递成都休闲生活美学文化的春台市锦持续爆发话题热度，吸引人潮，流动的复古集市纯阳市集践行川洋风，独居艺术创造力的建筑空间晶融汇则与春熙路商圈形成动态的“情绪调剂”，构成城市又一美学地标。

简言之，春熙路似是一位“长者”，携带百年的商业历史，又随着时代不断成长，焕发出全新的文化魅力。进入新时代，在“给场景给机会”主导下，春熙路依托现有商业资源、对标国际一流、优化空间布局、提升业态品质、挖掘历史文脉、加强规范管理，不断巩固在全国的领先优势，进一步提高成都消费的影响力和辐射力，带动着成都消费向着生活化、体验化与互动性的全新模式加速转变。

图 4—1　成都太古里地标商圈夜景（图片由成都远洋太古里提供）

2. 魅力文化活动，彰显成都新时尚

文化活动是地方人文景观的动态化呈现，承载着不可替代的人文价值。同时，文化活动也是一座城市吸引人流聚集、促进社会交往的重要文化资源，其在与公众的“紧密连接”中为场景赋予特质，从而让场景生动起来。成都将城市的文明历史与创新创意的城市态度体现为丰富多元的文化活动，将文化活动作为触媒文化参与活力、塑造和谐人居环境的钥匙，让公众在积极的活动体验中生动地讲述城市故事。

以创意链接世界，无处不在的创意似乎根植于成都城市基因里。每年11月的成都创意设计周活动，来自世界各地的文创名流会聚蓉城、展现才艺、贡献创意，不管是非遗传承人、新生代手工人，还是品牌经营商与专家学者齐聚一堂，都可以在这一国际大舞台中找到自己的“用武之地”。成都创意设计周持续致力于打造国际化的大平台、大通道，推动创意设计产业在全球文创领域的内通外联，并用创意连接世界、点亮成都，借助这一平台，成都得以将创意创新深度嵌入其产业布局与丰富的城市场景之中。比如，通过连续举办创意设计周培育一批像“莫西熊猫”一样的多个文创品牌，加快形成“核心IP+体验空间+衍生品销售”的文创产业链。

非物质文化遗产是创意涌现的重要资源。成都拥有非物质文化遗产项目300余项，其中有国家级非遗项目17项，省级非遗项目26项，市级非遗项目80项。位于青羊区的杜甫草堂是中国文学史上的圣地，“诗圣”杜甫在这里留下了闻名后世的千古绝唱。如今，“人日游草堂”已成为成都市民闹春纳福的系列文化活动之一，同时它也是四川省的非物质文化遗产项目，从民俗民技、以诗会友，到百戏乐舞、非遗活化。成都因诗而名扬天下，借诗圣而后世留芳。

3. 活力特色夜景，形塑夜间新活力

“锦江夜市连三鼓，石室书斋彻五更”，这恐怕是对成都夜生活魅力最生动的描绘。近年来，成都创新打造“夜船、夜宴、夜秀、夜市、夜节、夜宿、夜摄、夜跑”等新项目，提供传统文化与现代时尚交相辉映的夜间娱乐体验。

夜间经济是拉动城市消费、提升城市活力的重要手段。自20世纪七八十年代，继伦敦鼓励在城市中心开展多元化经济、生活与文化活动、大力培育夜间经济以来，巴黎、纽约、马德里、东京、阿姆斯特丹、里昂等国际化大都市也相继将夜间经济发展作为拉动消费和培育城市活力的重要举措。据上海研究机构数据显示，夜间经济为伦敦创造了130万个工作岗位，产生了660亿英镑年收入，仅伦敦一城的夜间经济就贡献了英国全国总税收的6%。悉尼夜间经济规模达40.5亿美元，5000家企业创造了3.5万个工作岗位。美国人有60%以上的休闲活动发生在夜间①。

成都同样致力于夜间消费场景的打造。通过打造集晚间购物、休闲娱乐、文化创意等于一体的夜间经济消费场景，推动城市夜间经济活力持续领跑新一线。据统计，成都每天晚上有2294家酒吧在营业、774个景点在接待游客、535场夜间演出、761场深夜电影（21点以后）在放映，夜间消费在全天消费中占比达45%，全国排名第一。此外，网红经济正在成为成都新经济当中的强势增长点。据统计，在全国27家直播平台、超过87万主播中，成都主播数量排名全国第三。

目前，成都正在实施包括十个夜间旅游景区、十处夜间视听剧苑、十处夜间文鉴艺廊、十处夜间亲子乐园、十处夜间医美空间、十处夜间乐动场馆、十处夜间学习时点、十处夜间购物潮地、十处夜间晚味去处、十处夜间风情街区的夜间经济场景建设，在产品和业态层面为夜间经济发展提供支撑。成都夜间经济的发展，为恢复和增强消费市场活力提供了保障。哈啰出行数据显示，2020年9月的成都，以超过5000万人次的夜间骑行量，居全国第一；高德数据显示，2020年10月国庆期间，全国十大夜游城市，成都位列第一；第六届中国文旅产业巅峰大会暨首届中国文旅夜游经济峰会

---

① 唐晓云：《成都夜经济——面向美好生活需要的内生发展好样本》，《先锋》2020年第1期。

上发布“2020网红夜经济城市”，成都同样榜上有名。无论是入选“2020游客喜爱的十大夜商圈”的成都春熙路，还是锦江区的“夜游锦江”、夜间观光公交车等以夜间游玩为主题的活动，都展现了成都夜间经济的显著成效。号称“百年金街”的春熙路自1924年得名以来，一直在成都商业版图中占据重要位置，如今的春熙路，在夜间经济的加持下更是进入“超长待机”模式。

夜游锦江是成都的另一夜间经济示范代表性项目，通过同时布局水上经济与水岸经济，链接夜游锦江光影秀、主题文创市集、锦水流裳手工体验馆以及“锦书来”公共阅读空间等多个夜间消费场景构成夜游路线，塑造移步异景的美学特点，并通过中秋诗会、点亮锦江春节系列活动启动城市夜间营销，以场景构建为引领，打造城市旅游新名片。

简言之，成都的地标商圈潮购场景常建常新，正在重点升级的春熙路商圈，加快建设的交子公园商圈，着力提升的西部国际博览城商圈，高起点策划的天府空港新城商圈，以及“十四五”期间规划场景清单中的天府和悦广场等一大批重点项目持续推动着成都的时尚生活进阶，不断迭代发展的品牌首店、国际新品首发、都市娱乐、主题乐园等业态也构成了成都生活美学表达的创意生产力。

表4—1　地标商圈潮购场景

MKL生活美学中心	MKL生活美学中心从时尚零售、家居体验、休闲悦己、品质餐饮、跨界体验、社交娱乐、家庭亲子7大维度出发，着力于购物中心第三体验空间打造，为顾客营造家庭化生活场景，并提供最时尚、健康、前沿的休闲娱乐新方式，打造快要慢活的都市新生活。
春熙路商圈潮购场景	春熙路商圈潮购场景围绕“天府成都·品位锦江”形象定位，依托现有商业资源、对标国际一流、优化空间布局、提升业态品质、挖掘历史文脉、加强规范管理，巩固提升春熙路商圈在全国的领先优势，打造成具有“蜀都味、国际范”的世界级商业街区，成为成都市商贸经济的一张重要名片。

（续表）

万象城二期新消费场景	万象城二期新消费场景通过对整体设计管理，对四条街道进行综合灯光打造，引进国内外艺术家装置作品，结合空间形象打造成都最大规模的艺术装置集群，将街区四条道路与中心广场形成“四街一中心”的艺术景观，是成都规模最大、业态最全和街区最酷的具有国际范和网红特色的商业街区标杆。
光华商圈地标潮购场景	光华商圈地标潮购场景将城市中最具生态价值的公园绿地、最具经济活力的商业空间以及最便捷高效的交通体系有机融合，利用建筑、空间、园林、公园等艺术手段，集合了购物餐饮、娱乐休闲、旅游体育等业态于一体，消费场景丰富，消费客群呈现国际化和多元化，不仅放大了商业的休闲功能，而且改变了城市居民的生活方式，将成为辐射成都西部全龄段客群的国际新都市生活文化示范样本。

图 4—2　老城更新营造：充满浪漫主义的“爱情斑马线”

图 4—3　老城更新营造：极具艺术化的老建筑外立面更新

（二）特色街区雅集场景：重塑城市空间肌理

文化是资源的华服，展现出地方的独特。城市文化资源有助于启发创意，并赋予市民对未来的信心。就如《创意城市》一书作者查尔斯·兰德利（Charels Landry）所言，“今天的传统是昨日的创新”①。就成都而言，百纵千横的街坊里弄，构成了城市特色的空间肌理，书写着老成都的活历史与新文化，以此为空间载体进行特色

① Charels Landry, *The Creative City: A Toolkit for Urban Innovators*, London: Earthscan Publication, 2000, pp.3–11.

街区雅集场景打造，更赋予了街坊里弄在新时代的新表达，也构成了城市当中涌动着的文化生命线，从而让成都的街道可散步、建筑可阅读、城市有温度。

1. 八街九坊十景，创新“老成都”的文化表达

人间烟火味，最抚凡人心。这恐怕是对城市市井百态和日常生活意义的重要肯定。八街九坊十景承载了成都这座城市太多的市井烟火与文化记忆。从商业街的梧桐、娴静的成都姑娘，到家门口的马路与街角盛开的三角梅，以及各色节庆活动等，这些深刻镶嵌在城市市井生活当中，真实生动又错综复杂，就如《美国大城市的死与生》一书作者简·雅各布斯（Jane Jacobs）指出的“街道芭蕾”一样，在时间记忆与空间体验当中，不断描摹刻画着城市人文生活的色彩与肌理，塑造着成都独特的舒适性格。

东大街、老皇城、青羊宫等八街九坊十景是“老成都”的典型代表，也是成都进一步整合串联历史文化资源、打造多元消费场景、培植城市生活品质的规定动作。比如，成都通过街区形象提升、设计优化、产业盘活以及功能焕新等一系列措施，在保留老城原有历史风貌、传承老城文化记忆的基础之上，以现代化的消费场景植入让“老成都”有了新表达。

专栏 4-2

烟火人间三千年，成都上下猛追湾

——猛追湾望平滨河街区更新与场景营造

“烟火人间三千年，成都上下猛追湾”。这恐怕是成都老城市民对猛追湾最深刻的集体记忆，同时也反映了老成都猛追湾片区的城市气韵。正是这种城市气韵为猛追湾望平滨河街区更新与场景营造提供了丰富“养料”。猛追湾望平滨河街区位

于成都老城成华区，被誉为锦江滨水黄金地之一。街区面积1.68平方千米，紧邻太古里—春盐商圈，地处一环路内侧，在东风大桥至水东门大桥之间。20世纪五六十年代，该街区作为各种大型国有企业的集结地繁华一时。21世纪伴随着传统工业的衰落，这个街区也渐渐衰败。进入新时代，它被确立为成都市天府锦城“八街九坊十景”首批示范段和锦江公园重点示范工程。在“政府主导、市场主体、商业化逻辑”理念的指引下，猛追湾推动了生态、生产、生活、人文四大空间交织互融，通过交通重组、场景营造、业态升级、品牌塑造等举措，将这个街区的公共空间建成为锦江公园首个慢行街区示范段。经过持续投资与场景营造，这里逐渐变成了老城区新兴的美食文化与文创产业共生共融的滨水慢行生态空间，网红美食聚落和潮流娱乐中心。

秉承商业逻辑，创新一体化运维模式。老城的焕新，往往是从风貌改造开始的。猛追湾创新采用“EPC+O”模式[①]，立足全球眼光、国际标准、天府特色，深度挖掘当地历史文化资源，依托现有街巷、建筑等景观资源，运用街区美学设计理念，在产业特色鲜明、功能人性化基础上，在树池景观、地面铺装、标识标牌等装置中植入历史文化印记、主题元素，对多个店铺进行升级美化，实现“一店一招一品”“一街一世界”，塑造片区复合多样的空间场所。

特色“沿江筑景”，打造高显示度的文旅场景。按照“老

① “EPC+O”模式是英文“Engineer、Procure、Construct”的首字母缩写，是对一个工程负责进行“设计、采购、施工”；O是“Operation”，即运营和维护。这种模式运用到城市更新项目中说明了“规划、设计、建设、运营”一体化特点。

成都、蜀都味、国际范”建设要求，积极保护传承天府锦城“千年记忆”和猛追湾“工业记忆”，高品质塑造东风桥望平坊文旅地标，有机植入猛追故事馆、望平牌坊、一言筑城等文旅特色场景，精彩呈现追光逐梦、时空长廊、望平天幕等亮丽景观小品，显著提升了片区人气商气烟火气，加快打造愈夜愈精彩的“天府会客厅”。“回家的路”与社交场景有机融合，工业文明与现代时尚交相辉映，让猛追湾有了更鲜明的烟火气与可读性。

坚持业态创新，引领体验型消费新风向。保留当地文化IP，同时引入新经济新场景是猛追湾在片区业态提档升级，引导居民迈入更高品质新生活的关键着眼点。咖啡西餐的品牌首店“WE”开了第一家“社区店”，功夫动漫笨酒店、日本甜品成都首店浅田菓匠、德国冻酸奶领导品牌“JW”以及涵盖白天咖啡、晚上餐酒吧全天候的消费体验的成都首店Kegking、西式餐吧Happa happa等30余家网红轻餐甜品小店皆在猛追湾开启了它们的“第一次”，梅花川剧社、时光长廊、全玻璃牌坊、紫云广场庭院、融合跨界书店、揖美和皮影等文创产业与美食共生共融。美食长廊与文创文旅构成了猛追湾休闲消费场景的活力节点，串联起滨水空间、慢行街道与老城记忆，多样化的场景组合带动了整个片区的品质提升与城市空间的有机生态发展。

简言之，保留烟火气、创造新记忆、传承蜀都文化、传递生活美好，猛追湾作为锦江公园生态价值转化的鲜明成果，全面推动生态、生产、生活、人文四大空间交织互融，让人们“回家的路”变得更具进入性、参与性、感知性。

成都，一步则是一场景。建设路花园式特色街区、拥有特色墙体彩绘的踏水桥北街区、府青路街道永利星城成都商巷情景街、桃蹊路街道的咖啡文化特色街、地处中环商务旅游轴和成华大道文化创意轴的交汇区域的东郊记忆艺术特色文旅街，都在以独具特色与创新特质的场景消费传承天府文化，演绎着活力新城。

图 4—4　猛追湾望平滨河街区更新营造的创意集市

2. 特色文化古镇，感知古蜀市井文化

每一座文化古镇都是城市的记忆和名片，浓缩着地域性格与文化特征。特色古镇消费场景是在熙攘繁忙都市的人们体验慢行生活的重要休闲场所，是进入城市的旅行者们渴望探索城市文化历史、倾听城市文脉故事的必行之地，更是一部展现古镇人民原汁原味生活与人文生态的活态历史博物馆。

保留原汁原味的古蜀文化。“古”，是成都特色文化古镇特有的魅力展现。无论是古树古街古蜀建筑，还是古色古香古朴的民风，成都古老的文化都在特色文化古镇中得以保留，既丰富了成都作为一座现代化大都市的文化多样性，构成成都城郊文化最具特色的风景线与最具吸引力的视觉焦点，又是成都淳朴、自然与本真的文化写照。

传承地方特色的文化基因。成都在千年历史积淀中，形成了丰富的特色文化，小到竹椅、矮桌、盖碗茶，大到客家文化、川西建筑，都在特色文化古镇里保留了下来，并成为成都特有的文化符号。位于四川大邑的安仁古镇，便是成都川西建筑最完整的保留。通过对“公益协进社”旧址洋楼、私立“文彩中学”、钟楼、安仁古镇保存较完整的古建筑群落等当地建筑资源及其深层文化的充分挖掘，形成了独特的“建筑文化”，再充分结合川西文化大环境，建树了独特的“川西建筑文化”，号称“川西建筑文化精品”。

专栏 4-3

塑造多元消费场景，破解游客留宿率低难题

——成都市大邑县安仁古镇

安仁古镇位于成都市大邑县境内，地处成都平原西部，距成都市区 39 千米，距大邑县城 8.5 千米。古镇内现有保存完好的民国时期公馆 27 座、现代博物馆 30 余座，在全国同类小镇中首屈一指，素有“中国博物馆小镇”之称。安仁古镇开展了以博物馆为特色的观光旅游，游客人数逐年增加，但同时也存在游客很少留宿古镇的现象。安仁古镇通过挖掘古镇现有旅游资源的文化内涵和价值，创新营造多元消费场景，构建视听、人文、生活、服务等新兴旅游业态，拓展消费群体，深化旅游体验，释放消费潜力。先后入选全国乡村旅游发展典型案例、四川省全面深化改革典型案例、四川省文化和自然遗产活化利用最佳案例，荣获成都市“十百千”示范应用场景“一等奖”。

创新植入“体验性”资源，构建文创视听新场景。打造沉浸式“公馆游”。遵守“修旧如旧和可逆性修复”的原则，大力引进华侨城盘活公馆老街历史文化建筑，修缮利用“四大”公馆建筑，并与 G20 主创团队合作创制“今时今日 · 安仁”大型公馆实境体验消费场景，通过裸眼 3D、全息、空间成像

等新技术突破建筑限制，让游客在边走边看边听中，深度体验古镇的历史文化。安仁古镇还推出穿越式“国宝游”。依托安仁古镇丰富的历史底蕴，引入CCTV大型文博探索节目《国家宝藏》，推出首个线下体验历史文化消费场景。除此之外，安仁古镇拉开互动式“展会游”。充分利用安仁生活、民国文化、博物资源等优势，吸引多名文创产业大伽，创作《川·乐安仁》等多部作品，产生了良好的经济社会效应。

深度融合“民国范”基因，构建文脉传承新场景。坚持以史为脉，优化新空间。尊重城镇自然生长规律和历史脉络，强化顶层设计，聘请国内外规划咨询机构，优化完善安仁古镇旅游景区总体规划和修建性详细规划，形成以安仁城市空间发展主轴线。坚持以文为魂，布局新生态。弘扬“仁者安仁智者利仁”特色文化，引入国内优秀企业，加强公馆建筑改造利用，打造“华·公馆”、安仁书院、万里茶道等承载展陈、交易、集会、交流等不同功能的民国风博物馆。坚持以馆为媒，丰富新业态。公馆建筑是不可再生的文化资源载体，引入高端的医、产、研、居、旅、文、娱等复合型产城配套与古镇交融的新业态，实现用户多频次、长生命周期的服务模式。

精准对接“品质化”需求，构建文旅服务新场景。夯实基础设施提升服务能力，提前布局新型基础设施，包括多个5G基站55个、生态停车场、AAA级旅游公厕、生态步游道等。坚持“用户理念”拓展消费空间。积极探索从“游客”到“用户”的新范式，运用当代时尚简约设计手法，大力支持华侨城打造“锦堂”“锦舍”“锦苑”安仁公馆·酒店群系列；在川西林盘拓展形成锦绣安仁奇境花园、水西东林盘艺术中心、南岸美村乡村会客厅等新消费场景；引进溪地·阿兰若、

咏归川、向野而生等轻奢民宿；导入艺术公社、研学农场、小隐食疗等各类新消费业态，为游客提供优雅生活多层次体验。除此之外，安仁古镇重视发展“网红经济”培育新兴业态。

始终坚持“亲近感”标准，构建文博新场景。结合“前店后居”有机布局商业。巧妙利用公馆老街“前店后居”的格局和特色，围绕现代年轻人消费需求，前店植入道明竹编、油纸伞、HUA·园等非遗手工艺店等新业态；围绕现代时尚文化体验，后居建成全球顶级威士忌博物馆、藏品最全红酒博物馆、莱卡相机博物馆等“微特博物馆群落”，形成了“商业＋美学＋住宿＋社交”于一体的高品质生活场景。

（资料来源：成都市文化广电旅游局资料《安仁古镇全力争创国家5A级旅游景区打造国际文化旅游目的地》，见 http://cdwglj.chengdu.gov.cn/cdwglj/c133185/2021-09/29/content_d3176b67a686402f84efba16319795de.shtml，2021-09-29。）

图4—5　安仁古镇利用民国公馆打造的沉浸式剧场场景演出

创新新时代古镇的文化表达。古镇要不断适应时代的发展与城市的进化，就需要不断创新文化表达。古朴的文化、丰富的遗存、保留的建筑，都为成都特色古镇发展文化旅游以及文化产业等新型产业形态提供了资源。以成都龙泉驿的洛带古镇为例，近几年，洛带古镇已经形成了以“一街七巷子”古街为代表的观光游、以博客小镇客家建筑大观园为代表的博览游、以中国艺库艺术文创为代表的度假游、以宝胜等客家古村落农耕文化为代表的体验游的文化旅游场景体系，并且先后引进社会资金，吸纳了一大批文创企业、文创品商店、民宿客栈等集聚于此，吸引了赵树桐、张修竹等20余名文艺名家名人工作室在此落户，初步形成了文化产品研发、制造、体验、消费产业链。

专栏 4–4

巴适[①]烟火气营造

——城厢天府文化古镇

一座人文历史底蕴深厚的古镇是时间所赋予成都独特巴适生活的文化渊薮，而一座古镇的韵味，上看历史，下望烟火。城厢天府文化古镇自古便是小北川道上的商贸重镇，也是成都周边唯一拥有县治龟背格局的小镇，有着1400余年的县治历史。悠久醇厚的历史造就了古镇厚重的历史遗存与古朴醇熟的川西文化，这里有着6处省级文保单位、4处宗教建筑、30余处祠堂会馆、12处工业遗址。如今城厢已经变身为城北“文产小成都”，成为代表成都文化的一张靓丽名片。同时，这里还是成都国际铁路港的所在地、中欧班列（成都）的始发地，成为连接欧亚文化与天府文化的重要桥梁。

在古镇瓦房里构筑巴适烟火。“修旧如旧、活化更新”贯彻在城厢整体保护性开发过程的始终。依托城厢闲适自由的市

① 巴适：四川方言，意思是指很好、舒服、合适；亦指正宗、地道。

井文化和灿烂别致的古蜀文化，城厢天府文化古镇尤其注重将各个时期的历史文化元素融入于古镇瓦房以及人们的日常生活，在这里，每一家有趣的店铺、每一杯醇香的咖啡和每一道烟火气十足的美食，都洋溢着成都独特市井生活所赠与的巴适气息。

在原真文化里体验蜀都底蕴。城厢是一座保留原真原味蜀地生活与人文生态的文化宝地。文庙、武庙、书院、寺庙、护城河在这里得到完整的保留，东、西、南、北四条大街的古县治城市格局以及分布其间的 32 个巷子和 64 处院落给城厢留下了难以复制的历史文化底色。“风情绣川、1956 文创园、千年西街、厢逢九思、蓉欧客厅、雁归东湖”六大功能组团相映成趣，形成了一镇读千年的生态格局。

在时尚潮流里邂逅美好生活。在城镇改造突飞猛进的现今，漫步在清末民初建筑风格的街巷中，寻一处街边茶铺，在氤氲热气中慢品茶香，便可脱离旅游者的身份，走进已经停下时光的城厢生活中。人们会在这里偶遇被誉为全球十大最美书店之一的先锋书店、全国第一个青年当代艺术平台的新星星艺术中心；也会在古镇中重新认识中国最浪漫最神秘的喜林苑客栈、国内年轻人追捧的瓦当瓦舍青年旅行文化酒店、当下深受成都年轻人喜爱的贰麻酒馆网红酒吧等好玩的潮流空间。

正如纪录片《舌尖上的中国》《风味人间》总导演陈晓卿所言：城厢实际上更像是海洋和陆地在空间上的一次相逢，同时也是可预知的未来和拥有厚重历史的一次相逢。

（资料来源：《千年城厢古镇焕发新活力，百商齐聚青白江共襄繁华》，见 http://www.jiemian.com/article/5220336.html，2020-11-04。）

表 4—2　特色街区雅集场景

麓湖天府美食岛	麓湖天府美食岛以美景滤镜喧嚣，以美食与世相接，天府美食岛旨在打造集黑珍珠、网红餐厅和天府人自己的美食街为一体的新区美食高地，激活区域商业活力，呈现国际范、成都味的浮岛消费新场景。
铁像寺水街消费场景	铁像寺水街消费场景以“善、禅、和、雅、味、乐”的人文意境，演绎独具四川特色的“上善若水，佛寺禅房，街巷合院，艺术人文，天下美食，闲适安逸”美好生活景象。从传统的城市肌理到现代的光影艺术所带来的传统与现代的碰撞，以及叠翠修竹掩映之下的巷道所营造出的清幽意境，不同的手法流露出同样的主题——骨子里的天府文化。
成都音乐坊特色消费场景示范项目	成都音乐坊特色消费场景示范项目着力传承音乐历史文化，塑造音乐品牌，培育音乐人才，孵化原创音乐，繁荣音乐消费，壮大音乐产业，以“新空间、新产业、新场景”的发展理念，把城市音乐厅打造成为世界级音乐地标，促进国内外优秀原创音乐汇聚在成都、生产在成都、发布在成都，努力建设成为具有世界影响力的现代音乐领军城市，构建世界音乐族的追梦天堂。
猛追湾市民休闲区望平滨河街	猛追湾休闲区望平滨河街按照“政府主导、市场主体、商业化逻辑思维”“吃住行游购娱”全产业链打造提升等要求，重点在 2.5 千米环锦江滨水黄金地带，打造“艺文生态花园、潮流娱乐中心、网红美食聚落、文化创意基地”4 个板块，是成都市天府锦城“八街九坊十景”首批示范段和锦江公园重点示范工程。
天府沸腾小镇	天府沸腾小镇作为成都市首批 25 个特色小镇之一，按国家 4A 级旅游景区标准规划，致力于打造集美食娱乐、音乐展演、田园体验、运动休闲、乡间文创为一体的城北生态旅游区、绿道经济特色目的地。小镇以建设公园城市、体现生态价值、传承天府文化、发展绿色经济为发展理念，结合区域特色“熊猫 + 火锅”两个世界级 IP 和音乐文化元素，营造出多功能叠加的高品质生活场景和新经济消费场景。
新尚天地・尚街	新尚天地・尚街围绕践行新发展理念的公园城市示范区建设，学习借鉴国内外成功经验和领先做法，结合街区生态形态，梳理街区脉络，优化街区“业态”，传承街区历史“文脉”，重塑街区生活场景，提升消费能级，促进街区功能叠加和价值提升，致力于打造消费场景画卷和新体验生活特色商业街区。
望蜀里特色街区雅集场景	望蜀里特色街区雅集场景，集国际台球中心、李一氓故居、新派商业街区三大亮点于一体，是具有鲜明地域特色和浓郁巴蜀文化氛围的复合型文化商业街，也是 2020 年成都夜间经济示范点位。

（三）熊猫野趣度假场景：彰显生态创意范儿

四川是大熊猫的发现地和大熊猫集中分布的地域中心。进入新时代，成都的大熊猫保护正迈入“国家公园时代”，持续抓好大熊猫保护、大熊猫国家公园建设，擦亮“三九大”名片，做大做强大熊猫文化。依托大熊猫文化，打造彰显成都特色的熊猫野趣度假场景，是生态价值多元转化的关键秘钥。

1. 大熊猫文旅，以文化项目拉动大熊猫产业

以大熊猫为主题的文旅项目拉动成都大熊猫产业整体提升，助力建设世界旅游名城。以大熊猫文旅项目作为打开大熊猫文化与世界友人的交流场域的钥匙，打造人与动物、城市与自然和谐共生，同时，也为全球大熊猫爱好者打造多角度聆听大熊猫故事、全方位感受天府大熊猫文化。“大熊猫之都”文旅项目着力更好地营造人类与大熊猫的美好相遇，努力建设成为全球顶级的殿堂级大熊猫与生物多样性保护研究中心、旗舰型国际大熊猫旅游目的地与文创基地、领先型大熊猫国家公园示范地和创新型公园城市明星项目。

同样位于成都北湖生态公园的大熊猫绿道则是一座露天大熊猫文化博物馆，大熊猫迷宫乐园、巨型钢铁侠大熊猫等主题小游园，以及大熊猫羽毛球场、大熊猫篮球场、大熊猫慢跑步道等健身空间将大熊猫元素嵌入人们日常生活的方方面面。大熊猫绿道沿三环路两侧铺展开，让滚滚走出了动物园，现身于城市的绿色空间，向往来的人们传播大熊猫形象，是天府大熊猫文化在绿色空间中的另一种书写方式。中国大熊猫国家公园项目同样引人注目，努力打造集生态保护研究、科普教育、青少年研学、亲子度假、游乐体验、高端酒店、特色民宿等于一体的“世界知名、全球唯一”的大熊猫科研保护和国际旅游目的地。成都市在挖掘天府大熊猫

文化方面深耕细作，致力于以“世界大熊猫之都”推动成都在全球范围建立具有唯一性和不可模仿的品牌标识，创造独一无二的成都大熊猫之旅。

2. 大熊猫文创，以创意 IP 赋能大熊猫经济

据企查查数据显示，四川 6000 多家企业中，以大熊猫文创作为切入口的企业共有 147 家，并且还在持续增长。大熊猫已经变成抽象的文化概念，可以结合不同场景塑造鲜明个性的系列产品，植根不同业态进行产业链布局，以大熊猫 IP 串联起大熊猫科研繁育、科普教育、IP 舞台剧、影视传媒、动漫游戏、文创设计、文创市集等全大熊猫产业链条。

成都在大熊猫文创开发方面持续发力，四川文旅联盟大熊猫文创专委会与相关机构签署的《大熊猫文创开发战略合作协议》《知识产权服务战略合作协议》《大熊猫文创品牌推广战略合作协议》等合作协议，都为基于国宝大熊猫开发文创周边营造了良好的创造氛围，在一定程度上确保了成都大熊猫文创经济的持续发展。与此同时，聚焦大熊猫主题开展运营的文创企业正在将成都的大熊猫特色文化传播得更远。“GOGOPANDA 大熊猫出发”是大熊猫文化多元化开发的代表性文创品牌，其以大熊猫文创为核心，高效聚合全球文创开发资源，同时结合政府海内外中国文化传播营销及品牌营销需求，在开发各种类型大熊猫文创优势产品方面积累了成功的实践经验，成为先锋案例典范。迄今为止，“GOGOPANDA 大熊猫出发”将艺术家们创作的大熊猫，带到了世界 50 多个国家和地区。“GOGOPANDA 大熊猫出发”的文创产品正演绎超现实的光彩世界诠释着一个包容的大熊猫世界，在这里，每一个人都能成为艺术家，而且艺术家和大熊猫的故事正在无限延续。

大熊猫之于成都，是一种文创思维，成都百悦天府大熊猫古

镇、大熊猫文创演艺波兰小镇、大熊猫星球等大熊猫文创项目正在加紧布局当中，大熊猫文创正在成为成都创意文化经济的重要组成部分，并不断助力成都持续提升国际影响力和城市美誉度。

3. 大熊猫文化，将大熊猫元素嵌入城市生活

巴蜀作为大熊猫的重要栖息地，这是大自然的恩赐，具有和平友谊、和谐吉祥的文化象征意义。如今，大熊猫文化已成为成都城市生活的特色文化元素与城市创意符号，逐渐渗透在城市发展的方方面面，并不断深化于城市的创意生活、科普教育、观光游玩等各个环节。

从大熊猫快线，到大熊猫“铛铛车”，再到大熊猫邮局，大熊猫文化与成都的非遗文化、旅游文化、美食文化、地标文化紧密结合，这为成都在蜀都味、国际范之上又添加了一层萌态之美。从“大熊猫”到“野趣”的进阶，是对成都大熊猫文化精神的进一步提炼，代表着成都凸显生态底蕴与自然友好的公园城市态度。

专栏 4–5

拾野自然博物馆

——位于繁华闹市里的博物馆

拾野自然博物馆作为国内率先在商业综合体内建设的博物馆，将文化、科普、旅游、商业有机融合，开创了文化产业引领消费潮流的新方式。2020 年，拾野自然博物馆获评国家二级博物馆。拾野自然博物馆融合性的体验式场景极大地丰富了人们的精神文化生活需求，业已成为国内具有影响力的集科普、文化、教育、旅游、商业为一体的新型文化场所之一。拾野自然博物馆也创造了非国有博物馆发展的先例。

创新博物馆商业逻辑运营，灵动展示自然生命之美。拾野自然博物馆坐落于成都市双林路二号桥头的“成都第三核”——339城市综合体内，是首家城市商业体内的自然博物馆。基于其特殊的场景定位，拾野自然博物馆将文化、科普、旅游、商业融为一体，探索一种全新的体验式消费模式，开创了文化产业引领消费潮流的新方式。在博物展览展示方面，拾野自然博物馆还是国内首个将标本陈列与动植物活态展示有机融合的自然博物馆，以求生动地展示自然之美、生命之美，很好地推进了自然科普教育、打造自然生态课堂，完善了区域文化设施、促进了公共文化事业的发展，从而提高了市民科学文化素质和生态保护意识，启迪民众对生命奥秘的探求。

解锁博物馆“夜宿”，开启夜间经济新赛道。如果说，“到此一游”是成都夜间经济1.0形态的代表，那么随着融合了艺术、文创、文博、赛事等夜游新兴业态的出现，以及更具“国际范、蜀都味”的多元消费新场景的营造，成都不断“解锁”的博物馆夜宿、24小时书店、景区延时夜游等旅游新模式，也将在夜间经济这一城市竞争新赛道中，迈进2.0时代。拾野自然博物馆夜间开放，吸引了夜间游玩的人们前来参观体验；同时通过“博物馆奇妙夜”等夜宿博物馆主题的科普活动，吸引了大量想参与体验的人报名参加，截至目前，拾野自然博物馆共开展“博物馆奇妙夜”活动一百多场，活动营收达百万元。

品质引领创新转型，打造开放互动的亲民博物馆。品质供给，是拾野自然博物馆的初心。秉承着“城市之心、重拾野趣、连接自然”的理念，博物馆旨在通过接续的互动体验让参观者在探索科学新知之时体验更具温度的文化教育，通过“拾野”与“拾趣”主题展陈、生态景观、标本艺术、研学教育、动物保育以及课程体系六大业务板块，致力于打造开放、体验、互动、交融的亲民自然类博物馆，实现城市综合体的文化形象再造和创新引领，构建展示生物多样性、探求科学新知的自然文化高地。

（四）公园生态游憩场景：延展生态价值链

公园既是城市赏心悦目的风景，也是周边地区的重要经济资源。它们可以随着时间的推移变得更为可爱和更有价值[①]。成都公园生态游憩场景的打造，坚持“让城市自然有序生长”，致力于在搭建覆盖城区的生态“绿脉”的基础上，孕育和涵养消费新场景，不断回应人民对美好生活的新需要。公园生态正如同网络延伸至城市各个角落，刺激消费、供给游憩和休闲社交机会、激发创新创意等，带动了城市生态价值的多元转化。

1. 以公园空间为场景载体，优化消费体验

无论是帕特里克·格迪斯（Patrick Geddes）阐述的“人与自然融合”，还是勒·柯布西耶（Le Corbusier）构思的“绿色城市”，都深深地饱含对绿色生态的期待。在绿色环境中自由滋长和在生态沃土里自由呼吸是城市得以高品质提升的重要路径。

成都坚持把全面贯彻新发展理念的公园城市建设和人民美好生活需求贯穿于城市工作全过程，通过生态优化深度滋养城市文化发展，探索巴蜀文明与自然美景和谐汇聚的共生共长之路，为公园生

① Jane Jacobs, *The Death and Life of Great American Cities*, New York: Knopf Doubleday Publishing Group, 2016, p.89.

态游憩场景的消费环节奠定了自然而深厚的文化关联。“让城市自然有序生长”，成都通过重点打造锦江公园、龙泉山城市森林公园、龙门山自然生态公园等示范公园，加快推进天府绿道和川西林盘建设，力图重现“岷江水润、茂林修竹、美田弥望、蜀风雅韵”的锦绣画卷。

专栏 4-6

五凤溪·坡坡上户外探险乐园

五凤溪·坡坡上户外探险乐园是成都东进战略的一个重要点位。优良的公园生态为多元的文化娱乐消费提供了最具支撑力与吸引力的资源载体，乐园拥有五凤溪得天独厚的自然环境，亦有深厚文化背景的古镇从旁加持，使得乐园内各业态项目及商家既有依山就势的环境生态增势，也有古镇码头所特有的人文烟火赋魂，是依托公园生态发展文创消费的典型。

依托地貌景观设计夜间新潮体验。乐园的绿化景观、氛围装饰皆以构建和谐，动静相宜的质感为基准。水幕光影秀、草地音乐节、美丽彩灯节为乐园在夜间场景的塑造提供了丰富的内涵。

依托生态优势构筑品质消费格局。乐园内布局四季旱雪、天空之翼、丛林探险等多个游乐项目，同时设置花卉景观、巨型草坪与帐篷露营地等休闲项目，集探险性、趣味性与观赏性为一体。同时，乐园积极响应政府发展多元经济，创新消费能力的政策方针，对于景区内业态进行不断提档升级，以新模式、新场景、新技术为依托，在场地内落实与本地特产的合理移植，并利用配套的活动资源筛选和打造品牌标杆，通过

"互联网 +"的思维进行拓展，在商家、消费者、景区间探索出一条三方适配的良性发展之路。

依托汉服文化形塑国潮品牌张力。乐园结合"三城三都"建设和成都文旅集团贯彻生活美学的路线方针，着力打造以传统、国潮、民俗、开放等概念的发展体系，以汉服、文创、展览、沙龙等实现方式在乐园内开展文化品牌的扩展和跨界。

2. 以"公园 +"促进融合，创新消费业态

生态的涵养深度融入产业的发展，绿色的价值不断转化为经济与社会的价值，成都将公园生态的资源链接消费理念、赋能产业发展，融于生活美学，以多元场景的渗透叠加和有机创新培育消费新模式，为场景经营赋予最大活力。

成都坚持把公园城市作为发展新经济、培育新消费、植入新服务的场景媒介，深入实施"公园 +"策略，打通生态空间与消费场景之间的互动通道，推动生态场景与消费场景、人文场景、生活场景渗透叠加，逐步形成了可持续的商业逻辑和消费场景的供给模式，以"最美公园"带活"最美商圈"。"在公园当中建城市"，成都有着天然的公园生态优势，如今公园式消费已经成为当前成都消费场景营造的亮点。

专栏 4-7

公园式的田园美学

——天府现代种业园 · 蔚崃林盘

天府现代种业园 · 蔚崃林盘位于天府现代种业园核心区，隶属成都半小时经济圈，交通便利，区位优势明显。目前已建

成集特色中餐、鲜食火锅、咖啡、民宿、文化、购物为一体的公园生态游憩场景，生长餐厅、禾中餐厅、南门小院、菁英小院、蔚崃杂货铺等院落已建成并正常运营，年旅游接待人数预计30万人次。林盘景观和种业景观相辅相成、相得益彰，形成了“推窗见田、开门见绿、自然环境优越”的林盘景观形态。

首先，充分发挥林盘优势，创新建设模式。天府现代种业园·蔚崃林盘立足良好的生态本底与资源禀赋，以“特色镇+林盘+产业园”的建设模式，将田园美学融入林盘建设，把林盘整治与产业发展相结合，根植林盘优势本底资源，借助园区的产业条件，以产业联动发展为核心，依托一产基础，联动二产发展，融合三产功能，通过收储林盘地块，打造精品民宿和特色餐饮项目、发展特色种业产业，植入农业观光和农事体验、农业科普教育、创意农特产品、会议博览、民俗文创等产业功能，将林盘建设成为公园特质明显、旅游业态丰富、满足行业发展、带动农村发展的开放共享服务点，实现农业农村创新发展，助力乡村振兴战略。

其次，强化业态带动与场景植入，优化消费体验。针对游客需求和游客体验的连续性，通过换位思考，从游客的视觉、味觉、嗅觉、触觉、听觉等几个方面进行精准设计，不断打造精品民宿、特色餐饮项目、发展特色种业产业，植入农业观光和农事体验、农业科普教育、创意农特产品、会议博览、民俗文创等产业功能。蔚崃林盘以川西林盘、大地艺术、美丽田园为载体，发展运动健身、亲子互动、公共艺术、户外游憩、微度假、花卉园艺、休闲餐饮等业态，在“公园+”“农业+”场景中欣赏大自然、体验闲适快乐、增进社会交流，感受蜀都味、国际范的公园城市生活魅力。

最后，增强农商文旅产业主导，展现川西乡村魅力。作为以农商文旅为主导产业的特色林盘，目前已经成为集亲子、研学、田园、艺术等旅游要素为主的旅游目的地，并不断筹办大型节庆活动全面展示川西乡村的魅力，2020年9月，以“天府大地·风物共生”为主题的成都市大地艺术季在园区举办，将成都人的生活方式、文化与川西林盘、天府大地有机融合，诠释了公园城市的“乡村表达”，让人充分领略天府文化的独特魅力。举办了国际大师创作展、非遗市集手作展、迷你音乐会、草坪音乐会、汉服秀、文化快闪等20余场活动，在一个月的活动期间共吸引参观打卡游客5万人次，带来直接经济效益100多万元。同时也为当地提供了相当数量的优质就业岗位400个，助力解决当地剩余劳动力的转移安置问题，带动当地农民长效增收，提高周边群众生活幸福度。目前，林盘逐步成为公园特质明显、旅游业态丰富、满足行业发展、带动农村发展的开放共享服务点，实现了农业农村创新发展，一流服务带来的消费场景的持续升级和在场体验的不断提升是其发展之钥。

表4—3　公园生态游憩场景

新金牛公园	新金牛公园共设4大主题分区：文化展示主题、绿色生态主题、都市活力主题和互动交流主题。打造集生态公园、轨道站点避难场所、人防工程等多元功能一体的城市公园。公园按照TOD[①]规划理念，整合地上与地下空间开发，着力打造“城在绿中、园在城中、城绿相融”的美丽宜居公园城区。

① TOD：以公共交通为导向的发展模式。

（续表）

芳华微马公园	芳华微马公园以成都特色桂花文化为底蕴、中药材种植为康养根基，结合了健康养生、运动康养、旅游观光、亲子采摘等消费需求，同时融入川西林盘保护和天府绿道建设理念，着力打造以赏花经济、乡村旅游、森林康养和立体农业等产业为核心的新型田园综合体，形成人与自然和谐共生的大美乡村田园。
天府现代种业园·蔚崃林盘公园生态游憩场景	天府现代种业园·蔚崃林盘公园生态游憩场景已建成集特色中餐、鲜食火锅、咖啡、民宿、文化、购物为一体的公园生态游憩场景，生长餐厅、禾中餐厅、南门小院、菁英小院、蔚崃杂货铺等院落正常运营，形成了“推窗见田、开门见绿、自然环境优越”的林盘景观形态。
五凤溪·坡坡上户外探险乐园生态游憩场景	五凤溪·坡坡上户外探险乐园生态游憩场景结合“三城三都”建设及成都文旅集团贯彻生活美学的路线方针，着力打造以传统、国潮、民俗、开放等概念的发展体系，以汉服、文创、展览、沙龙等实现方式在乐园内开展文化品牌的扩展和跨界，将具有现代成都特色的产业亮点推介给游客及相应主题客群，达到将创意变现的目的。
天府花溪谷新消费场景	天府花溪谷新消费场景以“森林里看花、山谷里运动”为主题，根据自身地势、地貌特征，打造了独有的产品并进行有机整合，将促进项目构建目的地型的国际山地运动温泉度假区，并打造山地运动温泉度假区特色生活方式：坐观光火车、看森林花海、玩山地运动、吃生态美食、住精品民宿、品小镇休闲、购文创优品、享舒适生活。

（五）体育健康脉动场景：激发生命新活力

近年来，伴随着大众对于健康生活消费需求的快速增长，体育已成为人们日常生活的重要一部分。在此背景下，丰富体育消费业态，满足人们的体育消费需求，同时引导全民培养体育爱好，建立健康生活习惯是满足人民美好生活体验、构筑城市健康长城的内在需求。成都体育健康脉动场景以“体育、赛事、健康”三条发展主线激发成都的体育健康脉动场景活力，通过“体育 +”创新体育消费潮流业态；通过“赛事 +”带动城市消费，形成城市发展的助推器；通过“健康 +”，关注人们身心，携手城市生活者共同形塑城市生活新标签。

1. “体育 +”，创新体育消费潮流业态

以“大健康”理念促进体育与旅游、公园、社区等多元场景的融合是促进城市产业结构调整、实现产业价值共创与价值链增值的重要增长极，更是实现全业、全季、多元、多彩消费，赋能城市美好生活体验的关键驱动力。

成都体育消费场景的打造重点突出“体育 +”的融合带动力，体育 + 旅游、体育 + 教育、体育 + 休闲……“体育 +”正在成都生活中不断深化。伴随着健身步道、滨湖赛道、体育学院等体育项目建设陆续推进，成都文商旅体教综合配套产业持续优化升级，复合型“体育 +”产业生态圈正在逐渐形成的同时，体育消费动能持续显现。依托体育形成的如冰雪旅游、体育康养度假、体育生活社区等新型消费场景已成为人们日常生活休闲的必需品，并为这座城市带来更显开放、活力、时尚、安逸的文化魅力。

专栏 4—8

以“体育 +”定义冰雪文化

——西岭雪山新消费场景

“窗含西岭千秋雪，门泊东吴万里船。”作为世界自然遗产、成都第一峰的西岭雪山，被誉为“南方的林海雪原，东方的阿尔卑斯”，优良的生态环境为发展冰雪旅游提供了天然的优势。但西岭却并未止步于滑雪，而是不断拓展冰雪资源的创意空间，创新冰雪文化业态，同时植入天府文化基因，让冰雪资源实现可持续的场景红利。冰雪旅游如今已经成为很多人的生活新方式，冰雪运动的走红也更加带动了体育消费的潜力。而成都这座南方城市同样也是全国冰雪爱好者的向往之地。

体育 + 文旅，构建全方位消费格局。西岭针对不同消费者的实际需求，从休闲观光、家庭亲子到研学教育、森林康养，通过多层次的产品组合实现不同消费人群的场景消费需求。同时，西岭还注重消费场景的体验升级，在游客线下消费末端，通过技术手段实现消费需求的即时响应与引导性主动消费。

体育 + 文创，提升文化增值力。西岭在内容方面持续发力，通过植入天府文化，结合本土特色，打造具有成都特色、巴蜀特色的旅游文创产品，开发大熊猫系列成都礼品、成都之巅系列户外旅游用品，以及西岭水、西岭茶、西岭雪等具有杜甫文化元素的旅游文创商品。

体育 + 活动，强化品牌价值输出。西岭将“成都之巅”与“窗含西岭”作为品牌价值输出的符号，赋予其“乐观、豁达、包容、进取”的人文精神，成都南国国际冰雪节、成都森林文化旅游节、国家森林体验基地、国家体育旅游示范基地等皆是西岭的强势品牌 IP。借助逐渐提升的品牌优势，加强与大邑其他景区景点的合作联动，带动区域旅游发展也是西岭进一步扩大品牌影响力与场景组合势能的应有动作。

2. “赛事 +”，形成城市发展助推器

成都历来是国际高级别赛事活动举办的中心，将赛事孵化为品牌，将赛事效应转化为持续的资本，将赛事精神普及化为日常生活理念，持续扩大赛事举办的影响力，是提升城市发展动力、助推城市换道超车的有效形式。

成都市平均每年举办市级以上体育赛事 300 项左右，其中国际体育赛事总和达到 67 项以上（2018 年 21 项、2019 年 22 项、2020 年 24 项），力争举办洲际锦标赛以上级别赛事达 50%，具有自主品

牌、成都印迹及文化特色的赛事达40%。围绕着打造世界赛事名城目标，成都市委托专业机构对国际综合运动会及高级别单项赛事进行系统研究和综合策划，并按照国际组织重大赛事安排，保持与国家体育总局、全国单项协会的良好沟通，获取支持，积极申办，力争落户。在不断巩固“熊猫杯”国际青年足球锦标赛、国际网联青年大师赛、成都国际马拉松、中国马术节等品牌赛事的同时，成都还举办了诸如第十八届世界警察和消防员运动会、乒乓球世界杯、国际篮联世界巡回大师赛、铁人三项世界杯等国际性赛事。此外，成都即将举办的第31届世界大学生夏季运动会，也是中国西部第一次举办世界性综合运动会。本次运动会的举办有利于成都大力推广健康时尚的生活方式，培育壮大体育产业，是推动成都从世界赛事名城向世界体育名城演进跃升的重要契机。

体育在日常生活的融入，是成都力求提升城市生活质量的另一着力点。以“芳华紫藤、运动微马”为发展理念的芳华微马公园，沿马拉松赛道植入180多个品种3000余亩的各色花木，极具观赏价值，并将运动+赏花+乡村旅游等众多健康休闲元素融合在一起，创造出以赛事为主体的多元生活业态。微马赛道及赛事的融合正在成为成都公园城市建设价值转化的引爆点。

成都自行车生态高速作为全国首条以旅游为主的自行车高速公路，是成都赛事生态实践的另一典范。其始于临邛文博创意产业示范区，途径三国文化小镇孔明，至历史文化名镇平乐古镇，沿线同步配套建设十方驿、孔明驿两个服务驿站，驿站内提供自行车租赁、旅游商品销售、VR模拟体验等服务。多元体验的体育项目极大地吸引了更多的青年时尚社群聚集于此，并参与到极限自行车体验中。

成都文化企业的商业模式也在紧跟人们的生活需求，在商业+赛事方面作出先锋典范。以宝马摩托车骑行公园项目为例，作为亚洲首个宝马官方授权企业，其相继建设运营了包含宝马摩托骑行公园、宝马摩托传奇之旅的四川环线，并承办了宝马摩托国际文化节（永久会址），建设宝马摩托主题驿站，运营宝马摩托服务中心和宝马摩托品牌中心等，占地超80亩，打造了集越野、速度、安全于一体的驾驶中心，并整合了售后维修、宝马精品、骑士俱乐部、摩托旅行、乘车驾驶体验等多重服务。

此外，成都正大力推进区（市）县“一场一馆一池”和乡镇（街道）健身体育设施的建设，兼具中小型赛事、竞训和全民健身业余比赛的需要。通过市、区（市）县、乡镇（街道）三级场馆的建设，逐步形成布局合理、设施完备、功能齐全的57个体育赛事场馆体系，为世界体育赛事名城建设提供有力的硬件支撑和基础保障。

3.“健康+”，形塑城市生活新标签

“健康+”是成都市在战略上重点布局的发展领域，将医药健康产业作为成都培育的万亿级产业之一。根据《成都市人民政府办公厅关于促进成都医药健康产业高质量发展的实施意见》，成都市聚焦打造全球知名的生物医药创新创造中心、面向“一带一路”医疗健康服务首选地、国际医药供应链枢纽城市三大领域，攻坚建设具有国际影响力的生物技术药物创制高地、国际知名的医疗中心等十项重点任务，加快构建“三城三区两带”医药健康产业空间总体布局结构。在健康生活场景的具体实践上，成都在加快推进一大批健康休闲场所和成都天府国际生物城、成都国际医美健康城等医疗康养项目建设的同时，持续建设成都海泉湾运动休闲温泉度假区等体育旅游休闲项目，打造多维度专业性功能性消费中心。

医药是健康生活的重要方面。由双流区与成都高新区合作共建的成都天府国际生物城为全球医药健康创新创业要素汇集区，重点围绕生物技术药物、高性能医疗器械、精准医疗等领域，建设重大新药创制国家科技重大专项成果转移转化试点示范基地等平台，打造世界级生物产业创新与智造之都。按照公园城市建设要求，成都天府国际生物城自启动建设以来，倡导“知识 + 艺术 + 健康”的城市氛围，打造低碳发展、健康生活，集魅力、人文、活力、品质和特色为一体的生活宜居国际社区[①]，其发展前景广阔。此外，在第三届中国国际进口博览会上，成都高新区与参展企业阿斯利康签署中国西部总部投资合作协议，标志着又一跨国制药巨头入驻成都高新区。这也是该项目为世界 500 强跨国药企在四川省设立的第一个具备完整功能的总部型项目，具有里程碑意义，将成为其他跨国大型药企投资成都、投资四川的模板。

成都作为“医美之都”，以大健康理念为指导，力图让医美回归医疗本质。成都发布的《成都医疗美容产业发展规划（2018—2030 年）》，预计到 2025 年成都医疗美容产业营业收入达到 1000 亿元。成都“医美示范街区”开街仪式在成都高新区举行，它是成都首条医美特色街区。“医美示范街区”主要规划布局医美医院、特色医美专科、健康管理美体馆、生活美容工作区、轻医美创新空间以及轻食餐饮咖啡厅等业态。未来，成都高新区将继续以构建医美产业生态圈为主线，以增强产业创新能力为引领，以品牌建设为核心，进一步壮大医美产业规模、提升产业发展质量，助力成都打造会聚千亿医美产业集群的“医美之都”。[②]

成都市的“体育 +”“赛事 +”“健康 +”事业和产业持续升温，收获颇丰。世界赛事名城的体育场馆规划建设全面启动、品牌赛事培育初具规模，人才支撑、政策保障、发展环境等逐步健全完善，体育事业、体育产业和健康产业不断发展壮大，体育引领城市经济结构转型升级的创新发展动能逐步加强，世界赛事名城建设取得阶

---

① 双流发布：《借“双城记”东风，天府国际生物城插上腾飞的翅膀》，2020 年 6 月 11 日，见 https://mp.weixin.qq.com/s/r5C4Gl69Uz7oA73d_xg7Ow。

② 成都商务：《成都市首条医美特色街区开街》，2020 年 12 月 29 日，见 https://mp.weixin.qq.com/s/J-ooksck5z23g9DoGI6tnA。

段性成效，健康生活品质得到显著提升。

表 4—4　体育健康脉动场景

西村大院体育健康脉动场景	该场景现拥有1.6万平方米的休闲运动空间，植入运动健身、医疗康养、体育教育、体育旅游等体育创新融合业态，聚集兴城足球俱乐部、皇家贝里斯足球俱乐部、老车迷自行车俱乐部、身体几何人体美学等知名体育品牌，呈现足球、篮球、自行车、空手道、攀岩、马伽术等20余个运动项目，充分满足全龄人群、全活动过程、全生命周期的健康生活，力促文体旅商高度融合发展。
融创冰雪世界场景	全球首创冰雪藏羌主题水世界，室内恒温、四季玩水不打烊，四大主题区，冷暖搭配，已经成为“全年龄段、全家庭成员、全天候、全文旅业态”的区域旅游体系，消费的特色明显、优势十足、带动力极强。
成都金堂海泉湾运动度假社区体育健康脉动场景	该场景是以运动、度假、康养、教育、亲子为主的时尚运动社区，中国首席UP生活胜地；是未来人文社区和心灵栖息地，尽享“心在桃源，身在乐园”的度假体验；以开放、活力、时尚、安逸以及独特的文化艺术魅力吸引不同年龄层的人群，活跃成都周末经济、夜间经济。
西岭雪山新消费场景	该场景紧紧围绕成都市委市政府建设世界旅游名城的总要求，深入理解“窗含西岭”成都胜景的内涵，最终将西岭雪山建成国内一流、国际知名的集“观光游览、户外运动、休闲度假、研学融合”为一体的国际山地旅游度假区。

（六）文艺风尚品鉴场景：舞动城市文化韵律

作为一座历史悠久的文化城市，成都不仅有最抚慰人心的市井烟火与万里的绿色人文画廊，还有悠久的艺术魅力与文艺风尚。从商周石磬的鸣响到永陵二十四伎乐的荡气回肠，从“精妙冠世”的大慈寺壁画到“气韵生动”的西蜀画派，从“蜀戏冠天下”到伴着青砖灰瓦、木楼戏台走过一千多年的川剧，日久岁深，几千年的艺术雕琢正在赋予成都新的文艺底色，包容多元的城市性格驻扎于不同的艺术空间中，丈量着城市文化的广度，较之于城市之广博。

1. 风尚场景支撑，培植城市美学土壤

文化是城市的独特印记，而城市的地景地标则是抽象符号化的

城市，通过创造一种独特而难忘的场所感让城市具有更强烈的可读性与可识别性。美国城市理论家凯文·林奇（Kevin Lynch）认为，一座好的城市的重要特质就是视觉与情感的清晰度，不管是伦敦的金丝雀码头、千禧公园的壳形演奏台，还是规模宏大的旧金山金门大桥、华盛顿特区的国家广场，这些张扬的建筑都赋予了城市强烈的可识别的地景标志。从 2018 年起，成都宣布拟建 20 个城市标志性重大文化设施，赋予城市公共空间以创造性的风尚元素，进而赋能演艺产业发展，绘制新天府会客厅。

成都文艺风尚品鉴场景的打造是以城市公共空间为主要载体，注重通过设计塑造地景美感，屹立于成都城西的金沙演艺综合体，以源于金沙文物的流线型浪漫形态呈现张扬的文艺美学，而定位于“传承世界经典，打造国际一流”的成都城市音乐厅自建成之初，便成为成都一环路上最显眼的建筑。另外，成都文艺风尚品鉴场景的打造又强调活动植入带动人文参与，让消费更好地融入城市，创造独一无二的城市记忆。成都博物馆新馆自开馆以来，已经迎来了 860 万来自世界各地的观众，并陆续推出不同主题、不同风格的展览，不断以新的洞见与姿态刷新着世人对城市历史，乃至世界文明的认知。与此同时，成都自然博物馆、成都童书馆新馆、成都文化馆新馆、宽窄匠造所同样也在进行植入新场景的尝试，城市公共空间正在以极具创新性的姿态融入百姓生活。

专栏 4–9

原创生活美学“潮牌”
——宽窄匠造所

宽窄匠造所北邻宽窄巷子历史文化街区，并承袭宽窄文化名片，是成都文旅集团与青羊区联合打造的首个文创综合体。

其作为宽窄巷子的立体化、当代化、场景化表达，致力成为“成都市可打卡的城市文化地标”。作为成都文艺风尚品鉴场景的典型，宽窄匠造所在其发展计划中，与宽窄巷子历史文化街区相区别，将目标设置瞄准年轻客群，通过场景营销与升级消费，用潮流展览和美学产品吸引游客访问，用社交活动营造本土年轻人的归属感，打造外地年轻人的必到打卡点，以获得品牌发展。

层式场景搭建，满足多元消费需求。作为一个原创生活美学的集合空间，匠造所聚焦年轻人与创意人的核心需求，从一层到六层，囊括了文创产品集合空间、茶酒空间、原创咖啡、成都书房、花园餐吧等可消费可体验的复合型空间。以这些空间为载体，匠造所聚焦IP展览、快闪活动、文化演出、分享会等文化内容生产，打造城市级文化展演空间。当市民或游客进入匠造所时，能够通过贯穿一楼到顶楼的“匠造之廊”，体验到匠造所的各个空间及业态。

嵌入式更新，延续宽窄院落意象。宽窄匠造所以改代拆，引入国内首个在旧楼改造中嵌入露天斜向中庭的空间设计，将宽窄巷子的合院肌理特征提取出来并转译成立体化的宽窄巷子院落，“嵌入”少城核心区域，形成立体化与当代化的“最成都”街巷空间，提升宽窄巷子品牌形象，定义成都个性化的生活美学，向世界彰显成都及宽窄巷子的国际范。

产业链接国际，打造国际时尚“潮牌”。宽窄匠造所聚集优质设计师、品牌资源，通过引入国内外一流品牌、开展国际时装周等活动，成为城市文创成果展示窗口，集聚全市、全国的优质设计师资源，集聚多方优势，联合设计师工作室、新兴品牌、其他品牌推出联名活动，升级消费。

2. 创意空间营造，传递感知城市温度

文化地标以强烈的视觉元素彰显城市形象，而融合建筑美学设计与人情味的社区微更新场景则传达出城市蓬勃发展与新生活的愿景。成都锦江官驿街道的交子社区曾经是世界上第一张纸币——“交子币”的发行地，辖区内均隆街129号曾被交子文化浸润，占地面积1390平方米。但随着城市发展，这里却逐渐变得破旧、杂乱，成为不太和谐的音符。如今在四川省建筑设计院、文创公司、社区规划师和居民的多方磋商下，这里不仅设置了亲水外摆茶档、居民活动空间、新增公共卫生间等，提高了空间的实用性，还依托原有传统建筑元素、周边现有建筑格局以及结合夜游锦江项目整体风格，以半围合的方式，通过镂空山墙、仿古四合院、艺术植物、瓦片等形式，还原川西特点的形态和氛围，淋漓尽致地展现了四川特色“坝坝茶”文化。

社区的存量更新完成了城市修补，而品牌书店、独立书店、咖啡馆等创意文艺空间则使城市文化更加多元立体。在成都的街头巷尾，散落着大大小小3000多家书店。这些风格各异的书店，为城市提供了活跃而温暖的精神空间，慰藉着每一个步履匆匆的灵魂。据《2017—2018中国实体书店业报告》显示，2017年成都书店数量已达3463家，继北京后位居全国第二，书店已成为成都文化当中不可或缺的一部分。位于宽窄巷子内的三联韬奋书店，是在北京之外的城市开办的第一家分店，它将宽窄的四合院改造升级，以独具三联韬奋书店特色的蓝色，搭配四合院本有的青砖灰瓦，让先锋的设计风格与古朴的四合院落融为一体，成了宽窄巷子又一家网红打卡地。

不管是社区存量空间，还是新派创意空间，成都一直在探索城市空间的多元场景塑造的创新模式。以梵木Flying国际文创公园为例，园区以打造西南地区生态与规模并举的“文创集合体”为目标，依托滑翔机制造厂原有建筑风格及深厚历史沉淀，以音乐产业、创意产业、影视动漫三大产业定位，通过社区 + 文创联动的模式，打造充满人文气息和艺术魅力的文化交流地。园区内设明星企业总部、大师工作室、动漫捕捉区、动漫美术馆、影视音乐展演空间等多种业态，配套格调餐饮、网红咖啡、生活美学空间等文创旅游新消费体验场景，呈现集工业遗存与现代文创之美，文化与产业融合发展的文创消费新场景。

3. 天府文化延续，构建生活场景的美学密码

成都具有独特的生活美学。“两个黄鹂鸣翠柳，一行白鹭上青天”，杜甫笔下的成都是万物复苏的蓬勃；“九天开出一成都，万户千门入画图”，李白笔下的成都美景如画，欣欣向荣。如今的成都，是熟悉鲜活的市井烟火与生机盎然的绿，更是开放包容、多彩汇集的新。

融合与创造更加高品质的成都新范。现代快节奏与休闲慢生活的完美融合，优雅从容与前卫时尚的交相辉映，传统与现代、东方与西方共融，彼此形成的张力也为城市源源不断地提供着新的创意和文化启蒙。天府奥体城、熊猫星球、锦绣天府、音乐坊等承载新生活方式和新消费业态的文体旅商融合场景不断展现活力，以天府文化为魂、生活美学为韵，融合三国、金沙、川剧等特色元素的艺术品交易拍卖、国际友诚文化交流、沉浸式戏剧话剧、原创音乐孵化、全时书店、“社交 +”等业态不断涌现，市民得以在文艺鉴赏中接受美学熏陶，静心感受生活之美，追求高格调审美的有品生活。

创新则构成了成都新范的另一种底色。无论是城南的高新区，还是西门“里”园区，抑或四环路外的温江，创业者的活力无处不在。在天府软件园已建成投运的 150 万平方米的核心区里，不仅有 IBM、西门子、普华永道、阿里巴巴、腾讯、宏利金融这样的知名企业，而且新型的创业孵化服务也吸引了不少创业团队。目前，游

戏娱乐、企业服务、智能硬件、医疗健康、旅游户外等类型的创业企业有260多家已经入驻。坐落于成都智能家具产业城的香迪·红馆，作为古典家具的代表，目前正在不断探索主题IP孵化新文创、带动新消费的可行路径。从2013年起，香迪·红馆围绕文旅产业发展不断突破传统商业经营的模式，拓展包括文化艺术展览、艺术品交易、文创产品开发以及艺术空间打造等在内的全新业态，改造提升文化艺术氛围，创新全新消费理念，致力于为广大艺术爱好者提供艺术文化交流的平台。5年间，这里接待普通游客约45万人次，香迪·红馆正在逐渐成长为消费者们追求审美格调有品生活的新时代地标。

表4—5　文艺风尚品鉴场景

宽窄匠造所	宽窄匠造所以“匠造如山，九院成集”为核心理念，对“匠人、匠心、匠造”的“三匠”精神进行诠释。匠造所通过对宽窄巷子的立体化、场景化、当代化表达，提升宽窄巷子品牌形象，定义成都个性化的生活美学，向世界彰显着成都及宽窄巷子的“国际范”；同时，宽窄匠造所整合跨界资源，助力成都建设西部文创中心。
梵木Flying国际文创公园	梵木Flying国际文创公园为城市有机更新项目，以坚持原创力就是生产力的理念，成功打造全省首个“创意设计+原创音乐+影视动漫”三产业链园区。从坚持创新驱动、绿色发展、协调联动、共建共享方面助推“三城三都”建设，以文体旅融合共生充分展现天府文化、促进消费品质提升，促进国际消费中心城市建设。
香迪·红馆	“不忘初心·做文化传承者”一直是香迪·红馆的企业宗旨，园区内包括古家居文化博物馆及香迪美术馆，园林里充满雅趣，不断改造提升文化艺术氛围，香迪·红馆将通过全新服务理念和服务模式的构建，全面关注中高端精英人士生活品质和雅趣，倡导简洁素雅的居宅体验，制具尚用的东方独特生活观，从奢靡生活之巅找到质朴至雅文化与心灵慰藉宁静。

（七）社区邻里生活场景：靓妆城市慢生活底色

一座城市如果没有一系列密集、互联、辨识度高、可步行、宜居、悦目且公共交通方便的社区，那么这座城市便难以被称作伟大[①]。为了满足人民美好生活需要，成都把社区作为实现高品质生活的基本单元进行营造，坚持“人城境业”的融合，凸显城市“慢生活”底色。街巷邻里的市井烟火镌刻出成都独特的“慢生活”城市肌理，多样的生活文化服务圈画出美好生活图景，商业机会赋予社区发展新的能动话语。竹竿尖头，精进不休，成都正在以更为丰富与高昂的姿态加速绘就起承载美好幸福生活的未来城市画卷。

1. 聚焦生活消费，提升社区消费品质

营造生活消费场景，提升生活品质服务是社区层面消费场景营造的主要作用，也是其基本功能。成都社区邻里生活场景营造聚焦提升生活品质目标，围绕社区居民生活消费需求，积极推动消费下沉，盘活社区消费存量，打造具有归属感、舒适感与未来感的生活共同体，以进一步提升社区消费能级。

成都社区邻里生活场景的营造，首先是以满足消费品质业态为抓手，并依照不同的社区定位形塑差异化的社区特色，为社区生活增添活力。从零售、餐饮到教培等的生活配套“一站式”消费平台的打造已然成为成都社区生活消费的主题，而社区作为城市最为基础的细胞单元，通过消费启发更多的社会交往，构建和谐互助的邻里关系，为居民提供更有质感、更有温度的社区生活，形塑社区居民的文化认同感同样也是社区消费场景营造的核心内容。

社区生活消费场景营造，正是在满足社区居民基本所需的基础上，带来最前沿的体验与生活方式，不同的社区可基于地方本土的地域文化差异与消费需求个性化定制属于自己的生活服务，这是场景赋予的核心力量。

---

① Kevin Andrew Lynch, *The Image of the City*, The M.I.T., 1960, p.66.

专栏 4—10

万亩生态住区

——华熙 Live·528

华熙 Live·528 是成都主城区内唯一的万亩生态住区。围绕着“天府成都·品味锦江”的形象定位，延续中国特色商业街——华熙 Live·五棵松的基调，以沉浸式的互动体验特色为核心元素，主打文化体育与文化娱乐，成为融合文化、体育、艺术、教育、生活设施为一体的一站式时尚生活综合体，为追求生活品质和交融互动的年轻城市群体带来全新的消费体验，为 35 岁以下的年轻人打造活力时尚聚集地、新生活方式体验地。

从环境优化开始，铺就社区场景的活力底色。代表川西民居特色的坡屋顶，与极具时尚现代感的玻璃幕墙的无缝链接，淋漓尽致地展现出国际语言与成都味道的相互融合，也是成都人对现代商业生活方式的诠释。首创天幕开放式街区，即延续了街区的开放性、移步异景、院落生活的悠闲步调，同时大胆创新的天幕设计，为街区的闲适生活提供了遮风挡雨的保护屏障，最大化提升了开放式街区生活的舒适度。

从品质业态布局，开启全年 365 天不间断的多彩生活。华熙 Live·528M 空间不断吸引国内外优质文体赛事的举办与多项文化娱乐活动的展演，全年 365 天不间断的文体与文娱活动淋漓尽致地展现出国际语言与成都味道的相互融合。在其核心商业综合体内，布局引入餐饮、超市、儿童教育、时尚购物、运动健身等多种业态，满足社区居民生活需求，打造城市年轻人 5 小时生活方式全新体验地。

以社区品质为旨，打造邻里生活新图景。华熙 Live·528

聚焦社区商业品质提升和功能拓展，加快打造便捷优质的社区邻里生活场景，在方便社区居民购物的同时，积极提升消费辐射力，造就一个区域、一个城市的特色消费场景新名片。

2. 创造社区商业机会，助力城市消费升级

世界著名的创意经济学家理查德·佛罗里达（Richard Florida）曾经指出，城市应当让每个社区都能给居民提供经济机会和向上流动的可能性，地区投资不能像挤牙膏一样碎片化投入，而应提供全面的重要社会和经济服务①。对于一个可持续发展的城市来说，社区商业机会的赋予是实现社会效益与经济效益双效结合的动力源，对于一个永续发展的韧性社区来说，社区商业消费场景的营造是为自身实现功能造血、提升社区内生动力、助力城市整体提档升级的蓄能环。在日本、新加坡等发达国家，社区商业是城市商业形态的主要载体，占社会消费品零售总额的比重超过70%。作为培育建设国际消费中心城市与高品质和谐宜居生活城市的重要着力点与增长极，成都社区商业发展正迎来全新的发展机遇。

成都以新零售、新业态、新模式为突破，提高场景消费触发力，从“场景体验”“社群空间”与“颜值经济”的三大方向进阶，从传统社区生活圈、产业社区生活圈、新型社区生活圈、区县社区生活圈四大维度着手，梳理了共计27个生活圈，涵盖成都200余个社区商业项目，着力于构建起基于地点的场景新经济。

以场景思维实现传统社区消费焕新是成都践行城市有机更新的创新模式。在旧城改造过程中，成都结合特色街区、历史文化街区、城市夜景江景、商业综合体等建设，植入历史文化元素，引入

① ［美］理查德·佛罗里达：《新城市危机：不平等与正在消失的中产阶级》，吴楠译，中信出版集团2019年版。

新零售、新业态，打造集休闲娱乐、文化旅游、购物体验等为一体的消费场景。

让新型社区更具现代魅力，同样也是成都实现新场景新消费的重要着力点。成都在新建城区结合商业综合体和社区便民服务中心规划建设，植入现代、时尚元素，打造集休闲娱乐、餐饮购物等为一体的消费场景，规划建设国际社区生活消费新场景，对标欧美国家社区消费业态。成都在条件成熟的社区或商业综合体植入国际化教育、医疗、运动健身、酒吧餐吧、国际主题馆、进口直营店等元素，引入国际、时尚品牌等业态，打造一批国际范消费场景。

乡村是社区消费新场景打造的末端，却也是重中之重。成都结合场镇、社区居民集中区规划建设，布局便利店、标准化农贸市场、体验店、生资店等生活业态，叠加政务、商务服务，打造农村社区生活便民服务场景；结合特色乡镇和新农村规划改造，植入历史文化、体验旅游元素，引入地方特色业态和产品，打造农村社区特色消费场景。

3. 赋能乡村消费，打造美丽如画田园

乡村是社会发展的稳定器，是社会经济实现低碳、友好、绿色可持续发展的生态屏障，更是城市精神与传统底蕴传承不息的重要文化倚仗。伴随着新型城镇化的不断深入以及乡村振兴战略的全面实施，乡村社区的经济价值、社会价值以及文化价值不断凸显，乡村人民的生产、生活、生态更需进一步的珍视、保护与完善。乡村社区消费场景的营造，聚焦于乡村社区生活消费供给与农业产业发展两大方面，着力打造安居乐业、美田弥望的如画乡村。

成都针对乡村社区消费场景的打造，以扶老携幼、城乡均好为核心立意，重点推进农村“1+21”的公共服务和社会管理设施建设，在推动城乡相邻区域的设施共享，实现乡村社区基本服务的

“标准配置”的基础上，着力在乡村社区引入农村电商实体店，提供一站式网络购物服务，实现品质消费，并通过不断探索与发现乡村发展的新模式，着力推动以消费为切入视角，以场景为主体思维的乡村营造，推动乡村经济、文化、产业的全面振兴，努力实现乡村社区的产业兴旺、生活富裕与人民幸福。

专栏 4—11

以消费场景赋能乡村文创发展

——蒲江甘溪明月国际陶艺村

成都蒲江甘溪明月村是艺术助力乡村全面振兴，以消费场景赋能乡村文创发展的代表。作为全国文创中心的田园样板，明月村依托 8000 亩雷竹、3000 亩茶园以及马尾松林的良好生态环境与陶艺手工艺传统，不断推动生态资源转化与陶艺产业国际化步伐，通过发展文创旅游，引导村民创业、吸引文人墨客与创意人才等措施，推进“生态 + 文创 + 旅游”高度融合发展，2020 年，明月村接待游客 20 万人，旅游收入达到 2900 万元。

营造原生风尚。明月村的发展坚持“生态优先、绿色发展”积极推进“生态 + 文创 + 旅游”融合发展，并着力将生态资源优势转化为特色消费新场景高质量发展，助推乡村全面振兴。按照“景观化、可进入、可参与”和“原生态 + 新风尚”理念，加强对茶山、竹海、松林等生态本底的保护与发展，马尾松林、凉山渠以及明月渠水系特征在这里得到了充分的保护与保留。而依托天然的生态优势，明月村通过大力引进陶艺、蓝染、篆刻、书画等文创项目、发展文化创意产业等让人们可以更加直观与深入地感受明月生态、体验明月文化。

培育艺术群落。文创艺术是明月村打开新时代乡村发展模式的实验壮举。依托8000亩雷竹、3000亩茶园和散落马尾松林的良好产业和生态环境，明月村大力发展文创旅游产业，打造“茶山·竹海·明月窑”乡村名片。吸引了北京、上海、台湾等地100余位艺术家、创客入村创作、创业和生活。引进蜀山窑、草木染工坊等文创项目50个，由村集体、村民入股组建乡村旅游合作社，发展乡村旅游，开发明月系列农创、文创产品。绿色开放空间、公共文化艺术空间、新村民文创项目、村民旅游配套项目和旅游合作社，相互配合，互助融合，共同打造了明月村消费新场景。

持续创造幸福生活。带动村民创业，实现体面再就业是明月村一直秉承的初心。规划之初就定位为以陶艺手工艺为主的文化创意聚落与文化创客集群，新老村民共创共享的幸福美丽新乡村。目前，明月村引导村民发展创业项目30个，通过合作社统筹运营明月村范围内的旅游项目建设、运营和乡村旅游发展，指导农户开设特色餐饮、精品民宿等创业业态，让当地村民深度参与乡村旅游项目，形成共创共享的良好发展态势。

图4—6　蒲江甘溪明月村社区营造

表 4—6　社区邻里生活场景

中海天府环宇坊	中海天府环宇坊以“社区精致生活中心”为定位，全力营造“高颜值、生活味、国际范”的天府生活·LIFE 高品质消费新场景，先后得到成都市商务局、天府新区、天府华阳各级政府部门的充分认可，多次作为新消费场景中社区邻里生活场景的示范性代表项目得到政府的肯定和专项推介。
华熙 Live·528	华熙 Live·528 以延续中国特色商业街——华熙 Live·五棵松为基调；坚持以沉浸式互动体验特色为核心元素，主打文化体育和文化娱乐，成为融合文化、体育、艺术、教育、生活设施为一体的一站式时尚生活综合体，为追求生活品质和交融互动的年轻城市群体带来全新的消费体验，为 35 岁以下的年轻人打造活力时尚聚集地、新生活方式体验地。形成成都市有别于传统和现有商业步行街区的特色。
清源邻里生活中心社区	从“柴米油盐酱醋茶”到“琴棋书画诗酒花”，不管是蹒跚学步的婴儿，还是耄耋之年的长者，各个年龄段的居民都能在清源邻里生活中心社区找到适合自己的消费场景。社区每年实现营业收入 150 余万元，全部用于反哺、发展社区，以社区商业模式推进社区发展治理，不断增强居民的获得感、幸福感、归属感、安全感。2018 年被人民网评为全国“创新社会治理典型案例”。
成都招商·花园城	成都招商·花园城依托 7 号线环绕全城、8 号线横贯东西，同时紧邻成都理工大学五岔路的全维交通，拥有主城区无可比拟的黄金路口，地理优势得天独厚，带来百万人流，成都招商·花园城将 TOD 这一全球风的城市开发模式引入成都的生活日常，为成都人提供进入城东“财富圈”的机会，谱写城东商业新繁华。
中海右岸环宇坊	中海右岸环宇坊以“社区生活方式推进者”为定位，以“好邻里，有你更有趣”为项目标语，深耕社区，立志打造区域社区商业新标杆。
合兴社区	合兴社区利用社区综合体的闲置空间作为社区企业发展的主空间，充分调动辖区内的企业、教育机构、个体工商户，以无偿或者低偿的合作形式成立互助式商业、文体、文化等专业联盟，这样既服务了本区域居民，也提升了社区公共空间专业化运营水平，实现了社区功能补位。
亿达天府智慧科技城	亿达天府智慧科技城周边以生产化厂房为主，生活配套相对匮乏，为满足园区企业员工生活需要，园区运营方通过“自建+招引”的模式，自建并运营亿食百味餐厅、亿达优选超市，以装修包干、补贴租金的招商模式成功招引到书咖与人才公寓的运营服务商。目前园区的生活配套既满足了园区企业，同时也辐射到周边其他有需求的企业。

（续表）

明月国际陶艺村	明月国际陶艺村新消费场景按照打造全国文创中心田园样板目标，依托良好的生态环境及陶艺手工艺传统，积极探索“党建引领、政府搭台、文创撬动、产业支撑、公益助推、旅游合作社联动”的发展模式，引进乡村文创旅游项目及艺术家、文旅创客，形成以陶艺手工艺为特色的文创项目聚落和文化创客集群，打造集陶艺生产销售、文化展示、创意体验、休闲运动、禅修养生、田园度假为一体的人文生态度假村落。
战旗村特色商业街	战旗村特色商业街，汇聚了乡村十八坊、第五季·香境、妈妈农庄、蓝莓基地等系列商旅业态，新场景又新增了乡村十八坊三期、战旗美食街、天府农耕文化博物馆等内容，正按城乡相融、产村相融，走农商文旅体发展思路，积极努力完善 AAAA 级景区基础配套，做好商业提档升级及商品服务创新，用好战旗 IP，创新 IP。

（八）未来时光沉浸场景：科技赋能全新生活体验

伴随着“大智移云”的逐步发展和日趋普及，成都市在场景营造进程中，紧跟时代导向，紧抓时代新象，将大数据、人工智能、移动互联网和云计算等一大批高端、高新技术植入城市场景之中。太古里 5G 示范街区等高科技数字化场景在不断发挥动能，VRAR 交互娱乐、4K/8K 超高清沉浸式影院、全景 3D 球幕、5G 超高清赛场、数字光影艺术展、智能服务机器人等数字经济创新服务和产品，则以充满科技感和未来感的互动艺术装置营造超现实体验空间，在“黑科技”驱动下极大丰富了人们的现实感知。全新的未来生活已在成都有了丰富的表达与故事展现。

1. 高科技沉浸场景，营造最前沿城市景观

高新科学技术的发展为沉浸式场景的打造提供了重要的载体和支撑。成都在沉浸式场景的打造方面不断推出新的发展成果，通过沉浸式场景营造最为前沿、最具时尚的魅力城市景观，为城市生活增添可视化的智慧色彩。

数字智能场景在天府文化经典的创新传承中持续发力。成都

大力推动三国文化、熊猫文化、都江堰水文化等天府文化经典IP与VR融合发展，提升VR产品附加值。面向影视、直播、游戏、社交等文化娱乐领域新兴业态需求，重点打造IPTV/VR家庭影院、5G+VR，高沉浸体验的VR+直播、VR+创意设计、VR+多人游戏/电竞、VR+网络社交、VR主题乐园与线下体验店、VR+文博、VR+非遗、VR+艺术品展示微拍等应用场景。面向体验式、一站式旅游等需求，重点围绕智慧绿道、虚拟景区旅游、民宿酒店预览等新模式，打造VR+导览、VR+住宿等应用场景。为常住居民和短期游客扣开了奇妙新世界的大门。

数字技术创造的场景红利，在成都各区不断显现。金牛区依托欢乐谷、竞技世界、金亚科技，双流区依托HTC威爱新经济技术研究院、艺创空间，青羊区依托少城国际文创硅谷集聚区，都江堰市依托大青城休闲旅游产业园区和滨江新区文化娱乐集聚区，锦江区依托红星路文化创意集聚区，武侯区依托人民南路文创金融集聚区、力方视觉体验馆，成华区依托东郊文化创意集聚区开展VR+文化旅游应用示范建设；龙泉驿区依托国际汽车城，成华区依托龙潭新经济集聚区，崇州市依托微软合作项目联动已落户VR企业，以及微软生态圈优势资源开展VR+智能制造应用示范建设；郫都区依托“成都影视硅谷”，双流区依托HTC威爱新经济技术研究院开展VR+教育科普应用示范建设等一大批智慧化、智能化的高科技沉浸式园区，正推动成都成为前沿城市。

2. 高效能服务场景，打造多范式共创生态

高效能的服务场景为舒适安逸的蜀都生活增添了现代智慧。近年来，成都市不断深化高新技术的创新应用，创新消费场景的服务效能，不断打造、打磨生活场景中多范式的共创生态环境。

在成都未来的城市发展战略当中，将重点培育智能制造、智慧交通、智慧农业、智慧旅游四大应用场景，培育以行业融合应用为

引领的人工智能新业态新模式。其中，在智慧旅游方面，成都目前正加快建设大邑县全域智慧旅游大数据中心等平台，积极开拓智慧出行、智慧导览、智慧购物、智慧环境管理等应用场景，推进邛崃市智慧旅游暨平乐古镇·天台山智慧景区、成都天府新区兴隆湖智慧景区漫游等项目建设，推动人工智能、虚拟现实、文创娱乐融合发展，打造浸入式体验文旅项目；推广景区中使用无人驾驶、智能成像、服务机器人等智能设备，加快建设智慧景区，基本实现景区智慧管理、智慧营销、智慧服务①。

成都市沉浸体验智能场景涉及生产生活和生态中的多个环节，并不断挖掘更多创造性的可能和发展，持续为在蓉生活的居民构筑理想生活的范本，同时也是对未来城市中心公共空间可能性的不断探索，以此推进成都与时代发展同频同步。

表 4—7　未来时光沉浸场景

空港·云城市会客厅	空港·云项目定位为城市会客厅，布局4000平方米用于规划建设情景展示，分别以空中门户、开放之路、航都蓝图、领航之径、商务空港、筑梦双流为主题，通过画卷播放、电子沙盘、地幕展示、2.5D互动展板、实时渲染模型、飞行影院等方式，打造集规划展示、场景体验、公共服务等于一体的城市会客厅，营造未来时光沉浸场景。
影视城·光影街区	影视城·光影街区以橘色为主色调的建筑色彩明亮、时尚大气，也是影视城科创空间的主要载体之一，是一条集研发、产业、功能、服务为一体的“影视科创”特色商业街区。
《国家宝藏》公益体验馆	《国家宝藏》公益体验馆是一项集装置艺术、空间设计、多媒体视觉艺术设计等多元艺术形式于一体的复合型文化交互体验空间，展览以影像、AR、VR、全息投影、传感器装置等技术形式立体呈现9大国家宝藏细节，生动解读国之重器背后的历史，让更多观众领略国家宝藏的文化魅力。

① 四川省科技成果评价服务联盟：《成都建设国家新一代人工智能创新发展试验区实施方案》，2021年1月8日，见 https://mp.weixin.qq.com/s/8A91LiFl8n43si8kkkG3sw。

表 4—8　成都“八大消费场景”比较分析

场景类型	地标商圈潮购场景	特色街区雅集场景	熊猫野趣度假场景	公园生态游憩场景	体育健康脉动场景	文艺风尚品鉴场景	社区邻里生活场景	未来时光沉浸场景
场景特点	以地标性商圈为支撑，零时差把握国际时尚脉络，引领时尚方向、营造都市潮流乐购和高端消费体验场景。	以特色街区为支撑，在天府文化与成都肌理中体验城市历史，感受蜀地温度，品味市井烟火的舒适生活。	以大熊猫 IP 为基础，打造人与动物、自然和谐相处共同体典范，讲好熊猫故事、休闲式全方位感受大熊猫文化。	以公园、绿道为载体，在绿色生态中欣赏自然、体验亲情温暖、增进社会交流、感受蜀都味、国际范公园。	以赛事活动、健身休闲为核心，提升城市消费活动，满足全年龄段、全活动过程的健康运动生活需求。	以天府文化为魂，生活美学为韵、在文艺鉴赏中接受美学熏陶，感受生活艺术之美，促进自由全面发展。	以基本生活服务为基础，发展教育成长服务与新型智能服务，享受功能完善、温暖贴心的品质社区服务。	以数字创新服务和产品，打造充满科技感和未来感的互动空间，营造超现实氛围，拓展虚拟世界，感受未来生活。
人群画像	“Z 世代青年”、国际游客、商务人群等。	外来游客、家庭消费群体、年轻怀旧群体等。	国际游客、大熊猫爱好者、科学考察群体等。	亲子度假群体、健康活力群体等。	年轻活力群体、休闲群体、职业运动员等。	艺术家、文艺青年群体、艺术品收藏家等。	家庭消费群体、城市精英、银发养生群体等。	“Z 世代青年”、科技弄潮儿、高知识群体等。
业态指引	时尚购物中心、国际著名品牌店、品牌设计师集合店、艺术广场、米其林餐厅、网红餐厅、高端医疗美容院、文创书店、AI 健身房、瑜伽馆、星级酒店、主题酒店等。	川西建筑院落文化博物馆、大师工作室、非物质文化遗产展示馆、低密度商业街、地方特产店、古董店、成都特色餐饮店、中医药健康文化体验馆、周末集市等。	大熊猫创意产业高峰论坛中心、大熊猫（动物）科普研学中心、大熊猫（动物）野趣美术馆、森林训练基地、大熊猫（动物）互娱馆、大熊猫文创店、主题民宿、自然餐厅等。	无动力乐园、AI 智能景观健身厅、智能户外跑道、基础性运动场馆、绿道科普教育基地、房车露营基地、草坪餐厅、咖啡厅、绿色商场、动物农场、园艺生活馆等。	多种大众运动项目体育场、大型赛事体育馆、体育主题游乐园、职业体育实训基地、素质拓展基地、减脂塑形机构、轻食简餐店、体育用品集合店、康养旅居酒店等。	艺术馆、画廊、展览馆、剧场、公共艺术品空间、艺术家 STUDIO、艺术公园、艺术培训中心、艺术餐厅、艺术品展销中心、生活美学体验馆、艺术酒店等。	卫生养老服务中心、农贸商超、便民服务中心、社区餐饮店、文化活动室、美容美发店、社区书店、社区剧场、文化交流室、社区周末集市、理疗中心、社区综合健身馆等。	数字视听体验园、未来科技馆、智慧商超、智能家居生活馆、VR 公园、数字创意研发中心、全息投影餐厅、失重餐厅、智能换装体验区、全智能未来酒店等。
代表场景	春熙路太古里商圈、万象城等。	猛追湾休闲区、铁像寺水街、望蜀里特色街区雅集等。	熊猫谷、大熊猫繁育研究基地等。	新金牛公园、芳华微马公园、五凤溪·坡坡上户外探险乐园等。	西村大院体育健康项目、金堂海泉湾运动度假社区等。	宽窄匠造所、梵木 Flying 国际文创公园等。	蒲江甘溪明月村、中海天府环宇坊、清源邻里生活中心社区等。	空港·云城市会客厅、影视城·光影街区等。

三、成都消费场景营造实践的内在逻辑

从成都实践探索中，我们不难发现，消费场景是以消费为导向的场景，而不是纯粹的自然地理景观，组成消费场景的核心元素是以消费为导向的舒适性设施、服务和活动等。消费场景能够给人们带来舒适与愉悦体验和美学价值。成都消费场景建设取得的成绩与顶层设计紧密相连。从 2018 年开始，成都市陆续制定与实施《关于全面贯彻新发展理念加快建设国际消费中心城市的意见》《成都市以新消费为引领提振内需行动方案（2020—2022 年）》《成都市关于持续创新供给　促进新消费发展的若干政策措施》《公园城市消费场景建设导则（试行）》等政策文件，大力打造消费场景，以"八大消费场景"打造为政策牵引支点，在创新消费供给、提升消费能级、激发消费活力等方面出台若干引导性政策，并积极培育各类企业、持续优化营商环境，鼓励企业进行场景应用创新。尤其是 2021 年，成都制定与实施了全国首个《公园城市消费场景建设导则（试行）》，在刺激消费、拉动内需，不断创造城市美好体验，构筑城市发展优势上作出了系统性探索。根据《公园城市消费场景建设导则（试行）》，课题组进行了相关内容梳理。

（一）目标定位：创造城市美好体验

原则导向：以满足人民美好生活需求为逻辑起点，以促进形成强大国内市场为主线，在国内国际双循环发展新格局中持续增强消费服务竞争力，培育品质化与大众化共生、创新性与传承性融合、快节奏与慢生活兼容的消费场景，创新消费供给，吸聚消费流量，促进文化互鉴，提升城市品质。

创造美好生活引力场。建设可阅读易传播、可欣赏易参与的消费场景，多维多彩表达成都生活方式的感召力和吸引力，将城市发展具化为人民可感可及的美好生活体验，让市民和游客沉浸在各取所需、各得其所的个性化消费满足中，增进消费者的获得感。

构造公园城市美空间。强化消费场景的形象识别，营造人与自然共生、情景交融互动的社群空间。将街区故里、商圈 TOD、公园绿道、川西林盘、雪山户外等人与人和谐相处的生活空间，按照人群细分和消费偏好打造满足消费者多元需求的主题场景，彰显新时代人本空间美学和体现中国特色，时代特征、城市特质的天府文化魅力。

建造品质品牌活力区。持续改进商业环境，培育引进与国际同频的潮流商品供应链和服务消费品牌集群，推动全球企业、品牌和客群加速向场景载体聚集，显著增进城市作为消费枢纽的作用，推动消费场景经济、文化、生态和社会价值的综合转化。

打造新型消费策源地。构建创新引领的消费供给新赛道，成长一批技术创新、产品创新、模式创新、服务创新的头部企业，推动消费场景成为消费新业态创生地、消费新平台集聚区、消费新生态试验田和国际消费目的地。

（二）消费空间指引：舒适便捷、开放互动、共融共享、美轮美奂

原则导向：以消费引流为导向，满足消费者对消费内容和消费过程的美好体验，展现优化的空间尺度，注重新技术在城市交通、基础设施、公共服务配套设施等领域中的创新应用，从舒适便捷、开放互动、共融共享、美轮美奂四个维度，营造精致有范、特色鲜明、独具匠心的消费空间和动线。

关于舒适便捷，消费场景布局应体现“舒适性”，以安全、高

效、智慧为原则，强化交通畅达、慢行宜人，提供更方便更优质的出行体验。第一，出入畅达，交通便捷。秉持TOD综合开发理念，构建“内外衔接”“站城一体”的对外交通枢纽，消费场景易介入城市轨道交通或公交站点，满足高密度、便捷交通出行要求，促进消费客流导入。推进智慧交通建设，推广智慧公交、智慧停车系统。距离消费场景500米范围内配置“停车即充电”智能停车场，每100平方米建筑面积停车位数量1个（含）以上。第二，人本尺度，消费舒畅。打造行人友好空间，建设贯穿消费场景的慢行网络，串联场景内主要消费节点。距离消费场景100米范围内设置出租车停靠点和共享单车停放点。推动快递、美工入场景，布局智慧消费设施，促进数字货币应用。

关于开放互动，消费场景布局应体现“开放性”，强化场景内商业空间、公共区域与私密联结，优化空间、活动的立体穿插，营造起承转合的空间氛围。第一，易进入，配置公共活动空间。优先考虑行人，结合慢行系统规划设计，打造具有创造性、人性化的公共空间，科学规划尺度宜人的广场、绿地、口袋公园等。第二，强交互，鼓励内部空间开放。消费场景内配置可承载小型论坛、文化IP展、主题嘉年华等各类活动的功能性开放空间。合理设置便于消费者休息、交流、观光会晤的开放空间。第三，多联结，构建开放空间网络。强化商业建筑和外部空间的互联互通，鼓励场景内各个商业设施相互串联。场景内商业空间、公共空间分区布局合理、动线清晰，形成统一协调的空间。

关于共融共享，消费场景布局应体现“共享性”，强调功能复合、空间复合、时段复合，实现集约高效，增进消费体验。第一，多维叠加，加强功能复合。科学功能分区，有效保证场景内居住功能、商业功能、商务功能的平衡，实现经济空间互动、生活消费空间延展。第二，集约利用，加强空间复合。满足《成都市城市规划管理技术规定》用地兼容性相关要求的前提下，鼓励用地功能符合兼容，推广 M0、A36、B29D 等新型用地。鼓励商务用地、教育科研用地等产业用地适度兼容 5% 到 20% 的零售商业用地、文化设施用地。第三，全时便利，加强时段复合。应满足不同时段的使用需求，鼓励承载 24 小时服务功能，促进全时消费。

关于美轮美奂，消费场景布局应体现城市生活美学，围绕成都生活特点与城市文化特质，强化空间的创意理念，展示场景设计的“蜀都味”和“国际范”。第一，美化形态，确定建筑风格。根据场景主题，明确相对统一的建筑风格；以建筑美学设计突出空间美感，创造与消费者密不可分的空间，并与周边环境建立生态联结。第二，优化生态，构建品质环境。提升景观美感，增强生态系统多样性和稳定性，促进景观与场景氛围的协调与平衡，实现景区化、景观化，强化筑景、成势、聚人的统一。第三，活化文态，构筑标志形象。突出场景文化内核，强化景观小品、艺术小品、公共空间、建筑外立面对在地文化元素的植入，构建具有强烈代入感的消费者角色认知和体验舞台。

（三）消费实现指引：强辨识度、强创新力、强体验性、强多元化

原则导向：顺应消费迭代趋势，坚持以场景驱动消费升级，以供给创新引领消费热点，增加高品质产品和服务供给，增强专业化供给能力和品质品牌影响力，强化场景承载消费实现、配置、创新功能，吸引并保持有效需求，促进消费场景持续繁荣。

关于强辨识度，聚焦满足人民对美好生活的需要，细分消费人群及其行为，精准链接消费者需求，打造差异化场景主题，合理配置消费业态，活跃消费氛围，促进消费升级。第一，明确定位，鲜明场景主题。深入分析场景区位条件、生态环境、消费资源等，精

准提炼场景关键特征和关键人群画像，打造独具特点的场景主题。第二，聚焦主体，精准供给业态。瞄准商务人群，精准布局体现注重品质、舒适便捷、时尚健康的消费业态；瞄准游客人群，精准布局个性化住宿、美食品鉴、在地文化体验、跨境购物等消费业态；瞄准年轻化人群，精准布局创意感、活力感、体验感、潮流感较强的消费业态；瞄准本地生活人群，精准布局赋能生活品质的家庭综合服务业态。第三，塑造地标，彰显独特美学。紧扣场景主题设计绘画、雕塑、立体艺术装置等舒适物，形成强烈的美学、文化、生活方式等消费表达；紧扣场景主题策划举办多种形式的消费活动，营造具有个性化符号的消费氛围；紧扣场景主题打造具有特定风格和特点的标志性景观，成为城市美学事件的发生地。

关于强创新力，顺应新时代数字化转型趋势，抢抓消费链条数字化、网络化、智能化发展新机遇，夯实消费场景创新基础，实现集成创新，促进场景定义未来生活。第一，新技术应用，突破消费感知界限。加快推动新技术落地、新模式衍生、新业态发展，瞄准消费群体“尝新”“尝奇”特征，丰富在线消费、智能猎奇、交互体验消费供给，厚植于新技术应用的新消费发展沃土。第二，新物种延展，更新消费集成供给。充实消费目的和消费过程中的个人感受、价值体现，精细消费者画像，从增强消费者满足感、获得感出发，丰富情感消费、内容消费、跨界消费供给。第三，新品类界定，促进消费范式转移。围绕创新创造的品类战略核心，依托丰富创新创意资源，着重打造依据价值需求和新奇需求的消费新品类集合。第四，新个体定义，拓展消费风尚空间。围绕消费者共同的、独特的兴趣、认知和价值观，突出消费者互动、交流，以强化消费者个性标识为核心，优化社群消费、理念消费供给。

关于强体验性，注重营造丰富且动人的消费体验，增强人的感官、情感、思想和知识体验，启动对生命的冥思，触发对宇宙深空的瞭望，满足消费多样化精神需求。第一，技术赋能，搭建应用场景。广泛应用增强现实（AR）/虚拟现实（VR）、5D全息投影等现代技术；引导数字孪生景区、博物馆、美术馆、展览馆、运动场馆等空间场所提供更多数字化文旅体沉浸式体验；邀请企业建设数字技术、新媒体技术、全息技术等现代科技的应用场景。第二，发展品质教育、娱乐和穿越体验服务，提供触动消费者内心的独特体验。邀请企业提供更多结合光影、声音、味道、全息和故事情节的体验产品，增进感官体验；以创意提升场景气质，支持打造融美学元素、艺术表达、文化展示、情感交流等为一体的美好体验。

关于强多元化，尊重多样化场景营造模式，构建消费元素富集、多元主体共同营造的消费场景，展示消费场景丰富多彩、主题鲜明的文化特质。第一，元素富集，塑造多彩特质。壮大跨界融合消费模式，推进文商旅体深度整合，构建线上线下一体化全渠道消费，推动链接万物的智能消费，打造极致的消费体验；开展与消费场景气质相契合的购物街、美食节、艺术节等节庆活动，营造充满市井烟火气和人情味的消费氛围。第二，群体营造，促进集合共创。促进建筑师、规划师、艺术家、城市设计师等更加广泛的独立艺术场景的关键人物、策展人、工作室主理人的集聚；聚集数字消费领军企业、创意消费头部企业、平台经济龙头企业的创新企业；加强政府管理部门、规划与设计单位、开发运营单位、市民等高消费场景建设相关方交流，促进交互创新、跨界融合。

（四）消费文化指引：创新创造、优雅时尚、开放包容、绿色简约

原则导向：以联结消费者为导向，注重和挖掘场景中蕴含的文化价值观和生活方式，弘扬“创新创造、优雅时尚、开放包容、绿色简约”的天府文化，培育绿色健康的消费理念，建设体现优雅时

尚的精致生活、生态文化简约适度的生活新天地。

关于创新创造，尊崇创新创造精神，全方位塑造消费创新创造生态，以消费场景为支撑，推动消费供给端持续创新发力，激发和释放消费市场潜力。第一，生态优化，促进创新培育。放宽新消费发展限制，实行包容性管理和审慎性执法；构建新物种、新品类等新型消费实验室，培育孵化新型消费业态，放大成都消费特色。第二，企业创生，延长消费链条。定期发布消费场景机会清单，促进创投资本、创新项目、创业团队向消费场景聚集；支持搭建新产品、新服务展示平台，培育孵化具有影响力和生产力的品牌企业，助理新国潮、新 IP、新典范品牌。第三，场景引领，增强供给能力。依托“一场景一示范”，鼓励消费场景建设主体互鉴，复制推广新场景先进做法；将消费场景融入产业生态圈和产业功能区建设，促进产业生态繁荣。

关于优雅时尚，促进优雅、闲适的人文样态和生活情调统一，营造传统文化与时尚潮流交相辉映的消费氛围，体现优雅时尚、温情和煦、诗情画意的生活美学。第一，链接资源，引领时尚潮流。举办高水平音乐节、体育赛事、艺术展、艺术节等时尚活动；举办新品首店、首展、首发活动；举办时尚“云”发布活动。第二，多维互动，共创时尚品牌。构建创意空间，培育时尚买手、原创设计师、创意策划师、时尚造型师、色彩搭配师等时尚艺术群体；鼓励时装、女鞋、蜀锦蜀绣、家具等具有在地文化特色的产业在消费场景建设时尚化转型公共服务平台；营造流动的艺术氛围，支持和推动原创设计，吸引国际设计大师、新锐先锋建立工作室创立时尚品牌。第三，优质聚合，释放时尚势能。助力场景打造各具特色的时尚内容载体，培育融合型时尚产品和服务体验消费新平台；支持有条件的场景打造以新艺术生活为牵引的时尚产业集聚区。

关于开放包容，提升兼容并蓄的文化气度，按照“全球视野、成都表达”，促进交汇融合、和谐共荣，在多元交流中丰富消费文化时代内涵，塑造蜀风雅韵、别样精彩的城市特征。第一，开放互动，促进交汇融合。搭建国际消费平台、跨境消费展示中心，设立本外币兑换点，营造国际友好消费环境；以“三城三都”为时代表达，创新培育赛事消费体验、文化 IP、特定美食等世界消费产品体系；开展场景的国际营销和全球推广，打造城市面向世界沟通对话的窗口和东西方文化交流的空间。第二，兼容并蓄，促进和谐共荣。营造多维多彩的消费场景，实现品质化和大众化共生，多样化满足个性化审美需求；面向全球汇集人才、品牌和资源，以场景彰显敢于创新、敢于尝试的消费特质，体现成都海纳百川、乐观包容的城市精神。

关于绿色简约，立足公园城市首提地和示范区，围绕实现碳达峰、碳中和战略目标，促进绿色空间与消费活动无缝衔接，崇尚绿色低碳、简约适度的消费文明。第一，绿色建造，优化品质环境。开展绿色建造试点工作，实现绿色设计、绿色建材使用、绿色生产、绿色交付的一体化绿色统筹；实施绿色商场、绿色餐厅等创建行动，提供绿色服务，引导绿色消费，推行节能降碳减排和资源循环利用。第二，绿色流通，构建循环体系。推进绿色包装、绿色物流，鼓励建立废旧产品回收拆解点，以电器电子、汽车、铅酸蓄电池和包装物四类产品为重点，落实生产者责任延伸制度；配置垃圾分类碳中和小屋，实现“碳中和理念 + 垃圾分类”有机结合新模式。第三，绿色消费，完善低碳生活圈。推行负面清单管理，促进绿色空间与消费载体融合；积极发展循环经济，倡导打造闲置商品交易平台，建设闲置品循环使用示范区；积极构建碳惠天府新能源汽车、绿色家电等使用行为记分奖励场景，探索差异化激励机制。

总之，一个良好消费场景的形成应该是多方参与的结果，包括政府、市场、社会组织与大众等。从政府角度来看，要做的就是政策支持与意识形态引导。从市场的角度来看，尤其是企业和投资人，要致力于消费经济、科技与文化投资，从文化生活与土地“互动”的角度去寻找商机，发掘资源，打造场景，引入人流，刺激消费，获得经济利润。从社会组织与大众的角度来看，要重视公众参与和价值表达。当一个场景生成的政治性、经济性和社会性达到一个平衡点的时候，这个场景的动能才能最大限度被激发，才能真正造福于当地。一个消费场景的形成，是关于一个城市历史和现实的结合，是多元力量共同参与的结果，强调公共性、多样性，要求既尊重本地历史文化传统和市场因素，同时也要进行科学合理的政府规划与指导。成都市以消费场景建设来满足人们美好生活需求为逻辑起点，以促进形成强大国内市场为主线，在国内国际双循环发展新格局中持续增强消费服务竞争力，培育品质化与大众化共生、创新性与传承性融合、快节奏与慢生活兼容的消费场景，创新消费供给，吸聚消费流量，促进文化互鉴，提升城市品质。

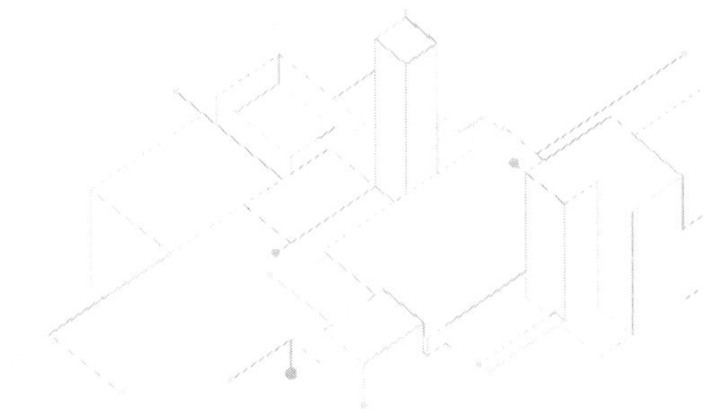

第五章

场景提升治理：营造社区场景，促进社区参与

推进“大城善治”也是成都场景营造的重要内容之一。成都坚持全面贯彻新发展理念，坚持以人民为中心的发展思想，提升特大城市治理能力、巩固党在城市的执政根基等重大战略目标，把系统性整体性推进党建引领城乡社区发展治理作为特大城市治理现代化的基础工程，成立城乡社区发展治理委员会，开启了基层治理体系和治理能力现代化的创新实践，制定并实施了《成都市城乡社区发展治理总体规划（2018—2035年）》。在该规划中明确提出了“社区场景”概念，并把社区场景营造作为一种新的工作方法在基层治理中运用。通过社区场景营造来激发社区参与，增加居民信任与合作能力，培育社区公共精神与共同体，包括社区服务共同体、社区治理共同体、社区文化共同体。成都实践表明，社区不仅仅是“自上而下”城市治理的微观单元，也是一定地域范围内居民“自下而上”建构的社会生活共同体，是推动人际交往、培育联结纽带、增强信任与合作的重要载体。当一个社区变成一个场景时，它可以成为培养各类精神的地方。场景赋予社区生活以意义、体验和情感共鸣。

一、新时代城市治理的新起点与新挑战

以社区场景营造逻辑厚植成都社区发展治理新优势。近年来，成都坚持以生活城市导向推动立品优城，围绕破解制约城市品质提升的难题和市民群众普遍关心的问题，发挥城乡社区发展治理奠定的基层基础优势，以共建共治共享为导向，累计实施老旧城区改造项目 859 个、整治背街小巷 3257 条、打造特色街区 132 条，新建成社区级绿道 2073 千米、"小游园 · 微绿地" 376 个，建设国际化社区 45 个，市民从身边的点滴变化中阅读城市转型发展的时代变迁，共享城市改革发展红利，增强了对城市的认同感、荣誉感、归属感。

2020 年 5 月，成都市"凝聚社区发展治理新优势、激发办赛营城新动能"工作会议召开，总结城乡社区发展治理实践经验，部署"迎大运"城市共建共治共享工作。会议指出，着眼市民美好生活需要和城市永续发展，以创新场景营造构筑社区发展治理新优势。会议指出，当前，各具特色的"场景"正在重新定义城市经济和生活，传统社区空间正向融地域、生活、情感、价值等于一体的场景延伸。要把场景营造作为深化城乡社区发展治理的着力点。要努力构建具有世界影响力、满足不同群体需求的场景，吸引更多的人前来旅行、工作和生活。要坚持"一个产业功能区就是若干个新型城市社区"，全力打造"上班的路""回家的路"，促进生产生活平衡。会议还强调，要不断提高场景营造能力，特别是统筹策划、政策整合、产品发布和市场运作的能力。要着力营造以智慧智能为基础的社区场景地图、以科创空间为形态的社区生产场景、以多元体验为特征的社区生活场景和以创业平台为载体的社区机会场景，打造智慧城市、智能社区，推动微创智能工厂在社区发育成长，引导居民变革生活方式，让每一个创业者都有圆梦机会。要实施城市场景创新计划，策划开展好新经济“场景营城、产品赋能”活动，发布机会清单、释放城市机遇，吸引社会资本和社会组织更好地参与场景营造。

然而，成都社区发展治理也面临着一些新的挑战，尤其是社区参与不足，这也是大都市基层治理共同面临的难题。具体来说，仅靠政府传统“自上而下”层级制行政外力的推动，能够解决物理空间治理与改善问题，但破解社区居民之间关系紧张、邻里关系冷漠、居民信任不高以及协商议事能力偏弱等治理难题则不易解决。如果社区参与激发不够，会出现“政府干着，居民看着”现象。尽管基层政府投入了大量人力、物力去解决社区难题，但居民不满意的现象依然存在。因此，缺乏社区参与的基层治理，不但会缺乏活力，而且很难持续。

事实上，居民参与的意识、习惯、能力，并不能在短时间内速成，而是需要长期的、不断的参与才得以习得。社区场景营造为破解这一难题提供了新思路。居民社区参与意识的转变、习惯的养成、文明的培育、能力的提升，需要一个长期的、持续的营造过程。实践也表明，全国范围内，社区治理比较好的地方，其居民参与的意识、习惯、能力等也比较好。

二、营造多元社区场景，培育社区生活共同体

场景，具有浓郁的文化气息，社区场景营造提供了一种从文化角度来激发社区参与、培育社区共同体的意识和能力。成都实践表明，社区睦邻服务场景、共建共治共享场景、集体记忆文化场景对社区生活共同体培育起到了重要作用。除此之外，成都社区治理

“五大行动”“中优”城市品质提升等一系列持续开展的专项行动取得了不俗的成就，但在社区层级的建设工作中，各项工作存在复合度不够、融合性不强的问题，需要实现从单项突破到整体场景营造的进一步跃升。通过社区场景营造，可以进一步优化要素配置，提高社区舒适物系统集成的水平，从而提升社区的宜居舒适性品质。

（一）营造社区睦邻服务场景，培育社区服务共同体

社区服务是社区治理的基础，满足居民的美好生活需求是社区治理功能发挥的首要任务。成都构建需求导向精准精细的服务供给体系，推动服务载体系统化打造。构建社区服务综合体、社区（村）党群服务中心、居民小区党群服务站三级社区服务载体，打造易进入、可参与、能共享的亲民化服务空间。2017—2020年，成都建设运营社区服务综合体217个，亲民化改造社区（村）党群服务中心3043个，统筹设置居民小区党群服务站2354个，集成提供公共服务、公益服务、生活服务3大类100余项民生服务，把高品质便捷服务送到居民家门口。

推动服务内容项目化供给。成都建立基本公共服务清单管理和动态调整制度，完成医疗、教育、文化、养老等8大类18项2818个公共服务配套设施项目建设。发挥社区（村）党组织贴近群众、链接供需作用，吸引1.3万个社会组织、102家社会企业等多元主体承接城乡社区服务项目，形成覆盖全人群全时段的社区生活服务圈。

推动服务方式专业化运营。成都鼓励社区（村）综合利用党群服务中心空间，盘活社区闲置资源，通过领办社区社会企业、发展农村集体经济组织、引进品牌社会工作机构等方式提供专业化、社会化高品质服务，引导居民自组织向功能型社会组织转化，提升自我服务能力。除此之外，成都还打造“天府市民云”线上平台，整合60个部门235项服务事项，累计服务市民3.1亿人次，实现市民

服务一号通行、一键搞定，成为全国副省级城市中活跃度最高的市民服务超级 App。简言之，成都通过全人群全时段社区服务供给，不断回应居民对美好生活的需求和新期待，增加居民对社区的认同感与归属感。

1. 打造社区生活服务圈，提供便民公共服务

社区生活服务圈可以为社区居民提供更优质的就近公共服务与空间，形成多元且包容性的居住环境，营造睦邻友好、便民利民的服务场景，形成和谐邻里关系，形成社会支持网络，推动社区认同感的形成和社区服务共同体的建设。成都市着力完善基本公共服务，并以“诉求精准满足、服务高质供给、设施优质共享”为目标，构建全民友好、精准服务的社区服务场景。

提供社区基本公共服务、便民生活服务和全龄友好服务，构建服务共同体。打造全面覆盖的基本公共服务设施体系，推进以便民利民为导向的基本公共服务清单标准管理和动态调整，布设一体化信息服务站、自助公共服务终端，实现 500 米服务半径全覆盖，打造 15 分钟社区生活服务圈，满足社区群众便利化基本生活需要。以社区公共服务综合信息平台为基础，叠加政务服务和公共服务，推动党群服务中心去行政化改造，实现“办公最小化、服务最大化”，完善社区综合服务功能。构建全龄化基本需求服务体系，面向不同年龄段人群需求打造社区运动空间、社交空间和文化空间等，使社区成为所有人的社区，增进全体社区成员的归属感和认同感。

专栏 5–1

老旧公共空间的活化利用

——成华区二仙桥街道下涧槽社区党群服务中心改造

成都市成华区二仙桥街道下涧槽社区，原成都机车厂生

活区，始建于1951年，是一个典型的大型国有企业老旧生活区。这里曾是小区居民的痛点，也是城市品质提升中的“老大难”，环境脏乱，设施老化陈旧，私搭乱建比较普遍，公共空间受到严重挤压。为了优化社区服务功能，提高居民生活品质，二仙桥街道从保护和发扬机车厂特色地域环境，延续工业企业文化构筑现代生活美学出发，对位于机车厂生活区前五坪的老旧平房（建于1952年，占地面积670多平方米，建筑面积310多平方米）进行空间再造和活化利用，集成优化社区生活服务功能，精心打造有人情味、接地气的社区党群服务中心，让居民切实感受到“服务就在身边”。

聚焦社区场景营造，让生活服务更有温度，“改造、再造”一起上。街道办事处与中车公司协调，将小区两排平房确定为党群服务中心选址点位，并对建筑周围和建筑进行空间再造，提升空间承载能力。坚持修旧如旧的原则，最大限度保留老砖老瓦，保护性升级改造原有风貌景观和工业遗产。改造工作是社区场景营造的前提，为社区场景营造提供了空间载体，更为重要的是，社区围绕四方面服务进行营造实践：

公共服务便捷化。改造后，居民在“家门口”即可办理低保等76项公共服务。开设24小时警务服务站，向居民提供户政业务办理、港澳台签助、身份证自主照相、车驾管等延伸服务。

生活服务场景化。结合居民日常生活需求，引导社区周边“小散”商户入驻社区党群服务中心，创新推出“线上+线下”互动融合的睦邻帮生活服务平台，为居民提供配钥匙、开锁、补鞋、理发、家电维修等生活服务。

特色服务专业化。引入社会组织整合执业律师、持证心理咨询师和执业医师等专业力量，为居民提供心理辅导、法律咨询和卫生健康服务。

志愿服务常态化。有效整合志愿服务资源，如党员义工、大学生志愿者、社区服务队等，开展"微风行动""义仓""睦邻帮"等社区志愿活动。

下涧槽社区党群服务中心改造聚焦多元参与，让社区治理更有深度。一是突出决策共谋。坚持群众的事让群众商量着办，充分发挥社区党组织凝聚人心、引领示范的作用，因地制宜搭建小区居民协商议事平台，由社区党委与社区规划师团队、企业、社会组织、居民群众携手，从改造倡议、群众需求调查，到商量设计方案、监督改造施工等，均让居民全程全域参与。二是突出共建共管。发动居民积极投工投劳整治房前屋后环境，积极协调各方力量提供财物和智力支持，并通过共建共议拟定居民公约等方式参与维护管理，不断凝聚共建共管合力。三是突出效果共评。改造后的党群服务中心空间环境更优、服务功能更强，已成为社区微地标、居民打卡地，群众的获得感幸福感均得到极大提升。

（资料来源：本章专栏资料根据成都市新经济发展委员会提供的社区场景案例材料和《成都社区治理创新案例集》汇总整理。）

图 5-1　成华区二仙桥街道下涧槽社区党群服务中心更新营造

2. 着眼差异化需求，提供精准多元服务

社区服务要始终坚持以人民为中心，基于社区群体异质化特征和差异化需求，为各个利益群体提供精准多元的社区服务，构筑满足不同人群需要的生活服务场景。

针对特殊群体，社区提供恒常化的关爱服务。发展适应儿童、老年人、残疾人和优抚对象等需要的托幼、养老、助残、照护、教育培训等各类社区服务。推进基本公共教育均衡发展，发展社区教育，成立托管中心、幼儿园等，实现“学有优教”，为儿童提供关爱贴心的少儿服务。创新养老服务模式，通过“家门口养老”“互助式养老”“高品质养老”“智慧化养老”相结合打造尊老爱老的养老服务，打造日间照料中心、老年公共食堂等公共服务设施，建设以居家为基础、社区为依托、机构为补充、医养结合的社会化养老服务体系。针对社区内特殊人群，设立法律援助中心、心理咨询中心、健身康复中心等，提供就业创新服务和机会，提供温暖共情的关怀性服务。

回应美好生活需求，提供品质提升发展服务。社区立足人口特征，引进和发展文化创意、生活体验等定制化、精细化服务项目，推动居民生活消费方式由生存型、传统型、物质型向发展型、现代型、服务型转变，配置品质提升型服务，打造高品质生活社区。

打造多维度的服务体系，合理安排一步型与目的型服务。依据居民对服务和消费距离的敏感度、频次高低，在社区 15 分钟生活圈内配置 5—10 分钟步行距离的一步型服务和 15 分钟步行距离的目的型服务，通过要素间的整合排列提升社区生活配套的整体服务品质。

专栏 5-2

与群众走心，为群众办事

——青羊区清源社区场景营造

灰墙黛瓦、绿水环绕，回廊飞檐的院墙，茶香四溢的小院，木结构的长廊下摆着“老成都”特色的八仙桌和竹椅，青羊区苏坡街道清源社区服务中心的大门口茶香四溢，社区居民三三两两围成一桌，点上一碗盖碗茶，整个院落热闹祥和。三四年前，清源社区还是一个以“脏乱差”和群体性事件频发出名的问题社区，究竟是什么让它有今天这生机盎然的面貌呢？从 2017 年开始，清源社区党委通过党员联结群众，充分发挥党员参与社区活动的积极性，依据社区居民需求，将社区服务划分为基本服务、关爱服务和发展服务三大类别以满足群众需求，真正做到“与群众走心，为群众办事”。

基本服务嵌入化。清源社区党群服务中心采用去行政化布局，整合交管、公安资源，群众在家门口就能办理 22 项生活便民业务；以社区“源缘空间”为原点，在各个楼盘建立有特色的小区“源缘空间”，将基本服务嵌入其中，打通了基本服务的“最后一米”。

关爱服务恒常化。为社区轻度智障人士建立“融乐·阳光家园”，为学员配备了专业教师，建立了专业档案，定制了康复方案，制定了技能学习计划；在原来社区食堂基础上，面向 421 位 60 岁以上老人开办“清源食堂”；引进社会公益组织，推出社区、院落、家庭三级的嵌入式养老模式；针对社区居民面临的入园难的问题，采取“社区协调场所，专业幼教团队运作”的模式，打造介于公立与私立幼儿园之间的半公益性社区幼儿园。

发展服务产业化。清源社区通过引进专业社会组织，引入孵化“清源龙门茶艺工作室”“清源刺绣工坊”等，以资源换服务，为社区居民开展公益发展类活动，打造“一站式终身教育平台”，社区已实现“自我造血”。

社区工作是一门学问，这门学问在理论上渊源于习近平新时代中国特色社会主义思想，其厚植于“以人民为中心”等本体论，发端于“党建引领”等认识论，得益于“实事求是”等方法论；这门学问让清源社区在实践上探索出了一条“心怀群众，尊重规律，系统思考，科学决策，依靠群众，方法创新，真抓实干”的社区发展之路。

图 5–2　成都市青羊区苏坡街道清源社区营造

3. 建设智慧化平台，提供智能高效服务

为建设完善智慧社区服务体系，成都立足于城乡社区发展治理的实践经验，制定和发布了《天府智慧小区建设导则 1.0 版》，围绕安全、服务、生活和党建等与每个居民息息相关的维度，构建了智慧社区建设“1+4+N”的功能架构体系，为构建面向未来的社会治理体系打造规范性指引。营建以智慧智能为基础的社区场景地图，搭建智慧社区综合治理平台，成立联网可视化智能管理中心，通过互联网、大数据和人工智能等技术应用，重点发展智能看护、智能家居、智慧安防、智慧物业等新型服务业，为社区居民营造了良好的居住生活品质。

利用网络打造社区线上便民服务平台，以网络化和信息化平台为媒介，为居民参与社区公共事务提供方便具体的方法与渠道。利用新媒体等多种渠道，全面掌握社区居民需求动态；运用大数据精准识别、反馈居民需求，设计小程序畅通民意表达渠道，做到及时对接和精准服务。新技术降低了社区参与集体行动和公共生活的成本，大众传媒和社交网络使社区成员可以进行线上的沟通与再组织，增进了社区社会交往，培育了社区内部的社会资本，通过社区内的互帮互助达成自我服务，提升了社区归属感和效能感。居民可以通过“智慧社区”平台满足线上服务需求、关注社区事务、参与社区决策，促进了社区凝聚力的形成，有助于构建服务共同体。通过网络建设社区线上便民服务平台，再造了社区线上线下联动的公共生活，实现居民社会关系的再地域化。

专栏 5-3

打造“新街坊·家空间”智慧社区

——成都成华区

成华区是成都市最大的主城区之一，面积 108 平方千米，辖 11 个街道办事处，83 个社区，实有人口 169 万。按照中央关于推进社会治理和治理能力现代化的总体部署，成华区围绕完善社区发展治理体系，激发城市高质量发展内生动力的城市治理新要求，坚持人本治理、全生命周期治理、互联融通治理新理念，打造“新街坊·家空间”智慧社区共同体，全面提升社会治理体系和治理能力现代化水平。

一是打造智慧中心，助推社会治理“一脑运行”。建立城市智慧大脑，促进治理精准化。组建区智慧城市治理中心，整合25个部门、11个街道、人口法人等九大类基础信息。打造智慧成华大脑，推动城市运行一网统管、政务服务一网通办、社会诉求一键回应，社会治理一脑运行；建立社区智慧小脑，促进治理精细化。

二是构建三个平台，实现服务治理一网运行。开设社区圈、院落圈、单元圈、守望圈、学习强国读书圈等，打造区域党建协商自治三圈联盟三个基本应用场景。通过社区事务线上议、线下商、共决策，实现小社区、大平台、大治理；聚焦安全防范，构建一安平台，聚焦网格化加自治，打造一网防范重点管控、在线监管三个基本应用场景，建立街道、社区、院落、家庭四级安全体系，实现小网格、大管理、大安全；聚焦服务发展，构建一服平台，聚焦网格化加服务，打造公共服务、生活服务、精准服务三个基本应用场景。

三是创新三大机制，实现发展治理一体运行。创新党委领导双线融合机制，组建区委社区发展治理委员会，会同区委政法委推动社区党群服务中心和综治中心一体运行，打造集成阵地和一批重点示范，创新社治、综治工作联动、问题连接、绩效联评的工作机制，实现党委领导、政府负责、社会参与、融合治理。创新公众参与，多元共治机制，全面推行党组织领导下的“1+3+N”多元纠纷调处机制。创新社会协同全域发展机制，建立社区发展基金会，整合29支社区微基金，建设天府社创中心，搭建省市区街道社区五级社会组织、社会企业培训孵化中心，制定社区生活服务业发展指导意见，进一步优化社区发展治理商业化运营机制，广泛吸引社会力量共同参与和共同发展。

打造“新街坊·家空间”智慧社区，坚持以党建为引领，以群众需求为导向，以智慧治理为路径，融入未来社区新理念，统筹推进成华区作为“全国社区治理和服务创新实验区”“大联动微治理”体系和融合机制建设，积极搭建“安全防控、政企互动、政民互动”三大平台，探索特大城市治理新路径和智慧社区、老旧社区现代化等“未来社区”建设新机制，进一步提升群众安全感、获得感、幸福感，努力提高城市治理体系和治理能力现代化水平。

（二）营造共建共治共享场景，培育社区治理共同体

近年来，成都以习近平新时代中国特色社会主义思想为引领，塑造城乡社区共同价值，强化组织引领提升治理效能。健全市、区（市）县、镇街、社区（村）、小区五级党组织纵向联动体系，构建以基层党组织为核心、区域化党建联席会议为平台、兼职委员制度为支撑的城市治理组织架构。创新社区（村）党组织引领多方共建共治共享的“五线工作法”，推广基层党组织引领小区治理的“五步工作法”，在城镇居民小区开展党组织“四有一化”建设，实现党的组织体系向基层治理各领域拓展、向小区（院落）等治理末梢延伸。

强化机制引领，激发共建共治共享活力，构建以基层党组织为核心、自治为基础、法治为根本、德治为支撑的共建共治共享新型基层治理机制，在全国首创基层党组织领导的村（居）事务。深化以诉源治理为重点的社区法治建设，在全国首创社区志愿服务日和社区邻里节，3.2 万个机关、企事业单位、“两新”组织与村（社区）结对共建，动态培育志愿者 245 万人，形成全社会和广大市民

共建共治共享美好生活家园的社区场景。

1. 发展社区社会组织，构建合作互惠自治网络

社区社会组织是创新基层社区治理的重要力量。不同于正式的政府科层组织，社区社会组织能够利用非正式网络培养社区成员之间的信任感，增强彼此间的联系，培养责任意识和奉献精神，推动社区成员积极参与社区治理。社区居民通过社区社会组织参与到社区公共事务的治理中，形成信任合作的关系、确立共同遵守的规范制度，进一步拓展社区网络，构建有效的社区动员体系。这既是社区社会资本不断累积的过程，也是社区自治共同体形成的过程。

社区社会组织包括以提供专业性社区服务的社会组织、以兴趣爱好结合的各种群众性团队，以及以公益行动为目标的各类志愿者队伍等[①]。居民根据兴趣爱好、职业经历等，自我组织和开展学习、健身、文娱等社区活动，组建公益慈善类、社区服务类、文化体育类、教育培训类和公共安全类等社区社会组织，推动居民参与社区发展治理；组织社区居民在党组织领导下修订完善居民公约、自治章程，建立健全议事、论证、听证、评议、物业管理区域和院落自治、村（居）务监督、村（居）务公开等制度规范，提升居民自治和协商共治的能力和水平。加强对社会组织的培育、扶持、服务、监管，鼓励社会组织在社区开展服务，支持党组织健全、公益性质明确、管理规范的社会组织参与社区公益服务、承接社区公共服务项目。

---

① 李娜：《基于共同体培育的城市社区治理研究——以上海市嘉定区为例》，硕士学位论文，上海交通大学，2015 年。

专栏 5-4

着眼提升组织力，创新“五线工作法”

——天府新区安公社区

安公社区过去面临流动人口多管理难、老旧院落多整治难、商品房物业矛盾多调解难、征地拆迁遗留问题多解决难、特殊和重点人群多稳控难等“五多五难”的困境。社区党委通过创新“五线工作法”，实现由“乱”到“治”的转变，形成共建共治共享的基层治理新格局，找到了一条党建引领城市社区发展治理的新路子。

一是凝聚“党员线”，强化党建引领。优化党组织设置，社区党委下设小区、街区党支部和非公企业、社会组织联合党支部，建立特色服务党小组，设立党员示范岗，统筹居民自治、社会治理、资源整合、公益力量等。

二是健全“自治线”，强化居民主体。组建社区、小组、小区三级议事会，推选各级议事代表303人，实现民事民议、民事民决；创新设置社区四大专委会，吸纳社会精英86人，为社会各界广泛参与社区治理搭建有效平台。

三是壮大“社团线”，强化多元参与。围绕文化、教育、关爱等服务领域，孵化培育“根系式”社会组织8家，采取“财政资金少量补贴＋提供有偿服务”的方式，有效提升社会服务功能。

四是发动“志愿线”，强化供需对接。采取“中心＋站点＋服务队”模式，设立志愿者服务站点5个，组建志愿者服务队41支，注册志愿者2000余人；成立“志愿银行”，制定志愿积分兑换办法。

五是延伸“服务线”，强化高效便民。社区党委采取公建

配套、共建共享、商业运作等方式，打造党群服务中心、社区图书馆、儿童托管中心等公共空间，引导培育老年食堂、慈善超市、平价菜市等社区配套服务主体，形成了涵盖老中青幼的“15分钟社区生活服务圈”。

五线工作法的运用效果说明，提升基层党组织组织力的极端重要性，抓住了新时代基层治理的关键。“人”就是治理的核心，如何做好新时代党建引领下“人”的工作就是方向，安公社区党委创建“党员线”凝聚党员力量，创建“自治线”团结居民力量，创建“社团线”凝聚向往美好生活的市民力量，创建“志愿线”汇聚社会正能量，创建“服务线”把服务对象转化为新的力量，让每个人都和社区党组织建立起紧密关系，真正形成了党建引领社区治理共同体。

2. 联动社会企业，以市场化逻辑推动多元共治

构建自治共同体需要多元参与，社会企业作为市场的一分子，是参与社区治理的重要主体。依据成都市人民政府办公厅出台的《关于培育社会企业促进社区发展治理的意见》，社会企业是指经企业登记机关登记注册，以协助解决社会问题、改善社会治理、服务于弱势和特殊群体或社区利益为宗旨和首要目标，以创新商业模式、市场化运作为主要手段，所得盈利按照其社会投入自身业务、所在社区或公益事业，且社会目标持续稳定的特定企业类型。为加强成都市社会企业产品或服务的展示和企业供需对接，引导社会企业参与社区发展治理，成都市为社会企业提供了入驻“天府市民云”的服务，鼓励社会企业参与社区服务供给；对于在社区综合服务设施中办公或为居民提供低偿无偿服务的社会企业，相关场所管理机构应当依规减免相关费用，加大向社会企业购买公共服务的力度。

专栏 5—5

撬动社会资源参与社区发展治理

——武侯区培育发展社会企业的实践探索

在行政资源相对有限的前提下，武侯区把培育发展社会企业、发挥社会企业在创新社会治理和改善社区服务方面的积极作用作为新的切入点，通过搭建区、街道、社区三级社会企业服务平台，使武侯区社会企业得到长足发展，成为社区发展治理生态圈中的一股重要力量，为提升社区发展治理能力和水平作出了重要贡献。

加强顶层设计，统筹协调推进。成立全国首个社会企业综合党委，坚持统筹协调，强化党组织的引领作用，充分发挥职能部门、社企、社会组织和高校人才“四股力量”，推动党建工作与社会企业发展相融互动。创新建设成都市城乡社区发展治理支持中心，推动政府资源与社会资源的整合配置，搭建“武侯创益 17”这一社会企业与社区的沟通交流平台，整合全国的优秀社企资源落地武侯。

搭建社企培育发展平台。建立社会企业培育发展中心，形成社创社群、社企苗圃、社企孵化器、社企加速器、投资推荐的五级孵化培育体系。研发社会企业政务服务套餐，开辟社会企业登记注册绿色通道，出台全国首个社会企业专项扶持政策，累计为 10 家社会企业发放 121.54 万元扶持资金。

实施“全方位”融合发展。按照“公益 + 市场”的理念，充分发挥社会企业在市场配置、企业链接、产品效益等方面的先天优势，依托成都市城乡社区发展治理支持中心，开展资源对接会 50 余场，发布社区机会清单 159 项，推动辖区社会企业持续接力开展“社会企业促就业”行动，为社区居民提供服务的同时，提供就业机会，共建共享社区未来。

在当前社会企业数量偏少、力量偏弱的情况下，政府在社会企业生态圈建设中发挥着重要的作用。武侯区除出台支持社会企业培育发展政策，给予社会企业登记注册和资金、场地、项目等支持外，还结合社区生态圈建设，通过搭建区、街、社区三级服务平台、设立社会企业培育发展中心、举办社会企业投资峰会、建立社会企业投资联盟等方式，为社会企业多方链接政府、社区、企业、社会组织、投资机构、智库、媒体等资源，为处于不同发展阶段和不同活动领域的社会企业提供资源整合、能力建设、信息交流以及经验分享等各种支持，有效提升社会企业的综合能力，值得学习借鉴。

专栏 5–6

创新打造社区“微服务”场景

——武侯区玉林街道黉门街社区

黉门街社区位于成都市城南锦江河畔华西坝，目前，社区常住居民 8063 户，常住人口 2.4 万余人。辖区内集聚四川大学华西医院等 4 所三甲医院和众多大型医疗综合体。近年来，黉门街社区以加强基层服务型党组织建设为抓手，探索社区经济组织“211 体系”，在转型历程中取得了可喜成效。为了填补社区“微服务”空白、增强社区“造血”功能，该社区牵头成立了成都市首家社区服务公司——四川黉门宜邻居民服务有限公司，极大地推动了社区生活服务便利化、品质化。

一是优化空间布局、实现场景“点连点”。利用社区金边银角、边角余料，打造社区生活美空间——“邻里人家”。深入挖掘黉门街社区的历史文化以及华西周边的健康文化，结合华西坝智慧医谷的产业特色，融入各项居民生活服务，彰显健康生活主题。通过华西坝老照片墙展示、开展健康沙龙等各类文化活动，将社区的公共空间打造成为集文化展示、情感交流、健康体验于一体的社区生活体验场景。

二是共建社企平台、实现服务“门对门”。利用社区公司自身资源优势，汇聚各方力量共建社区服务，实现服务载体多样化、服务内容精准化。比如，建立社区康养中心——养老院、引入专业养老机构——优护家、成立华西专家联盟——华医家等。

三是丰富培训种类、实现活动“个接个”。开展社区居民问诊、义诊和健康知识培训，及时了解居民的急、难、愁、盼，针对性开展社区老人肌衰筛查，全域性开展成都“公益＋市场化”的群众癌症筛查；推进定制服务，对空巢、独居、高龄老人居家环境进行适老化改造，开展家庭照护、护理等服务；培育自组织团队，组建社区太极队、舞蹈队、合唱队，开展邵仲节书画、手机摄影、门券收藏等的各类文化活动，满足居民的精神生活需求。黉门街社区采用“公益＋市场化”的运营模式，把社区服务项目转变为服务实体，带动社区大健康产业发展。社区公司将所获得利润的20%投入社区公益基金，反哺社区开展公益服务。2019年，公司被成都市社会企业评审认定为“成都市社会企业”；被中国社会企业认证为“中国好社企”；2020年荣获“蓉城先锋”示范基层党组织。

图 5—3　成都市武侯区玉林街道玉林东路社区更新营造：大话西游主题

3. 发展社区规划师，以规划凝聚多元参与

社区规划师制度基于社区设计和社区行动，以特定的社区公共性议题赋予居民共同的利益目标，吸引居民参与社区空间的更新和美化，形成社区独特的标志性景观，提升社区共同体意识，通过空间再造达成关系再造。社区规划师制度共有三级队伍工作体系，包括社区规划导师团、设计师、众创组等。社区规划师制度通过凝聚整合资源，考虑居民实际需求，强调居民参与设计和规划，满足居民的物质文化和精神文化诉求；在社区规划落实的行动中以居民为主体，注重居民参与过程中的自我组织和自我赋权①，在社区成员的互动过程中建立人与人之间的连接，凝聚社群，构建社区共同体意识。

2014 年，成都市规划管理局下发了《关于在成都市中心城区实行社区规划师制度的实施意见》，将规划工作延伸到了街道和社区；2017 年，成都市发布《关于深入推进城乡社区发展治理建设高品质和谐宜居生活社区的意见》，探索社区规划师制度。经过多年

① 蔡静诚、熊琳：《从再造空间到再造共同体：社区营造的实践逻辑》，《华南理工大学学报》（社会科学版）2019 年第 2 期。

实践，成都市已形成了一套完整的社区规划师操作体系及工作方法，促进了多元主体共同参与社区发展治理，推动社区治理共同体建设。

专栏 5—7

参与式规划，陪伴式营造

——成华区“353”社区规划师制度

成华区脱胎于“老工业”+“大农村”，正处于“生产导向传统老工业区”向“宜业宜居现代城区”转变关键期，存在遗留问题多、安置居民多、矛盾诉求多的情况，宜居环境品质与城市发展需求不相适应。2018 年，“353”社区规划师制度应运而生。

一是“专业性 + 主体性”，三级队伍凝聚社会治理人才合力。区级层面组建“社区规划导师团”，集聚 13 名来自规划建设、城市文化、社会工作、社区营造等领域的知名专家，为社区规划提供前沿智力支持，进行顶层设计。街道层面聘请“社区规划设计师”，集聚 102 名来自企业、社会组织和研究机构等实操经验丰富的专业人员，提供专业支付服务，参与编制项目设计方案。社区层面组建“社区规划众创组”，集聚社区能人贤士、热心居民 1386 人，作为社区规划项目设计的需求征集者和设计原创者，常态化收集居民意见。三级队伍联动协作，实现了导师团创新理念引导，设计师专业技术指导，众创组多元民意表达。

二是“落地性 + 互动性”，参与式五步法推进项目实施。民意收集，建立常态化民意收集机制；项目产生，完善社区规划师、众创组议事规则；项目参与式设计，借助专业力量，与居民共同完成规划方案设计；项目评审，建立街道初审推荐、全区评比激励的两级评审机制；实施与运维，与运营机构签订《共建共治共享协议书》《场地维护协议》等，为居民提供服务的同时推进项目持续更新，实现自我造血。

三是“有效性＋可持续性”，三项长效机制激励多元参与。专项资金、以奖代补，对在全区规划设计评审中优秀的社区品质提升项目，按程序转入拟实施项目库，“以奖代补”匹配项目专项经费；竞进拉练、示范带动；广泛调动、共同运维，鼓励驻区单位向社会开放图书馆、运动场、停车场等，举办面向基层工作者、社会公众的社区规划和社区营造领域培训班，邀请社区规划师、社工师和志愿者宣讲社区发展治理理念和愿景，整合多元力量共建共治共享美好家园。

成华区“353”社区规划师制度的主要特点是实施了“三个创新”。首先是思维创新，传统城市规划设计理念注重建筑景观打造，治理理念偏向硬件设施，而社区规划师实现了从“空间”到“人”的转变；其次是制度创新，三级队伍联动协作的体系是最明显的；最后是路径创新，从供给到参与，突出的是共建共治共享。

图 5－4　成都市成华区东郊记忆老旧厂房

（三）营造集体记忆文化场景，培育社区文化共同体

社区文化狭义的理解，是指社区共同体在长期生产和生活实践逐渐形成和发展起来的传统、信仰、价值观、生活方式、行为模式、风俗习惯、群体心理和意识等一系列精神现象的总和。[①] 社区文化是社区生活的综合性反映，与社区共同体的存在和发展密不可分。发展社区文化有助于满足社区居民多样化的需要，推动社区自组织能力建设，促进社区共同体的自我整合，是维系社区共同体的精神纽带的关键。

1. 传承历史文脉，增强社区认同

集体记忆是具有一定特定文化精神内核和同一性的群体，对其所经历事件的共同记忆，它能够增强组织的凝聚力和组织成员的归属感。以社区文化为切入点促进社区发展治理，挖掘在地文化故事"唤醒"社区乡愁记忆，培育历史文化场景和当代文化场景，不仅是对外为人们呈现独特的地域特色文化，更是唤醒社区居民的集体记忆，有助于促进居民产生凝聚力和认同感，凝聚共同价值取向，提升参与社区治理、社区服务的动力，培育社区文化共同体。

专栏 5－8

以文化人、以产兴业，

营造开放型国际化公园社区新场景

——成都市金牛区新桥社区

金牛区沙河源街道新桥社区在"北改"之前，汇聚了金府钢材城等多个传统批发市场，人员构成复杂、社会治安混乱、

① 杨贵华：《重塑社区文化，提升社区共同体的文化维系力——城市社区自组织能力建设路径研究》，《上海大学学报》（社会科学版）2008 年第 3 期。

矛盾纠纷突出，社区发展治理面临诸多问题。为此，金牛区提出“社区＋产业＋生态＋商旅”的发展新模式，使新桥社区实现了从低端市场区向国际化公园社区的华丽转身。

一是坚持片区谋划找准发展方向。坚持“片区谋划、片区开发、片区建设”理念，规划“一圈”（15分钟社区生活服务圈）、“一园”（府河摄影公园）、“一街”（摄影文创特色街区）、“一馆”（成都当代影像馆）、“一社”（社区党群服务中心）的社区发展整体构架，借全市“北改”东风推进市场调迁、腾笼换鸟，以建设国际化示范社区为契机，提升社区整体品质。

二是坚持党建引领做优社区治理。以区域化党建为主轴，链接电子科技大学九里校区、成都四十四中、成都漳州商会、金牛摄影协会等13家辖区党组织，实现组织共建、资源共享、党员共育、活动共办。

三是坚持传承文脉增强社区认同。收集居民老照片，打造“乡音乡影乡愁”记忆墙，建成府河摄影公园、成都当代影像馆，先后承接国际摄影大师展、摄影大赛、非遗节、风筝艺术节等大型文化活动；积极开展邻里共融活动，创立邻里学、邻里帮、邻里和、邻里安、邻里颂、邻里情、邻里乐“七邻工作法”，让“爱在邻里间”的社区文化根植于居民心中。

四是坚持增绿筑景提升社区价值。以锦江公园建设为契机，将府河摄影公园与成都欢乐谷、沙河源公园等周边7大公园串联成网，形成社区连片贯通的公园体系。

五是坚持引商兴业做活社区经济。依托社区近3.5万平方米产业载体，引进“特想集团”西南区总部、萨尔加多全球首个艺术中心、国家非遗“林窑·雅烧”等优质项目，构建摄影上下游产业链条。

六是坚持多元参与丰富社区服务。坚持以居民需求为导向，在社区党群服务中心常态化开展摄影培训、风筝制作、国学讲堂等活动。

新桥社区在转型发展中，坚持“以人民为中心”的发展理念，突出传承性与时代性的统一、大众性与独特性的统一，发掘文化基因、传承历史文脉、留住城市乡愁、增强文化认同，铺就了深厚的文化底蕴和群众基础。同时，坚持生态优先、绿色发展，通过大尺度布局生态空间、精细化打造社区形态、复合型配套商旅功能，为社区可持续发展提供了动能。最重要的是，社区把人的感受、人的需求、人的发展作为社区发展治理的逻辑起点，充分发挥党组织整合资源、凝聚共识的领导核心作用，推动市场主体、社会团体和市民群众结成利益共同体、建设共同体，汇聚了强大的共建合力和治理效能。

图 5-5　成都市金牛区新桥社区党群服务中心

2. 营造社区美空间，培育文化载体

社区美空间，是指立足社区范畴，扎根于社区，以社区范畴为主要服务半径，提供普适审美体验，深度黏合社会价值、生活价值与美学价值的空间场景。社区美空间建设是成都深化社区发展治理的又一创新举措，呈现历史记忆、凸显文化功能的社区美空间不仅包含对物质空间的改造，更蕴含对社区人文底蕴的保护和社区公共精神的培育[①]。将社区美空间和社区发展治理相结合，以社区美空间的打造来营造社区文化场景、培育社区文化载体，引导居民回归融入社区，实现从“心理性认同”到“行动性认同”[②]的转变，培育社区文化共同体。

专栏 5—9

开启家门口的生活美学

——崇州市溪云书院

位于凤栖山下、味江河畔的崇州市街子古镇的溪云书院是成都市第一批“社区美空间”。于 2019 年 6 月开业的溪云书院，联合新加坡国家美术馆，融入古蜀文化、川西古镇文化和非遗文化，紧扣“度假休闲、音乐文创”产业定位，打造集阅读、文化、艺术、时尚、交流和生活空间为一体的特色场景。在建筑风格上，书院延续了街子古建色彩，将川西民居特色融汇其中，使书院与周边的环境自然相融；书院内部，以“金属 + 幕墙 + 水系”连接院落空间，结合院内错落写意 11 棵黑

① 刘星：《社区文化空间重塑中治理逻辑的生成机制——以史家胡同为例》，《广东行政学院学报》2021 年第 2 期。

② 颜玉凡、叶南客：《新时代城市公共文化治理的宗旨和逻辑》，《江苏行政学院学报》2019 年第 6 期。

松、12 棵黄连木、24 棵元宝枫，呈现出远山近水、园木成景的东方园林意韵。

免费向公众开放是溪云书院作为社区美空间的重要做法，极大地丰富了当地居民的文化生活。这也是书院社会效益的重要体现。除了可以免费借阅书籍外，当地居民还可以免费参与书院不定期组织的活动，如英语角、国学区等。在周末，书院会不定期地邀请外籍教师、国学老师来授课，平时还会组织音乐会、国际会议、学术讲座、健康运动、书法艺术画展、亲子体验等，都会邀请周边居民来参加。

挖掘与展示本地社区文化。书院还展出了不少崇州当地的非遗产品，如道明的竹编、街子镇的汤麻饼等。书院不光为这些产品进行代售服务，还会与非遗人合作，对产品的包装进行提档升级，扩大销售渠道，增加当地居民收入。

溪云书院作为社区美空间能够丰富群众文化生活、增强群众满意度和幸福感，实施社区美空间项目就是要打造群众看得见、摸得着、感受得到的民心工程。打造社区美空间，就要植根社区内历史文化，集成美学应用场景，探索“公益 + 市场”运作，赋予“社区美空间”新活力，最大限度地满足社区居民的精神文化需求，营造出宜人舒畅的社区美学空间新场景。

3. 开展社区文化活动，体现人文关怀

社区活动是社区成员相互认识、相互交流、相互影响的重要途径，依托社区活动，可以构建社区居民之间的连接点和情感交流的纽带。成都坚持以文化人、以文育人，通过开展社区活动，不断增强人们的社区认同感、归属感和参与感。

专栏 5—10

用音乐温暖社区

——锦江区创建全国首个真正意义上的“社区音乐厅”

成都社区音乐厅地处成都市锦江区沙河街道五福桥社区，随着攀成钢片区中高档楼盘陆续交房，大量新市民涌入，辖区群众普遍存在收入高、文化程度高、对公共服务品质要求高的“三高”特点，辖区满足社区居民精神文化需要的公共活动空间不足问题日益突出。而音乐作为一门源自生活的艺术，最佳的培养土壤就在社区，让民众能够在家门口用最简单的方式欣赏音乐、感知音乐，了解传统文化，让国内外一流的音乐资源下沉到城市的每一个细胞，夯实城市的文化底蕴，激发人们对于高品质生活的热爱。

政社合作，专业运营。在充分调研协商和多方论证的基础上，沙河街道引入专业社会组织运营社区音乐厅。街道主要从场地协调、政策扶持、宣传推广等多维度提供支持和保障。运营者发挥自身专业优势和人力资源优势，利用主办国际品牌赛事、链接国内外知名音乐家，秉承“用音乐温暖社区”的目标，为广大居民营造一个“推门就是美好生活”的“文艺五福”社区音乐体验新场景。

音乐沁润，公益为先。社区音乐厅坚持公益为先，通过为音乐专业学生、音乐爱好者等提供免费高标准的音乐场地资源和舞台演出机会，引入专业教授、著名音乐家同台演出，通过以资源换服务的方式，实现每年为辖区居民提供100场优雅时尚高品质公益音乐会。同时，通过开设公益音乐课堂，举办现代乐器微博物馆展览，开展音乐志愿者培训，孵化培育“幸福银铃合唱团”等社区艺术团体。

因地制宜，造血发展。社区音乐厅依托政府免费提供的音乐厅室空间，以“音乐＋空间＋服务＋产品”为主线，打造社区音乐消费体验新场景——五吉士音乐坊，为市民提供集流行音乐欣赏、视觉艺术欣赏、生活消费、商务会客、城市会展等为一体的生活服务，形成“厅内公益＋厅外造血”的良性发展模式。

社区音乐厅是一种创新模式，立足于社区，管理规范化、标准化，硬件建设模块化、轻量化、灵活化，内容策划具备高频次、高质量、多种类，运营强调参与性、公益性、包容性。相比较传统音乐厅，社区音乐厅拥有更低的门槛、更便利的条件、更丰富的内容，更高的群众参与度。既让社区居民能够在家门口享受音乐服务，也给音乐家们提供了一个展示舞台，共同参与、共同分享，共建社区浓郁文化氛围。社区音乐厅推出的社区文化发展模式改变了传统音乐文化的传播方式，也进一步创造了一种全新的社区文化生活方式，具有十分重要的价值。

三、成都社区场景营造的六个实践抓手

社区场景营造能够吸引居民参与，走出家门，从关心自己的事情到关心周围的事情，与其他居民建立互动，建立一种关系网络，营造一种场景精神，在特定社区场景中，让居民习得一种参与意识、一种参与习惯、一种参与能力。成都党建引领社区发展治理实践表明，以社区场景营造逻辑厚植基层治理优势，回应人民美好生活期盼。成都市连续 12 年蝉联“中国最具幸福感城市”榜首，在

近期央视举办的中国美好生活城市发布活动中被评为全国“十大大美之城”“十大向往之城”，从社区场景营造实践经验角度，可从六个方面把握相关要点。

（一）坚持党建引领，以高效协同搭建平台链接资源

成都构建党委统揽高效协同的组织领导体系。成都在市县两级党委序列独立设置城乡社区发展治理委员会，由同级党委常委、组织部部长兼任主任，统筹基层党建和基层治理工作，具体履行“顶层设计、统筹协调、整合资源、重点突破、督导落实”职能。在此基础上，成都构建了“党委领导、双线融合”治理机制，着力推动社会综合治理向社区层面拓展延伸、社区发展治理与社会综合治理衔接融合①。在市和区县层面构建社区发展治理强基础、优服务、惠民生的高线，筑牢社会综合治理防风险、促法治、保平安的底线；在镇街和村（社）层面统筹政法、社会治安、城管等力量资源，形成“一支队伍统管、一张网络统揽、一个平台统调、一套机制统筹”协同机制，搭建平台，链接各种资源，整体提升基层治理效能。

（二）培育共享精神，以公共生活需求为导向加强服务供给

“以人民为中心”是做好社区发展治理工作的核心价值取向，回应市民关切、解决社会公共问题、推动共享发展是城乡社区发展治理工作的出发点和落脚点，是新发展理念的价值要义。②这就意味着必须把人的感受、人的需求、人的发展作为社区发展治理的逻

---

① 申海娟：《中共成都市委关于贯彻落实党的十九届四中全会精神建立完善全面体现新发展理念的城市现代治理体系的决定》，《成都日报》2019 年 12 月 29 日。

② 成都市发改委全面创新改革综合处课题组：《把新发展理念深深镌刻在蓉城大地上》，《成都日报》2018 年 5 月 9 日。

辑起点，必须站在回应最广大市民美好生活需要和城市永续发展的战略高度，从人的需求和感知出发，把社区场景营造作为深化社区发展治理的着力点，构建集服务、治理、文化等于一体的多维度场景，推动社区场景与美好生活需求精准匹配。建设高品质公共服务体系和全龄友好型社区，夯实共同富裕的微观基础①，让发展成果惠及人民，使社区场景营造成为现代城市发展的必然趋势和满足美好生活需要的物化空间，成为社区发展治理的未来方向。

成都社区实践表明，社区场景营造应该坚持公共性。这里的公共性意思是指对于居民来说是可接触的、可获得的、可进入的。一个成功的社区场景营造，对于路过的居民来说，很容易接触和进入。比如，邻里场景的营造应该体现更多的睦邻性、亲近感，但现实中的设施营造或空间营造对这一点重视不够。以社区服务站转型为例，不能把社区服务站仅当作一个设施来看待，应该把它当作增加居民互动和黏性的场景来塑造，改变之前那种“防备”“排斥”“疏离感”的空间安排，未来的社区服务站的建设应该转向一种社区场景营造，营造出居民乐意前来办事和交往的、具有很强亲切睦邻感的聚点，甚至可以营造成一种社区公益文化场景地标，引领居民“生活向上”的心智。

（三）构筑安全保障，打造智慧韧性有序的平安幸福家园

现代城市各类安全风险日益集聚、交织叠加，城市公共安全脆弱性日趋凸显。成都市围绕建设超大城市重大安全风险防控体系、提升践行新发展理念的公园城市示范区发展韧性，从社区安全入手，加快构建现代化应急管理体系，系统提升防范化解重大安全风

---

①　公园城市建设局：《中共成都市委关于高质量建设践行新发展理念的公园城市示范区高水平创造新时代幸福美好生活的决定》，《成都日报》2021 年 8 月 5 日。

险能力。以数据为核心，提升风险监测预警能力；以平台为支撑，建立应急管理核心流程规范。建立社区“大联动、微治理”云智慧安全云平台系统，实现了安全监管信息化和安全隐患动态监管。以社区为单位，划分“百米应急联动救援圈片”，打造安全文化宣传阵地。

为更高效解决群众关注度高、长期反映的民生问题，提升群众满意度，通过全市统一的网络理政和社会诉求受理平台，实现社会诉求“一键回应”。运用大数据、人工智能等技术强化舆情分析、风险感知及预测防范，共同预防处理社区突发事件，构建社会诉求快速响应应用场景，提高人民群众的获得感、安全感、幸福感。

（四）注重机制创新，推进与完善社区发展治理生态

以创新体制机制来激发创造活力，为持续推进社区发展治理提供制度保障，完善基层治理制度生态。成都出台“党建引领城乡社区发展治理30条”纲领性文件，制定国际化社区、社区商业等分项导则和评价标准，颁布全国首部《成都市社区发展治理促进条例》，编写全国首部《成都市“十四五”城乡社区发展治理规划》，形成系统完备、衔接高效、规范有序的制度体系。

为探索科学有效的社区治理新模式，成都市创新基层组织领导体系，完善扶持社会组织发展机制，通过专项资金、政府购买服务和公益创投等方式拓展社会组织参与社区发展治理空间、推进“三社联动”；健全社区发展治理多元投入机制，设立社区基金会、以奖代补；健全以居民为主体的权责统一机制，推进社区居民权责清单建设，建立社会信用体系。尤其指出的是，成都健全保障和激励双规并行的城乡社区专项经费制度，每年为社区（村）拨付16.7亿元保障资金和1亿元激励资金，专项用于基层公共服务和民生项

目；鼓励社会力量组建社区基金会 9 支，引导社区（村）培育公益微基金 743 支，让基层有资源有能力组织居民、实施项目，在办好民生实事过程中凝聚民心。

（五）坚持开放包容，通过多元参与为社区发展治理增添活力

要构建基层社会治理新格局，以“健全党组织领导的自治、法治、德治相结合的城乡基层社会治理体系，完善基层民主协商制度，建设人人有责、人人尽责、人人享有的社会治理共同体”。坚持将治理重心下移和提升治理效能贯穿社区治理全过程，提升社会基层治理水平；搭建鼓励居民、社会组织、企业共同参与的社会化参与共享平台，积极培育多元主体，完善“一核三治、共建共治共享”的基层治理新机制。政府要建立开放式、包容性的多元社区治理体系，积极引导社会力量参与基层治理，降低多元主体进入社区参与服务与治理的门槛，整合社区服务中心、居委会等原有力量，融入社会组织、社区志愿者等更多资源，让多元化的主体为居民提供多样化的服务和供给，满足社区居民的不同需求，全面激发社区治理的生命力与活力。

人才是社区发展治理的智力支持和强大支撑，社区书记是社区发展治理的“火车头”，要以社区书记的火车头作用牵引社区人才发展。通过健全创新促进社区人才发展机制，推进优秀社区书记选拔、从优秀社区工作者中考核招聘，培养社区社会工作行业领军人才，突出人才引领社区发展的作用；结合社区工作实际培育人才，促进社区人才队伍的针对性和专业化；破解社区工作人员无编制保障、薪资水平相对偏低、缺乏归属感等问题，建立资质、能力、待遇相统一的人才保障机制，鼓励、激励更多专业人才在基层岗位发挥作用，全面提升社区治理能力。除此之外，创建社区专职工作者职业化岗位薪酬制度、职业资格补贴制度和基层党建指导员制度，

创办村政学院、社区学院、社会组织学院和社区美学研究院等 13 所基层治理学校，系统构建多层次基层队伍和人力资源支撑体系。

（六）突出文化浸润，以社区文化资源挖掘激发内生活力

文化是城市的内核和灵魂，特色社区文化是社区的灵魂所在。社区文化的发掘和培育能够满足居民美好生活的精神文化需求，促进社区睦邻交往，培育社会资本，增强文化自信①。社区要注重文化切入，回归人本逻辑，发掘文化基因，传承历史文脉，彰显文化特质，增强文化认同，实施社区文化美学表达工程，为社区发展治理铺就深厚的文化底蕴和群众基础。要完善文化产业和文化事业发展制度，创新利用特色文化吸引和承载文化产业、前沿科技和商业模式等新经济特色因子，推动文化价值的高效转化，使文化产业与文化事业相互驱动、协调发展，为社区发展治理提供持续的内生活力和外源动力。

总之，当一个社区变成一个场景时，它可以成为培养各类精神的地方。场景，正在重新定义城市经济、居住生活、政治活动和公共政策。通过社区场景营造，厚植基层治理“土壤”，提升城市治理现代化水平。

---

① 黄词捷：《成都市社区治理与社区营造研究——从“陪伴”到“培力”的文化路向实践》，《中共乐山市委党校学报》2018 年第 6 期。

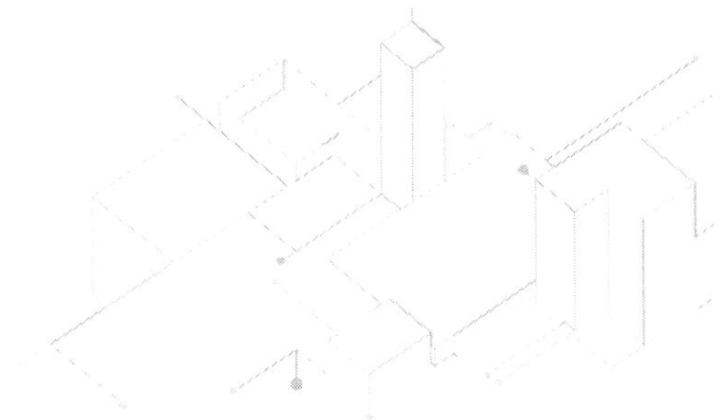

第六章

场景赋能生态：塑造公园场景，推动生态价值多元转化

“九天开出一成都，万户千门入画图。”成都作为公园城市的“首提地”与“示范区”，始终坚持全面贯彻新发展理念，坚持生态优先、绿色发展，将建设公园城市作为城市发展的战略定位，积极推动生态价值创造性多元转化，进行了一系列实践创新探索。公园场景塑造就是众多城市实践创新之一。2019 年，成都市制定并实施了《成都市美丽宜居公园城市规划（2018—2035 年）》。该规划提出，按照“可进入、可参与、景区化、景观化”的公园化要求，实施打造山水生态公园场景、天府绿道公园场景、乡村郊野公园场景；将公园建设融入社区和产业功能区建设，打造城市街区公园场景、人文成都公园场景、产业社区公园场景。通过塑造“六大公园场景”，推动生态价值多元转化，打造宜居宜业宜游宜学宜养的人居环境，塑造城市竞争优势。公园场景为成都加快建设美丽宜居公园城市按下“快进键”。公园城市作为全面体现新发展理念城市发展的高级形态，成都持续推进生态营城路径变革，科学组织重大生态工程建设，以生态文明引领城市可持续发展，构筑山水林田湖

城生命共同体，人城境业高度和谐统一的大美公园城市形态初步呈现。在这一过程中，公园场景营造发挥着重要作用。

一、公园场景形成的背景与价值使命

2018 年 2 月，习近平总书记来到四川省天府新区考察时指出，天府新区是“一带一路”建设和长江经济带发展的重要节点，一定要规划好建设好，特别是要突出公园城市特点，把生态价值考虑进去，努力打造新的增长极，建设内陆开放经济高地。

成都市深刻领悟习近平总书记重要指示精神，牢固树立“绿水青山就是金山银山”的发展理念，不忘初心、牢记使命，广集各方智慧、广聚各方力量，持续创新创造，把天府绿道建设打造成为靓丽的城市新名片。

公园场景的本质在于提供有品质的生活环境和有价值的生活方式，依托生态空间推动多元场景的渗透叠加，实现生态价值创造性转化。公园场景作为回应新时代人居环境需求、塑造城市竞争优势的重要实践模式，具有一系列体现时代特点的重要价值。成都在践行新发展理念的公园城市示范区建设中，坚持“增绿惠民、营城聚人、筑景成势、引商兴业”，注重植绿筑景、引商兴业和社区融合，突出生态属性，强化产业支撑，促进生态价值、生活价值、人文价值、美学价值、经济价值的共建共享。公园场景的提出源自对生态价值转化路径的关注，是促进经济发展、实现文化传承、提升国民幸福、增强自然保护的重要抓手。

一是聚焦增绿惠民，创造绿色生活践行惠民初心。突出人在城市生活中的主体地位，塑造“家在园中”的城市生活空间，深化见缝插绿、拆墙见绿、综合造绿，让“整座城市成为一座大公园”。

创造优质均衡的绿色公共服务，推动公共服务设施融入公园建设体系。精心策划高频次、可持续的群众性户外文体活动，引领形成简约健康的生活时尚。

二是聚焦营城聚人，运营绿色空间集聚高端资源。营建以产业功能区为核心的产城融合体系，形成“一个产业功能区就是若干城市新型社区”的模式。营建以绿道网络为纽带的绿色经济体系，引导资源要素向绿道节点集聚。营建以文化地标为核心的人文体验体系，提升城市人文魅力和吸引力。

三是聚焦筑景城市，构筑绿色景观提升城市价值。将植绿青水作为旧城更新的新标尺，形成“逆向生长、有机更新”的精明增长模式。将生态本底保护作为新城营建的新起点，引领未来城市成为立体、开放、绿色、智慧的城市。将美丽经济作为乡村振兴的新支撑，促进农商文旅体融合发展。

四是聚焦引商兴业，引育绿色产业打造新兴引擎。依托生态资源推动产业转型、动能转换，优化产业结构、培育新兴动能。依托生态资源促进企业招引、人才集聚，推动“政策招商”“土地招商”向“环境招商”“绿色招商”转变。依托生态资源催生业态升级、模式创新，推动公园城市成为新业态新模式新场景的策源地。

二、营造“六大公园场景”，推动生态价值多元转化

成都提出营建“六大公园场景”，即绿满蓉城的山水生态公园场景、蜀风雅韵的天府绿道公园场景、美田弥望的乡村郊野公园场景、清新宜人的城市街区公园场景、时尚优雅的人文成都公园场景、创新活跃的产业社区公园场景。场景营建过程中紧紧围绕生态

价值转化的多元路径，绘就公园城市新篇章。

（一）彰显城市生态魅力：绿满蓉城的山水生态公园场景

山水生态公园场景，是指以山体、峡谷、森林、雪地和溪流等特色资源为载体，按照“生态保护区＋特色镇＋服务节点”的模式建设，通过绿道串联，植入旅游服务、休憩娱乐、文化展示等功能，打造绿意盎然的公园城市。营造山水生态公园场景的具体做法有：一是贯彻落实习近平生态文明思想，坚持“绿水青山就是金山银山”的发展理念，以山体、峡谷、森林、雪地和溪流等特色生态资源为载体，提升生态保育功能，优化生态格局。二是秉承“景观化、景区化、可进入、可参与”的理念，在城区范围内大规模植绿筑景、种花添彩。三是遵循“全面保护、科学修复、合理利用、持续发展”的方针，顺应生态原色修复生态多样性。通过山水生态公园场景的营造，加强成都生态资源丰富、自然环境良好、城市绿化完善的现实，突出生态平衡、自然灾害少、城市安全系数高等特点，打造近看有质、远看有势、绿意盎然的山水生态公园场景。

1. 打造世界级城市“绿心”，提升公园城市品质

山水生态公园场景能够推动建设人与自然和谐共生的无边界城市，塑造展现生态文明理念的生态乐园，创造生态价值转化的应用场景，打造令世界向往的城市“绿心”，引领成都山水交汇的自然禀赋迈向和谐共生的大美境界。

厚集绿色资源，增强生态保育功能。按照“筑景、成势、聚人、兴业”的营城思路，大力实施增绿增景工程，通过大规模乡土树种造林、产业兴生态增绿、困难立地与陡坡耕地复绿、特色景区与节点造绿等手段，聚焦民生改善、和谐人地关系。

以龙泉山城市森林公园场景为例：自2017年以来，成都着眼高起点规划设计、高标准保护修复、高水平有序建设，增绿增景

近 11 万亩，将公园森林覆盖率由建设之初的 54% 提升至 58%。聚焦民生改善、和谐人地关系，稳妥实施“减人减房”工程，共实施“减人减房”项目 34 个，涉及 5 万人。通过不断增强生态保育功能，探索创新生态产品价值路径实现体系，加快农商文旅体协同发展，山水生态公园场景推动城市森林公园建设取得显著成效。

2. 丰富筑景增绿景观，构筑推窗可见公园美景

山水生态公园场景能够推动绿色空间体系与城市相融合，让可见变为可进。通过打造“开敞通透、层次丰富”的公园形态，实现生活生态空间有机融合，形成人城园和谐统一、生态景观优美生动的开放性绿色公园城市。

坚持大规模植绿筑景种花添彩，向世界展示绿满蓉城、花重景观、水润天府的魅力。一方面，成都下决心拆除实体围墙，实现从临街景观直接步入公园，极大地增强了公园的可进入性。另一方面，成都摒弃“植绿就是种树，筑景就是栽花”的惰性思维，注重向自然借力，大力调整绿化物种结构，用鲜花美果增色增彩，植物栽植以营造花境为主，植物搭配主要为红枫 + 灌木球 + 花境 + 草坪，打造出多个形态优美、色彩缤纷、季相分明的多样性植物群落景观，构筑如画的多层次空间美景。

以望江楼公园场景为例：首先，望江楼公园大力实施拆围增景工程，采取拆除围墙、新建改建道路、油漆翻新等多项措施，让市民惬意进出公园。其次，望江楼公园大面积提升绿化景观，种植了 80 余个品种的乔灌木、竹类、时令花卉和地被植物，极大地增强了景观层次。通过拆围增景，望江楼公园形成了与周边无界相融的开敞空间环境，打造出多个形态优美、色彩缤纷、季相分明的多样性植物群落景观，有力地提升了望江楼公园的景观观赏性。

3. 修复生物多样性，共建川蜀生态共同体

山水生态公园场景能够在成都原有生态条件的基础上，修复满

足动植物生长需求的原生环境，创造有利于动植物群落繁衍的城市空间，通过生物多样性保护，有效维持生态平衡、促进人与自然和谐发展。营建山水生态公园场景是全社会共同参与生物多样性保护的重要实践，是生物多样性主流化的关键所在。

生物多样性保护议题被成都领导者频频提起，成都作为我国生态安全战略格局“两屏三带”的关键区域，一直以来都致力于遏制域内生物多样性的流失，努力塑造“生态优先、绿色发展”的城市名片。2018 年，成都市生态环境局启动了《成都市生物多样性调查与评估》项目，用 2 年左右时间汇集成完整成果，补齐了成都在生物多样性保护工作方面的短板，为全国生物多样性保护提供成都智慧，对我国城市生物多样性保护起到重要作用。举办“2019 国际熊猫日活动及大熊猫保护与生态文明建设暨纪念大熊猫科学发现 150 周年学术论坛”，聚焦生物多样性保护与社区生计绿色高质量发展、传统文化与生态保护、大熊猫国家公园建设、企业和公众参与生态保护等专题。

以新津白鹤滩国家湿地公园场景为例：首先，公园遵循“全面保护、科学修复、合理利用、持续发展”的方针，挖掘公园独有的地理、人文、动植物等自然资源，保护五河汇聚的生态空间，打造“飞鸟逐波鱼随浪，江天沙洲人相融”的河流湿地景观。其次，顺应生态原色营造自然野趣景观，基于湿地公园独特的自然条件，园区内使用的植物以水生植物和湿生植物为主，有助于恢复遭破坏的湿地环境和增强自身的调节功能，为动物提供良好的栖息场所。目前，公园已逐步建成四川湿地科普宣教首选地、城郊型国家湿地公园建设示范和“湿地保护—生态旅游”协同发展的典范。

总之，山水生态公园场景营造的重点是自然资源禀赋基础上的顺势而为，在优美生态空间的基础上，培育舒适宜居、生态可持续的城市形态。对于具有地方特色的生态本底的过度开发或不置可否，都是公园场景营造过程中应当极力避免的误区。加强公园城市基础设施建设，高度重视生物多样性修复工程，充分利用应季植物的创意开发，是山水生态公园场景的重要载体和必要前提。只有做到城市生活空间与生态空间的充分融入与和谐统一，才能实现生态价值向多元价值转化的突出效能。

专栏 6-1

筑牢蓉城生态本底，构建空间价值链场景

——龙门山湔江河谷生态旅游区

龙门山湔江河谷生态旅游区规划面积 557.5 平方千米，下辖 6 个镇、常住人口 19.2 万，是大熊猫国家公园的重要组成部分。依托龙门山脉丰富的生态旅游资源，拥有国家地质公园、国家森林公园、国家级自然保护区、国家级风景名胜区、大熊猫国家公园等“国字号”生态资源品牌，3 个国家 4A 级景区，推动农商文旅体融合发展，加快融入“三九大”(“三”指三星堆，“九”指九寨沟，“大”指大熊猫）国际知名旅游品牌，打造成渝地区双城经济圈最具影响力的旅游目的地。

主要做法：

一是筑牢生态本底，积聚绿色发展势能。严格落实“三线一单”制度，划定并严守生态保护红线，推动生态保护红线评估和勘界定标，组织开展“绿盾”自然保护区（地）强化监督。完成白水河自然保护区生态本底调查，开展大熊猫国家公园建设，以大熊猫国家公园为主体，以生态保护红线为核心，结合自然保护地，构建自然保护地体系，有效保护和修复生态系统。依托山、水、田、林、湖、草自然要素，打造形成以湔

江河谷为发展轴、7个特色镇村为极点的“七星耀江”生态格局，筑牢生态发展本底，积聚绿色发展势能。

二是依托资源品牌，打造优势生态景观。深入挖掘国家地质公园、国家森林公园、国家级自然保护区、国家级风景名胜区、大熊猫国家公园等国家级生态资源品牌价值，加快建设大熊猫国家公园入口示范社区，通过有机串联“三九大”，借助其国际品牌影响力提升湔江河谷生态旅游区既有资源价值。根据不同区域的资源禀赋，分类整合各类要素资源，围绕“民宿、音乐、森林康养、戏剧文博、牡丹文化及自然山水、运动休闲”等主导产业打造6个小园区。

三是创新内容体验，满足多元消费需求。在共性消费基础上，适度植入特色化的小众个性体验内容。推出情绪空间、枕上书屋等独立空间，满足人们疏解孤独情绪的需求；推出共享菜地、共享厨房等体验服务，满足城市居民对乡村生活的向往；打造川剧文博中心、钻石音乐厅等文化载体，搭建艺术研讨平台，满足学术性交流需求；在满足大众旅游外，引入高端住宿、有影响力展会、名家讲座、文化演艺、国际赛事等业态，为高端客群、专业人士提供度假式深度体验。以景点的季节性特征为依据，规划春赏花、夏戏水、秋登山、冬赏雪四季游览线路，与旅行社合作推出旅游服务产品套餐。打造滨水、露营、亲子、健身等自由场景，开发高山徒步、探险、滑雪等项目，完善探险类和极限运动私人教练等定制型服务。

四是盘活乡村资源，构建共建共享机制。组建全民合作社、集体资产管理公司，以全民入股、联合投资等多样化的投融资模式，利用闲置集体土地、房屋，建成蜀中糖门、宝山茶博馆、共享民宿等生产场景；通过宅基地腾退、林木资源流转，引入社会投资者建设经营乡村精品民宿，构建持产者、开发者、建设者、经营者的利益联结机制，盘活集体资产近14亿元，人均年收入增长3000元以上。利用当地群众生产生活技能，建成同在屋檐下、金城窑文创公园、共享菜地、柒村山房，以当地群众再现乡村生活场景、当地匠人演示生产技能，通过营造生活场景，引导群众参与项目建设、产品营销和周边服务，累计促进1.5万余名在地群众灵活就业。

（资料来源：本章专栏资料根据成都市新经济发展委员会提供的公园场景案例材料和《公园城市成都实践》汇总整理。）

图6—1　星空泡泡屋

（二）铺就城市生态动脉：蜀风雅韵的天府绿道公园场景

天府绿道公园场景，是指以区域级绿道为骨架，城市级绿道和社区级绿道相互衔接构建的天府绿道体系，通过串联城乡公共开敞空间，丰富居民健康绿色活动，提升公园城市整体形象，实现公园场景中城绿空间具动感化、城绿界面交融渗透、绿色空间安全可达等功能价值。天府绿道公园场景中植入生态保护、健康休闲、文化博览、慢行交通、农业景观、应急避难等功能，增强经济文化扩散效应，形成公园城市的空间基础和延伸脉络。天府绿道公园场景营造的具体做法有：一是织密城市绿道网络，坚持以网络化绿道空间体系引导产业功能布局，打造无界公园、推动引绿入城。二是活化利用天府绿道重要空间节点，打造适宜的运动场所、推出动感的运动项目。三是以生态廊道建设引领生活空间布局，按“公园＋”理念形成一批展示未来之城的高品质新型社区空间，铺就安全社区绿道微网络，提升居民安全感、幸福感与获得感。

1. 重塑绿道经济地理结构，突出生态持续性效益

天府绿道公园场景在提升环境品质的同时，也从根本上重塑着城市的经济地理结构。绿道不仅仅是城市的点缀，也并不仅仅是再造景观，而是全面体现新发展理念的多重价值系统，折射出成都对城市工作“一尊重五统筹”的深刻认识和准确把握。因此，天府绿道公园场景不仅彰显了普遍意义上的生态价值，还应该作为天府绿道辐射区域内由“绿水青山”到“金山银山”之间转换的重要抓手。

突出天府绿道的生态价值，织密成都生态宜居的绿色动脉。建设绿道沿线“绿色经济带”，打造重塑成都产业经济地理的重要引擎。天府绿道在突出公益性质的前提下，努力形成政府主导、市场化运营的模式。坚持以市场化眼光审视天府绿道经济价值，以商业化逻辑推进绿道的规划设计、投资建设、产业孵化、管理运营，深入挖掘景色观赏、功能区隔、商业增值、文化创意等价值，发展绿道经济。基于绿道提供的经济空间，大力发展体育赛事、音乐、游乐、民宿、健身、康养、会议等特色产业，带动周边区域文创、科创、文旅、金融等特色高端现代产业服务，成为成都绿色经济的新增长点。

专栏 6—2

孕育城绿相融的生态空间，植入生态经济激活因子

——锦城绿道公园场景

锦城绿道作为天府绿道体系“三环”的重要一环，是成都建设践行新发展理念公园城市示范区的标志工程，项目依托133.11平方千米环城生态区，建设具备生态保障、慢行交通、休闲游览、城乡统筹、文化创意、体育运动、农业景观、应急避难8大功能的“5421”体系，即500千米绿道（200千米一级绿道、300千米二级绿道、若干三级游览步道）；4级配套服务体系（16个特色小镇、30个特色园、170个林盘院落、若干亭台楼阁）；20平方千米水系格局；100平方千米生态景观农业区。锦城绿道自2017年9月以来累计开工绿道475千米，建成315千米，建成特色园4个，在建11个，植入文旅体设施近300处；熊猫国际旅游度假区、交子公园商圈锦城主题生态公园、张大千艺术博物馆等一批重大项目正加快建设；桂溪生态公园等11个形态优美、功能完善、场景丰富的建成园区，已全部对外开放或进入试运营阶段。锦城绿道正在逐步成为成都市民未来美好生活的一个主要承载空间，推动中心区转型发展的赋能力量，巩固拓展提升生活中心、消费中心地位的重要支撑，成为成都走向世界的一张城市名片。

主要做法：

一是通过塑造层次丰富的城市形态，打造高低错落，疏密有致的环城界面，同时引导绿廊向城区内部延伸，通过城绿相间的组团布局，构筑城绿相融的共生形态。建成后将产生良好的生态效应，即人均增加10平方米绿地，形成133平方千米生态公园、20平方千米生态水系、24平方千米城市森林、

8条一级通风廊道，保护35.2平方千米基本农田。

二是植入多元化场景业态，打造绿色消费带。大力实施“绿道+”，加快绿道科普研学基地布局，集中呈现一批农耕文化、生态保护、国学知识、金沙文化等特色科普研学点位，打造市民文化生活的绿道特色场景；举办“豆瓣红国际嘉年华”，7座单体建筑国际设计竞赛、“天府绿道SUP浆板国际公开赛”等各类活动百余场，积极倡导绿色、健康、时尚的生活方式，积极培育绿道“流量经济”。据中国科学院成都环境研究所初步估算，锦城公园建成运营后每年生态服务价值量约为269亿元，预计可以产生40年以上的持续性效益，总价值可达1万亿元以上。

三是创新运营管理模式，连接公共服务带。开创运营管理“新模式”，创新模式实施“绿U+（绿友家）”自营服务综合体项目，整合园区“便民服务驿站、绿道公交枢纽、特色商品销售”三大核心功能，聚焦“旅游咨询、公益宣传、投诉受理、生活服务、轻食餐饮、便民零售、智慧管理”等多元服务内容，提升园区系统化管理水平，实现锦城绿道经营性需求与公益性特征有机融合，形成“3+X”运营管理模式，探索积累“绿道经验”。构建共建共享“新平台”，挖掘孵化核心业务，摒弃传统发展思维，以市场化发展为导向，牢固树立“合作+”发展思路，聚焦独角兽企业、专业化公司、农村合作社等，借力其在资源调动、投资牵引、市场竞争和品牌影响等方面的优势，按照“小总部+大产业”“总部资本层+下属专业化公司执行层”架构，全力打造一批专精特新，具备核心竞争力的专业化公司，搭建全民共建共享发展平台，实现企业借船出海。

2. 催生多种业态孵化，营造活力运动聚集地

天府绿道公园场景将公园场景营造融入天府绿道建设，重塑天府蓉城绿色动脉新格局。以区域级绿道为骨架，城市级绿道和社区级绿道相互衔接，构建天府绿道体系，串联城乡公共开敞空间、丰富居民健康绿色活动、提升公园城市整体形象。

突出运动时尚主题，创新多元化运动场景。滑板、攀岩、潜水、滑冰、电竞等时尚运动被赋予了愈加明显的娱乐和社交属性，相较传统竞技体育项目有着乐趣维度更广、尝鲜程度更深、参与性更强、代入感更多等特征。随着一线城市进入竞争激烈的存量市场，为拓展利用更多的户外运动空间，不断制造新的兴奋点，成都依托环城绿道体系，建设的一系列时尚运动公园场景逐渐受到青睐。

以江滩公园为例：江滩公园引入运动社交经济圈、社区体育产业链相关业态，成为先锋、科技、时尚的潮玩新场景。江滩公园营建的沙滩场景面积约 6200 平方米，设置休闲沙滩和运动沙滩。运动沙滩设有 5 个标准沙滩排球场和一个非标准沙滩排球练习场，采用专业排球场海沙；休闲沙滩约 3000 平方米，打造无边界泳池和周边银海枣植物景观，构建了集聚夏日风情的场景。公园内设置 2000 平方米碗池滑板运动场，通过起伏光滑的曲面，搭配 3D 艺术画，凸显运动城酷炫刺激的场面，激发体验者兴趣和热情。公园内植入的竞技单车、光感攀岩、能量跑酷、电竞足球等智慧体育项目，既休闲健身又寓教于乐。江滩公园设置皮划艇、水上自行车、圆形家庭船等时尚、新兴水上运动项目，有效利用公园水景，推动“公园 +”生态价值向经济价值转化新路径。江滩公园作为成都规划总长 1.69 万千米的天府绿道上的重要节点，已成为成都众多热门目的地中的新晋网红。

图 6—2　江滩公园沙滩排球场和网红泳池

3. 叠加多元化功能需求，编织安全舒适绿道网络

天府绿道公园场景能够搭建起多元化的生命通道，辐射最微小的社会单元，通过绿道公园形态修补、业态提升、文态植入、生态修复和心态改善，构建慢行优先、绿色低碳、活力多元、智慧集约、界面优美的社区绿道网络体系。温馨、安全、舒适的公园绿道往往是最贴近民生、接近生活的空间载体，居民的出行需求、功能需求及心理需求都应在绿道公园场景中得到满足和实现。

关照社区多元需求，构建出行绿道场景。首先，成都始终坚持以人民为中心的发展理念，为使居民出行更加便捷高效、更加舒适安全，天府绿道公园场景辐射城市微量绿道网络的建设，加速推进了全市背街小巷整治和"两拆一增""回家的路""上班的路"社区绿道建设工程。其次，以"需求"为导向叠加多元化功能，将生态功能与休闲、健身、游憩、科普、文化体验等多元化功能在出行绿道中串联起来，使居民得到多元体验。

以"回家的路"为例，"回家的路"社区绿道建设是成都"十四五"时期重点推进的幸福美好生活十大工程之一，按照《"回家的路（上班的路）"社区绿道建设工作指引》，聚焦市民回家的"最后一公里"，实施形态修补、业态提升、文态植入、生态修复和心态改善，构建慢行优先、绿色低碳、活力多元、智慧集约、界面优美的社区绿道网络体系。在绿道建设中，利用街边开阔地带设置休憩驿站，秉承小型化、便利化的布局特色，植入新经济业态、提升商业品质。同时，依托天网和“雪亮工程”打造安全绿道平安社区，突出书店、花店、商店、咖啡馆“三店一馆”基本生活服务配置，营造温馨生活场景，让市民走一条可享生态、文化、休闲多重体验的绿道。

图 6—3 “回家的路”社区绿道

专栏 6—3

修复连片成网生态湿地走廊，塑造功能复合型场景

——简阳市沱江绿道

简阳市城区防洪及生态湿地走廊工程沱江绿道（G段），位于简阳市东城新区沱江东岸G段已建防洪堤与滨江路之间，北起石桥电站南到文教卫生花园，全长约3千米，面积约13万余平方米，是龙泉山东侧沱江发展轴的重要项目。

主要做法：

一是坚持生态优先，巧取生态的灵动和环境的本真。依山有秀丽龙泉山山脉，傍水谓沱江水脉，沱江绿道自然气息浓郁，重视生态保护成为设计理念的核心之一。绿道建设将城区沱江防洪和生态湿地走廊工程一并打造，巧取生态的灵动和环境的本真，追求“虽由人作，宛自天开”的极致效果。堤坝以下的河滩湿地公园，设计充分尊重自然，让河滩地保有原来的岸线；让流水做功，形成蜿蜒的滩涂、岛屿，地势低洼处形成湿塘；碎石路面自然生态，就地取材，利用原有河石，植物选择适宜当地生长的水生植物。整个湿地公园做到低成本低维护，不仅具有良好的水土保持作用，还为动植物提供了优良的生态栖息地。

二是推动绿色创新，追求生态生活生产功能的复合。沱江绿道以海绵城市理念建造，将植草沟、下凹绿地贯穿于整个绿化系统，步行道和骑行道均采用透水材质，可将地面渗透的雨水收集利用，实现了雨水的渗、滞、蓄、净、用、排等多重功能。通过城市形象段、城市运动段、城市休闲段和城市滨河湿地公园四个区段，差异化、特色化塑造了集城市露台、文化展廊、运动乐园等多种功能为一体的复合型绿道形态，得到了广大市民的高度评价。

三是提升城市形象，凸显城市文化特质传承文脉。沱江绿道坚持将开敞通透的植物景观与小巧精致的花镜景观相结合，合理搭配花灌木与常绿乔木，形成四季有景、四季有花、层次丰富、移步异景的景观；以水舞广场、百草乐园、远航乐园为载体，通过景观雕塑、文化展示窗、文化展示廊架等充分展示简州历史文化、水文化、码头文化、航空文化等简阳丰富的人文内涵。

四是注重人的体验，打造亲切自然可感可及的空间。沱江绿道在打造过程中将步行道与骑行道分开，骑行道临江而设，视野开阔，让绿道形成一个可以观山观水、观绿观城的景观通道。步行道精致小巧，用微坡地形替代单调传统的平坦路面，使景观更加立体丰富。同时，该段绿道全段设置3级驿站2处，4级驿站2处，为市民运动游览之余提供了充足的休憩场所。

五是促进业态培育，融合娱乐消费场景促进价值转化。沱江绿道北段打造了以风帆广场、健身场地、景观小桥等多个小空间组合的休闲区域，通过儿童活动区、远航乐园、健身区、足球场、休闲活动区等节点的设置，为市民提供全时全龄的运动健身休闲场所。南段以简约有效方式，通过连续的树阵形成滨河林荫道路，成为滨水空间的一条林荫特色段。同时，将休憩驿站设置与绿道整体形象搭配，与便民惠民职能结合，引入书吧、咖啡馆、轻音乐水吧、文创、小超市等商业形态，营造了城市消费新场景。

天府绿道公园场景的营建重点是架构成都生态骨架、培育城绿运动空间、编织绿色安心绿道，沱江绿道G段是成都践行新发展理念、全面落实习近平总书记关于“突出公园城市特点，把生态价值考虑进去”重要指示精神的全新实践。绿道是一块生态“压舱石”，通过保护生态本底，培育生态廊道，推进水土修复，连通河湖网，形成蓝绿交织、清新明亮的布局。同时，它也是一台经济“引擎机”，能叠加生活性服务业和创意经济，形成一种新的消费场景，在天然的新经济应用场景里，植入文创、体育、休闲、旅游等各种元素，不断催生出新业态、新模式、新经济。它更是一架创意“太空舱”，融入科技元素，与未来互动，为市民创造新的生活场景。

图 6—4 沱江绿道运动乐园

（三）延展生活体验新维度：美田弥望的乡村郊野公园场景

乡村郊野公园场景，是指坚持农商文旅体融合发展观，以全域旅游思维和现代农业形态重塑大地景观，以特色镇为中心，以林盘聚落为节点，以绿道串联，植入创新、文化、旅游、商贸等城市功能和产业功能，通过“整田、护林、理水、改院”重塑川西田园风光，打造美丽休闲的乡村田园公园场景。本场景旨在引导社会资本、消费生态有序进入乡村郊野，创新公园城市场景的乡村表达。乡村郊野公园场景营造的主要做法有：一是加强乡村基础设施建设，充分挖掘、创意利用当地历史文化资源，探寻更适合当代新型现代化乡村的生活方式；二是积极培育文旅业态的成长，加快生产要素的引入，利用跨界融合的产业力量和科技赋能的创新力量，实现乡村振兴的远大目标；三是重点关注产业融合过程中，各利益相关方共建共享的创新模式。因此，乡村郊野公园场景重点关注生活体验、产业融合、共享共建等方面，依托生态本底吸引先进生产要素集聚，从而实现美丽乡村的场景营建。

1. 加强乡村基础设施建设，合理保护性开发文化资源

乡村郊野公园场景能够实现就地保护与自然生态、异地更新与

协调一致、因地制宜与体现特色、利于操作与公众参与的相互平衡，通过具体场景营建拉进人与自然的距离、加速人与自然的和谐共生，带动乡村振兴、带动城市与乡村的融合。

积极推进乡村基础生态建设，培育乡村物种承载的乡土文化和野趣生机。一方面，推动传统农业转型升级，通过整田、护林、理水、改院，加快绿道、驿站、污水管网、旅游厕所、5G 网络、供排水系统等基础设施建设；另一方面，乡村郊野公园场景探讨的是乡村的秩序与精神，运用鲜明地方特色的乡村体验，留住并唤起浓浓的乡村情结。

专栏 6—4

用“文创 +”撬动全产业链发展的振兴新模式

——蒲江县甘溪镇明月村

明月村位于成都市蒲江县甘溪镇，面积 6.78 平方千米，依托茶山、竹海、松林等良好的生态环境和 4 口古窑历史文化资源，坚持合理保护开发利用文化资源，以文化传承铸乡村振兴之魂。引入陶艺、篆刻、草木染等文创项目及艺术家、文化创客，形成以陶艺手工艺为主的文创项目聚落和文化创客集群，悉心打造出“文化中心”“陶艺手工艺文创区”“林盘民居创客院落”“茶山竹海松林保护区”各类功能区域，走出了一条农商文旅融合发展的振兴乡村之路。

主要做法：

一是坚持农商文旅融合发展，以跨界融合强产业发展之基。打造“茶山竹海”特色农业。建成有机茶叶基地 2000 余亩，建成雷竹园区 6000 余亩；“茶山竹海”既是明月村的特色景观又是村民的收入来源，也构成了良好的生态本底。大力发展文创+旅游产业。依托“茶山竹海明月窑”等特色资源，由村委会牵头村民入股，成立明月村乡村旅游合作社，推出茶园采摘、竹林挖笋、自然教育、制陶和草木染体验、美食品鉴等项目，引导村民发展“谌家院子”“饮食唐园”“门前椿宿”等创业项目，建设家庭旅舍，打造出集家庭农场、林盘民宿、农事体验、研学课堂于一体的旅游新业态；开发了明月茶、明月果、明月笋、明月染、明月陶等系列明月造旅游商品，实行线上线下同步销售，产品附加值显著提升。加快发展文创产业，引入蜀山窑、草木染工房、明月轩篆刻艺术博物馆、火痕柴窑、呆住堂艺术酒店、有朵云艺术咖啡等文创项目，打造多元化的文创产业集群。

二是坚持在绿色发展上下功夫，以林盘修护塑生态宜居之形。加快推动传统农业升级，遵循“绿水青山就是金山银山”的发展理念，加速推进茶山、竹海、松林等生态资源保护，推动传统农业转型升级，整田、护林、理水、改院，积极推动绿道、驿站、污水管网、旅游厕所等基础设施建设，实施明月环线大地景观提升及导视牌安装；加大川西林盘保护力度，围绕风貌景观塑造、地域文化挖掘、内部功能完善，建成占地77亩明月新村，保留了原生态川西林盘韵味，体现传统的川西民居风格；实施文创院落改造和林盘修护项目，注重保护原有林盘院落资源和地形、水系特征，保持原有青瓦、土墙风貌，高标准推进老旧院落改造提升。

三是坚持合理保护开发利用文化资源，以文化传承铸乡村振兴之魂。深挖邛窑历史文化特质，将明月窑陶艺列入非物质文化遗产保护名录，在保护传承好明月窑陶艺的基础上，引进技艺和器形各有特点的蜀山窑、清泉烧、火痕柴窑等陶艺品牌；举办明月村“邛窑馆藏陶瓷展”和“明月国际陶艺展”，展示邛窑陶瓷和韩国、日本、德国等陶瓷制品；与国内外陶艺家开展陶艺文化交流。实施文艺进乡村行动，常态化开展摄影分享会、民谣音乐会、皮影戏、端午古琴诗会、竖琴田园音乐会等文化活动；打造《明月甘溪》《茶山情》《看了你一眼》等原创歌舞作品；出版发行首部新老村民共同创作的诗集《明月集》；明月讲堂定期开展特色培训讲座。打造明月村文化品牌活动，成功举办“中韩茶山竹海明月跑”“中韩陶艺文化交流会”，连续举办7届“春笋艺术节”（2012—2019）、三届“月是故乡明”中秋诗歌音乐会（2016—2018）等品牌文化活动。

四是坚持共商共建共治共享，以党建引领促乡村治理之效。积极探索“党建引领、政府搭台、文创撬动、产业支撑、公益助推、旅游合作社联动”发展模式，建立和完善以园区党组织为核心，村民委员会、明月乡村旅游合作社、明月雷竹土地股份合作社、3+2读书荟、社区营造研究机构“夏寂书苑”等社会组织多元参与的党群服务中心治理体系，打造新老村民互助融合、共商共建共治共享的幸福美丽新乡村。依托园区党群服务中心，开展党性教育、社区营造、公益文化、文创培训等，加强与新村民的联系服务指导，全力做好项目策划、要素保障、项目建设、开放运营、品牌推介，开展交心谈心商讨园区建设和产业发展，引导村民开展村容村貌整治、生态林盘院落改造和保护、发展第三产业，配套旅游服务设施，改善人居环境，提升园区承载能力。

2. 积极引入生产要素，加快培育区域经济发展增长极和动力源

乡村郊野公园场景能够推动生产方式和生活方式的变革，重点是在乡村的价值重新被人们认识和发掘之后，通过文旅产业赋能为乡村生态农业引流，实现人才、产业等城乡优质资源的双向流动。乡村郊野公园成为文旅商复合体系，催化生产要素在乡村中实现市场交换，不仅生物多样性持续得到增益，乡村的自然风貌、生活品质、产业发展亦能增效。

通过打造农林科创平台，以科技赋能农业农村推动提质增效。成都在乡村振兴过程中，努力降低要素流通成本，提高农林产业与其他产业协作配套水平，引导各类要素协同聚集。目前，通过技术、人才、资本等要素引入，成都已在郫都区战旗村、青杠树村，崇州市竹艺村等众多乡村构建了生产圈、生活圈相融合的产业生态，形成创新链、价值链相融合的农林要素场景。

以唐昌战旗五村连片规划区为例：当地政府大力发展现代农业，加快构建匹配不同层次人才需求的生态环境，推动农林产业专业化人才集聚。目前，以有机蔬菜、农副产品加工、郫县豆瓣酱及调味品、食用菌等为主导的农业产业实现规模化种植，良好的产业协作和创新平台，打造出“天府水源地”区域品牌，推动了“先锋萝卜干”与京东云创空间合作。在唐宝路发展带沿线依次串联农科研发成果展示与交流中心、大地艺术体验中心、四川省林科院茶研所等农林科产业载体，形成“一带串多点”的农林科创研发产业空间布局。

3. 强化集体经济造血能力，实现社区共建共享治理新模式

乡村郊野公园场景能够推动乡村社区由人为管理、执行、监管的主观治理向集体自我管理、决策、监管的智慧治理转变。社区作为一种社会地域共同体，是乡村治理的基本单位，是政府惠民政策落实“最后一公里”的重要环节。乡村郊野公园场景的营造有利于

推动社会治理重心向基层下移，有助于推动治理主体多元化、提升公民参与性、加强社会资本的有机融入。

加强科技赋能，共建共享共治社区。近年来，成都加强“政府负责、社会协同、公众参与”的社区治理体系的构建，创新多元主体平等协商、合作共赢的社区治理新模式。以民宿共建、农场共营、社区共享的发展思路，聚焦乡村农商文旅体融合发展，打通生态价值转化通道，走出了一条多元文化跨界融合、产业发展与社区治理同频共振的公园城市建设新路径。

以崇州市集贤乡山泉村为例：当地创建“社区共赢＋价值转化”的社区治理新模式，推行“公司＋集体经济组织＋农户”的经营模式，组建农商文旅体发展联合体，吸引新居民以文化创意激活乡村，鼓励老村民盘活闲置土地，将农村产业发展与农民创业就业结合起来，让村民充分享受发展红利。山泉村10组村民和成都市凡朴文化发展有限公司共同组建了崇州市凡耕农业旅游有限公司，村民以集体建设用地入股的方式，参与实施“凡朴生活”民宿项目，山泉村10组所占股份为15%，每年按照股份取得相应的收益，再将收益分配给村民，为保障农民收益，公司承诺每年保底分红不低于土地租金价格。推行“1+1+35”促进社区共赢，即在山泉村党支部与凡朴公司党支部的共同引领下，依托凡朴团队，带动林盘35户群众，成功孵化出凡朴鲜豆花、凡朴休闲苑、凡朴别院等特色农家乐，辐射带动周边土地股份合作社稻田综合种养2000余亩，近三年农村人均可支配收入年均增长率26.9%，逐步实现“农田变农场、林盘变景区、村民变股民”。

专栏 6-5

探寻林盘生态价值转换实践路径，创构空间营建深度场景

——川西音乐林盘

川西音乐林盘位于都江堰市柳街镇红雄社区，面积约 130 亩，26 户村民、75 人，森林覆盖率 51%，具有良好资源禀赋。都江堰市通过精心打造，延续了传统林盘“茂林修竹”“沟渠环绕”“蜀风雅韵”“生态田园”等特色，培育出猪圈咖啡、堰香阁农庄、音乐工作室、林盘诊所、大地景观等游客青睐的农商文旅体医多元融合消费场景，成为继七里诗乡之后都江堰市又一乡村旅游目的地和网红打卡地。2018 年，川西音乐林盘即被评为成都市首批 AAA 级林盘景区。

主要做法：

一是坚持生态优先绿色发展战略，重塑林盘生态。川西音乐林盘坚持生态优先、绿色发展，厚植生态本底、厚集绿色资源，顺应生态原色塑景，巧取生态的灵动和环境的本真，追求“虽由人作，宛自天开”的极致效果；实施完成改厨改厕改水改电后，坚持不破坏原有生态植被、不改变原有水系景观、不拆迁原有建筑遗迹的“三不”原则，动员群众进行原址重建、原屋修缮、原貌修复，推动优质生态和产业融合互促，实现生产生活和软硬件环境与景区环境同步匹配。

二是持续深化场景创构和空间塑造，做美林盘形态。都江堰市始终坚持“景区化、景观化、可进入、可参与”理念，将川西音乐林盘及周边区域作为整体的开放式旅游目的地来规划打造；按照生活实用性、乡土记忆性和旅游观赏性需求，坚持就地取材、变废为宝，完整保留茂林、修竹、古井、小桥、流

水等原乡肌理和田园特色，做到每个规划充满创意、每个角落尽善尽美、每个细节体现特色；通过新建水境音乐舞台、国乐小剧场、五线谱绿道等音乐主题元素展示平台，在内部植入风铃廊、黑白琴键等音乐互动体验场景，并且与创意搭配、点缀布局的废弃碾盘、猪槽等传统农用工具共同形成微场景和微景观，打造出一个中国风和文艺范十足的乡村林盘。

三是立足当地的诗歌文化和农耕文化，做活林盘文态。川西音乐林盘将“文化为魂”理念贯穿于林盘开发建设始终，立足源远流长的诗歌文化和农耕文化两大特有品牌文化，深入推进文化与旅游相融互动、融合发展；依托“首届中国农民丰收节”“中国·都江堰田园诗歌节”等主题旅游活动，吸引舒婷、杨牧等当代著名诗人作家成为“新村民”，并引导村民成立柳风农民诗社，开展乡土诗歌集中整理、展示和创作，成功打造属于自己的文化IP。

四是加快农商文旅体医融合发展，做优林盘业态。川西音乐林盘大力推进田园变景区、农房变客房、农特产品变旅游商品，在林盘中动态植入音乐、艺术、浪漫等现代元素，依托引入的阿坝师范学院川西音乐原创工作室、陈明志声音景观工作室2个音乐创客项目，培育音乐创作及演绎、特色餐饮、民俗体验、花园婚庆、林盘诊所等10余种农商文旅体医业态融合发展；带动周边开发原乡民宿接待床位100余张，定期举办乡村民谣音乐会等主题旅游活动，开发出稻草编艺品等30余种旅游纪念品和伴手礼，实现传统观光游向兼顾休闲度假与深度体验游的转变。

五是建立长效管护机制强化共建共治，做好林盘活态。建立以党员干部带头示范、动员群众共同参与的林盘长效管护机制。注重发挥新乡贤在院落治理中的作用，并引导社区组建“一组三会一联盟”(以林盘院落为单位的党小组、议事会、管委会、监事会、乡村旅游联盟)，将林盘管理纳入村民自主管理的治理体系，形成了党小组提议、议事会决策、业委会执行、监事会监督的群众自治体系，实现院落治理问题有人收集、处置有人研究、落实有人负责、效果有人监督。

美田弥望的乡村郊野公园场景的营建重点是改造乡村生态基础设施之后，积极引入乡村振兴所需生产资料，创建集体经济共建共享新模式，让居民成为乡村真正的主人。川西林盘就在各个林盘聚落植入商务会议、文化博览、民宿度假、创客基地等多样功能，实现农商文旅体融合发展。让人们在感知乡村田园美景的同时，还能参与和体验丰富的活动，使得川西林盘既是故乡，也是共同的精神原乡。

（四）激活城市绿量微细胞：清新宜人的城市街区公园场景

城市街区公园场景，是指按照“公园＋”布局模式，植入新功能新业态，凸显社区文化主题，构建绿色出行体系，打造亲切宜人的城市街区公园场景，从而形成公园式的人居环境、优质共享的公共服务、健康舒适的工作场所。构建清新宜人的城市街区公园场景的主要做法有：一是提升小尺度空间生态景观的水平，针对街区内不同人群需求，营造多种生活化街区场景；二是完善智慧出行系统，让居民在生态中享受生活、在公园中享有服务，引领形成绿色低碳、简约高效的生活风尚。同时，城市街区公园场景有利于推进城市“金角银边”合理利用，点亮城市空间，进一步提升城市精细化管理水平。由此可见，城市街区公园场景将促进人情味、归属感和街坊感视为本场景中宜人宜居宜业的本质回归。

1. 聚焦小尺度城市空间生态景观营造，畅想美好生活愿景

清新宜人的城市街区公园场景基于小尺度城市空间的多样性、丰富性、细微性来承载和实现生态价值向生活价值转换。小尺度公共空间的营造是在尊重现有城市空间格局的基础上对存量空间资源的挖掘，通过修补城市功能，能够实现历史传承并塑造时代风貌。同时，多样化的小尺度公共空间尊重多元利益群体的价值观和空间需求，增加社会生活丰富性，承载了多元化的社会阶层，为社会稳定和可持续发展奠定了基础。

加快街区"微更新"，推动"城市修补"进程。通过美学理念、园林艺术持续深化通风廊道、天府绿道、公园绿地、社区街景设计，实现公共空间与生态环境相融合、休憩需求与审美感知相统一。通过公园场景营造，增加非正式会面的机会，有效促进守望相助的邻里交往，积极发挥社区网络建构和社会资本再生产的作用。

以成都市"公园式特色街区"为例：成都市以最贴近市民的"街区"为小切口，每年打造一批"公园式特色街区"，营造宜居宜商宜业的魅力城市环境。"公园式特色街区"选择在历史文化片区、特色商区、居住社区等区域（中心城区 10 万平方米以上，郊区市县 5 万平方米以上），综合利用植物雕塑、棚架绿化、墙体绿化、花镜等多种绿化形式，统筹结合行道树增量提质、立体绿化、拆墙透绿、花重锦官、小游园微绿地建设、园林式居住小区和新农村绿色家园建设等各项工作，整体提升街区总体环境，集中塑造绿量丰满、特色鲜明的绿化区域。

2. 完善轨道交通慢行系统，激活绿色智慧出行

城市街区公园场景能够促进智慧交通与智慧城市的深度融合，通过绿色交通发展水平的提升，展示一个城市绿色发展和治理能力的综合体现。通过城市街区公园场景营造，不断创新交通管理模式，将更好地满足人们对智慧出行、绿色出行的美好生活需要，提

升人们对高质量发展所带来的高品质生活的获得感和幸福感。

成都始终以“推进公交线网规划优化，加快慢行系统建设，加强非机动车管理，不断完善绿色交通体系”为工作重点，通过轨道交通引领城市发展，促进中心城区加密成网、产业功能区加速覆盖、成都都市圈加快成环，带动人口产业科学集聚、城镇体系有序布局。以 TOD 开发为重点，以交通圈、商业圈、生活圈“多圈合一”为目标，成都绿色化、电动化、智能化、网联化、共享化的跨界融合发展趋势正在重塑出行产业和出行方式，引领形成绿色低碳、简约高效的生活风尚。

专栏 6–6

以释放滨水慢行空间为手段，加快构建绿色交通体系

——临江道路绿色智慧治理场景

锦江绿道是天府绿道体系中的核心“一轴”，作为区域级绿道，北起都江堰市紫坪铺水库，南至双流区黄龙溪古镇南，途径都江堰、郫都、五城区、高新、双流、天府新区 10 个区（市）县，串联紫坪铺、三道堰、黄龙溪等 9 个城镇，绿道全长 240 千米。截至 2019 年底，锦江公园范围内绿道建设累计开工 64.2 千米（占总量 96 千米的 67%），其中已建成 30.1 千米；建成开放翠风苑、成华公园、江滩公园、府河摄影公园、猛追湾河道外侧观景平台、望平滨河商业街等重要节点；锦江自行车专用道（南二环至南绕城段）、音乐广场段、闲亭等项目正在建设中。绿道遵循“治水、筑景、添绿、畅行”的实施路径，厚植“成势”之基，瞄准基础设施短板，聚焦生态价值转化，大力开展水生态治理、交通重组、景观提升、风貌治理、社区治理、照明提升、业态提升、文旅策划、品

牌塑造等“九大行动”，在道路绿色智慧治理方面初见成效。

主要做法：

一是坚持“车退人进”，加快慢行街区打造。本着“临江道路机动化交通后退一至两个街坊”的思路，细化设计望平滨河路、天祥滨河路、水津街、均隆滨河路、猛追湾滨河路、游乐园滨河路、天仙桥滨河路等道路交通重组方案，通过合理规划绕行路线，加快街区的慢行化改造。

二是坚持“绿色优先”，释放滨水慢行空间。为确保滨水一体化慢行空间的安全、舒适和品质，制定多层级的“限车行、优慢行”交通管理措施。针对交通绕行和转移后可能进一步加剧部分交通节点拥堵的情况，遵循“点上问题、面上疏解”的交通组织优化策略，充分挖掘“小街区、密路网”道路资源，取消第二三街区路内停车泊位。

三是坚持“交通先行”，构建绿色交通体系。实施跨线慢行桥梁建设，加快合江桥改造，推进铭悦府慢行桥、小沙河慢行桥、东篱翠湖慢行桥等桥梁建设；推进锦江绿道与“回家的路”“上班的路”紧密结合、成网成链，构建“轨道＋公交＋慢行”的绿色交通体系，促进城市绿色低碳发展。

专栏 6—7

串联人文街区生活新地标，推行街区生态慢行场景

——天府锦城

天府锦城是成都历史城区所在，历史内涵丰富，时间跨度悠久，历经 2000 多年的空间格局演变，成为当代成都文化资

源最密集，景点最精华，生活最原真的场景。天府锦城以塑造“公园城市”历史街坊为目标，依托天府锦城的深厚文化本底和历史文化旅游资源，传承里坊古巷、三国遗迹、名人故居等历史文化元素，以天府锦城“八街九坊十景”建设为重点，以ETC（生态 + 公交 + 文化）为基本模式，再现“两江环抱、三城相重”格局，保护历史文化，完善旧城功能，优化旧城生态，植入现代产业，实现旧城复兴，让传统老街实现古今文化交相辉映，让市民居住环境不仅得以改善，还能享受到改革发展带来的福利。

主要做法：

一是以生态为基础，推进街道环境提升。按照公园城市理念，推进城市“纵深趋优”和贯通“毛细血管”，高水平实施锦江沿岸12条街巷打造，建设天府文化公园、锦江公园等重点生态项目，实现街坊里巷社区品质和城市功能的全面提升，打造“创新创造、优雅时尚、乐观包容、友善公益”的浓厚氛围；紧扣保护和传承好“城市乡愁”和“人文记忆”，在片区城市更新中大力实施“多留少拆、多改少建”的“留改转”模式，以场景打造，活化载体空间，激化片区活力；对建筑载体、街区小巷等进行提升打造，嵌入式发展多元功能业态，串联区内各大文旅地标的“全域旅游场景”，充分展现天府文化新名片。

二是以交通为支撑，推进街道功能升级。建立“轨道 + 公交 + 慢行”的立体交通体系，构建“两环八线”的慢行游览系统。推出华西医院“绿色畅行”交通组织、熊猫基地“快进慢游”景区交通组织、太古里“活力步行”商圈交通组织等系列精品，在解决城市交通拥堵难点问题的同时，增强了群众体验，提升了城市品质。创新“专业支撑＋群众参与”的评估机制。探索运用“成都市综合交通模型”技术平台等，作为支撑“天府音乐坊”“锦江公园”等重大项目和“少城小街区示范区”等重点片区交通承载能力分析的科学依据；同时在制定影响范围较大的交通组织优化方案过程中，主动加强与社会各界、广大群众的有效沟通。

清新宜人的城市街区公园场景的营建重点是漫步城市街区时被环境的安全感和内心的安定感所环绕。以往的街道设计只关注地上空间，天府锦城却注重地上地下一体化系统考虑，结合 TOD 站点、地下通道、过街天桥、二层连廊等进行一体化设计，统筹完整街道空间及交通、功能、文化、形态和设施等各个方面，打造地上地下连通的一体化街道。同时，天府锦城项目修旧如旧的“微整形”模式成了改造的重点，这样一来，既保留了老成都的记忆，又完成了城市生态景观的优化，这些完成改造的区域也被大家戏称为“最熟悉的陌生人”。

（五）畅想城市交互的无限可能：时尚优雅的人文成都公园场景

人文成都公园场景，是指通过文化内涵表达、风貌特色营造、环境品质提升、品牌活动推广等方式，提升公园场景的品位与品质。强调从人的感受出发，强化天府传统文化传承与现代文化要素的彰显，构建面向不同群体的多元文化场景，形成意象鲜明、丰富多彩的人文体验。营建时尚优雅的人文成都公园场景的主要做法有：一是深度挖掘巴蜀文化的当代表达，培育城市时代文化气息；二是塑造承载文化活动的开敞空间，打造“三城三都”城市品牌，形塑成都的鲜明特质、稳定肌理和人文印记。由此可见，时尚优雅的人文成都公园场景着力发掘和展示成都的文化沟通能力和全球传播能力，打造城市绿色公共生活客厅。

1. 创新巴蜀文化在生态空间中的现代表达，构建丰富多彩的人文体验

人文成都公园场景能够培育符合成都城市风貌特征和人文气质的未来城市发展模式，不仅强调成都传统文化底蕴传承，同时关注当代创新精神提升。独具特色的巴蜀优秀传统文化承载着成都人民的精神世界，是民族特质和集体人格的具体体现。人文成都公园场景将其从传统文化的抽象概念与范式化叙事中抽离，以润物细无声的方式根植于成都人民的现代生活之中，让巴蜀优秀传统文化更好地走进当下、融入生活。

灵活运用诗词歌赋、人文典故等命名街道和地标，弘扬成都文化精神与民族气质，讲好“城市故事”。注入文化灵魂的建筑、桥梁、街道、厂房、遗址、村落、雕塑等文化标识，诠释着成都的城市发展印记和城市发展脉络，凝练出众多城市文化符号，不断唤醒成都居民的共同文化记忆。

以成都市郫都区为例：注重城市风貌规划，将传统文化元素融入城市规划设计。郫都，历史文化悠久，人文积淀深厚。2700年前，望帝杜宇、丛帝鳖灵在此建都立国，教民农桑，治水兴蜀，成为古蜀文明发祥地和长江上游农耕文明的源头。郫都区遵照公园城市规划定位和郫都城市功能定位，加大城市人文资源保护和有序开发利用，厚植城市文化底蕴，培育城市文化气质。注重从郫都历史文化中萃取和提炼代表性的文化元素融入城市规划设计中，从城市建筑风貌到城市公共空间小品，乃至指示标牌等，都彰显出独特的郫都元素。而今漫步郫都，杜鹃路、望丛路、恭王巷、文庙街等承载着历史记忆的街名，都是郫都构建人文成都公园场景的务

实举措。

2. 借势“三城三都”城市品牌活动，培育城市开敞空间文化艺术氛围

人文成都公园场景能够进一步激活成都文化的当代价值，为成都建设世界文化名城添砖加瓦。成都2300多年的历史文化、商业文明、休闲习俗，孕育了成都发展文创、旅游、体育、美食、音乐、会展的深厚底蕴，构成了世界文化名城、旅游名城、赛事名城和国际美食之都、音乐之都、会展之都奋进目标的坚实基础。人文成都公园场景是“三城三都”得以实现的基础保障和路径方法，事关成都长远发展宏大事业，需要创造尊崇文化、传承文化、发展文化、创新文化的良好社会氛围和优越发展生态作为基石。

人文成都公园场景反映出的是城市由发达经济衍生高度文明的普遍规律，应从文化发展愿景、文化资源丰富度、文化创意经济、公众文化参与、文化辐射影响5个维度系统构建。城市开敞空间是最典型的“景区化、景观化、可进入、可参与”的空间类型，无疑成为城市文化建设的重要阵地。没有文化活动的支撑，城市空间将缺乏活力，因此在城市开敞空间中举办常态化、持续化的文化艺术活动成为人文成都公园场景的重要实现形式。

以成都2021年春节期间城市主题活动为例：通过丰富的文化艺术活动，全面展现公园城市建设硕果、蓉城千年烟火气息和锦江滨水空间美学。春节期间，成都共策划实施“3+1+N”主题活动100余场，其中，“3”即锦城公园、锦江公园、一环路市井生活圈三大系列活动；“1”即“扫花大道·集New成都”全民互动主线活动；“N”即依托全市公园绿道举办的春联文化节、提灯夜游、民俗巡游、元宵诗会、绿色生态产品品鉴会等各类主题活动。同时，成都还依托绕城锦城公园内外500米范围和已开放的锦城湖、桂溪生态公园、中和湿地、江家艺苑、青龙湖等园区，设置“点亮

锦城”“炫彩迎新”“神仙日子”“四园共贺”四大篇章，通过打造空飘气球群组、用星光灯装置高大乔木、用彩色灯带包边园区建筑等方式，营造最浪漫的空中奇观、最耀眼的夜空星光、最夺目的大地艺术。基于绿色开敞空间中上百场丰富的文化活动，重拾天府锦城的千年文化传承，唤起历久弥新的城市记忆，实现城市让生活更美好的营城初心。

（六）激活生态价值转化新动能：创新活跃的产业社区公园场景

产业社区公园场景，是指结合公园、绿地等开敞空间，以绿道串联时尚活力的产业核心与居住社区，植入产业、文创、居住、公共服务、商业、游憩等多元功能，满足各类人群的多元需求，打造创新引领的产业社区公园场景。营造产业社区公园场景的主要做法有：一是依托生态资源推动一二三产业联动，重塑生态园区空间地理。二是构建“产城融合、功能完备、职住平衡、生态宜居、交通便利”的城市规划新范式。通过打造创新活跃的产业社区公园场景，坚持产城融合理念，推动蓝绿空间体系与生产生活空间渗透融合，把产业功能区建成城市公园场景、生态招商载体和新型生活社区。

1. 搭建生态产品全产业链，优化生态产业园区空间地理

产业社区公园场景能够吸引农产品生产要素的跨区域集聚，有助于建设一批农产品加工园和技术集成基地，有效推动乡村特色产业发展。从生态学角度分析，农产品流动过程中伴随产生的生态功能跨区集聚现象，往往有利于提高资源利用效率，实现产业结构不断调整与优化。产业社区公园场景旨在突出规划引领、空间载体共享及生活型服务业植入等重点。

推进农业规模化、标准化、集约化，纵向延长产业链，横向拓

展产业形态，明确产业生态化和生态产业化是建成公园城市的重要引擎。一是要注重布局优化，在园区内统筹资源和产业，探索形成分工明显的格局；二是要注重产业融合，发展二三产业，促进主体融合、业态融合和利益融合；三是要注重品牌引领，培育园区公共品牌和知名加工产品品牌，创响本土特色品牌，提升品牌溢价。

以天府蔬香现代农业产业园为例：天府蔬香现代农业产业园积极发展全产业链模式，推进“一产往后延、二产两头连、三产走高端”，加快农业与现代产业要素跨界配置。以蔬菜、川芎作为主导产业，涵盖农业冷链、农业物流、农产品加工、农业会展、农业休闲观光等产业融合业态。一方面，依托蔬菜田园、生态水系等良好的自然本底及农业产业资源，建成蔬香广场、蔬香景田、蔬博会展中心、蔬香驿站、蔬香园艺馆、蔬香酒店等主要节点，打造濛阳农业主题公园三界蔬香智谷产学研基地，举办彭州首届“中国农民丰收节”暨第十届军屯锅魁美食文化节，积极构建集绿色有机农产品生产蔬香泉水休闲、乡村旅游为一体的农业观光环带，实现年接待游客 1200 万人次，农业观光旅游收入 33.8 亿元。另一方面，构建绿色全产业链，加快产业提档升级。以蔬菜全产业链为载体，提档升级莴笋标准化生产基地、大蒜标准化生产基地、菜稻菜农耕文化示范区、蔬菜科技展示示范区、农产品冷链物流加工示范区 5 大基地；建成国家级川芎标准化核心示范基地，全市川芎种植面积 6.2 万亩，年产量达 1.8 万吨，约占全国产量四分之三，实现川芎年综合产值 2.5 亿元；大力发展巨型稻及立体综合种养技术，种养面积达 6782 亩，年产稻田鱼虾米 4000 余吨、产值 5377 万元，实现亩均增收 1.2 万余元。

2. 推进产城相融、职住平衡，建设生态招商体

产业社区公园场景能够通过建设具有核心竞争力的现代产业

功能区，加快产业转型升级，实现提升产业能级、深度参与国际产业分工的愿望。成都科学规划绿色低碳的城市空间，统筹推进东进、南拓、西控、北改、中优，坚持产城融合，突出职住平衡，积极优化城镇空间格局，合理控制人口数量，形成更有效率、更可持续的城市综合承载体系。因此，营建产业园区公园场景能够加快构建绿色低碳的城市产业体系，加快构建绿色低碳的能源体系，加快构建绿色低碳的交通体系，加快构建绿色低碳的消费体系，达成经济增长、社会发展、资源利用及环境保护等方面的可持续发展。

成都积极探索“生产生活生态”相统筹的公园城市发展空间，着眼产与城的融合，探索行政区与经济区适度分离，坚持产业功能区独立成市，摒弃摊大饼模式，变职住分离的工业园区为功能复合的新型社区，形成多中心、网络化空间布局；着眼产与人的匹配，建设高品质科创空间、高标准人才公寓，依托创新创业环境优势和生活成本竞争优势，引导人力资源向专业化社区集聚；着眼产与链的协同，以生态圈理念为引领，聚焦主导产业细分领域，推动上下游、左右岸就地布局，配套链、供应链、创新链整体成势，构筑高质量发展的比较竞争优势。

以国际川味小镇为例：提升产业园区生态价值转化价值，助推川菜全球化战略。安德街道内的川菜产业园已聚集企业 88 家、开工投产 78 家，年产值 140 亿元，创税 4 亿元。为重塑产业经济地理和空间结构，创新要素供给、加快构建产业生态圈，安德街道完成园区控规调整和 9.4 平方千米产业新城城市设计，完善 15 分钟生活圈的构建。打通横河绿道，完善镇级绿道系统，将园区和徐堰河绿道、活水公园以及安龙村、走马河绿道有机贯通，实现生产性服务业和生活性服务业集聚空间的相互交融，借此吸引优质企业、优秀人才、优美生态资源栖息。

三、成都公园场景营造的实践逻辑

公园场景营造有利于生态价值的多元转化，突出公园空间形态与产业功能的融合发展。做好公园场景营造要依托于科学深入的研究，要做好“三个结合”，即美丽诗情与公共效率的结合、生态尺度与生态价值的结合、功能区域与空间形态的结合，探索公园城市生态价值转化路径。成都实践表明，公园场景营造可以从四个方面入手，包括探索城市生态价值的多重内涵、注重提升公园场景的美学水平、注重培养公园场景的运维能力和创新公园场景营造体制机制等。

（一）探索城市生态价值的多重内涵

公园城市的生态价值有多重内涵，包括美学价值、人文价值、经济价值、社会价值等。以城绿交融之美、城市风貌之美、公园形态之美提升诗意栖居的美学价值；挖掘历史价值、精神价值打造人文价值；提升生产组织方式和营造消费场景，实现绿色低碳的经济价值；优化绿色公共服务供给，设置高品质生活服务场所，推行简约健康的生活价值；为世界提供理想营城模式，助力建设人类命运共同体，实现美好生活的社会价值。

深入研究生态价值转化策略。深入研究生态建设投入产出机制以及生态价值动态转化的内在规律，探索“以城市品质价值提升平衡建设投入的建设模式，以消费场景营造平衡管护费用”的发展模式，形成可复制可推广的生态投入产出机制和生态聚人、永续发展的营城模式。开展公园建设与新经济、夜间经济、周末经济研究，探索生态消费场景营造新路径，制定公园生态场景与消费业态融合指引。形成“园中建城、城中有园、城园相融、人城和谐”的大美公园城市形态与人文场景。

（二）注重提升公园场景的美学水平

公园场景重在诠释城市基底的设计感。秉持生态思维统筹生产、生活空间布局，顺应生态原色、创新天府文化、活化城市表达，以引领时代的创意设计和独具匠心的美学表达诠释城市特质、刷新城市“颜值”，促进文化传承和生态永续。

成都充分借鉴东京、伦敦、新加坡等先进城市营城理念，实现生态价值创造性转化引领营城模式变革。以“路”—“园”—“街”、“山”—“水”—“林”、“会”—“展”—“馆”等多维度生态场景营造提升策划与设计水平。一是营造多彩生活场景。打造“回家的路”“上班的路”“旅行的路”“儿童的园”“老人的园”“女人的街”等生活场景。二是营造诗意消费场景。营造“探险的山”“观景的山”“养生的山”“漂流的水”“灌溉的水”“雪域的水”“原始的林”“多彩的林”等消费场景。三是营造创意生活场景。组织“农耕文明生产场景再现与体验”“世界非物质文化遗产产品生产场景再现与体验”“现代工业文明生产场景观摩与体验”，营造城市全域公园景观场景，实现场景中阳光、水、空气、花、草、木、休憩、工作等要素和谐共生。

按照“景观化、景区化、可进入、可参与”公园城市建设理念，创新“创新策划—规划设计—投资建设—场景营造—生态产品开发—生态价值转化”流程，构建公园城市建设可持续发展新机制。

（三）注重培养公园场景的运维能力

公园场景重点关注场景营城理念的落地生根。因其功能的复合性、形态的多样性、业态的交互性、受众的广泛性、需求的多元性，使得公园场景对实际运营能力提出了较高的要求，努力在场景营造过程中实现市民生活品质改善、城市美誉度提升、土地资源增值、消费业态集聚的综合效应。

成都坚持以场景思维和场景逻辑谋划城市工作，注重场景营造的“四种能力”。一是突出场景统筹策划能力，坚持以未来视角、公共视角和消费视角开展场景研究，“走出去”学习国内外先发城市在场景营造方面的先进经验，注重场景营造与城市规划之间的统筹衔接，着手实施城市场景创新计划。二是突出场景政策整合能力，坚持将场景理念融入公共政策思考，善于对变化多样的场景问题进行政策回应，根据不同类型的群体和个人需求不断调整完善政策，以场景培育为重点组织城市机会清单，建立应用场景营造的政策工具包和发布机制。三是突出场景产品发布能力，善于发现场景、刻画场景、布局场景、营销场景，以“公园 +”“绿道 +”“林盘 +”“森林 +”等成体系策划包装生态场景，推动产品加速孕育、快速创新、升级迭代，策划举办新兴场景及产品发布会、展览会、推介会，主动释放场景驱动的城市机遇。四是突出场景市场运作能力，善于挖掘场景营造的市场潜力，处理好政府主导与市场运作在场景营造中的关系，创新形成兼顾公共性和经济性的市场化场景运营体系，推动社会资本和社会组织更好参与城市场景营造。

（四）创新公园场景营造体制机制

公园场景重点关注生态投资和价值转化的新模式。在公园场景营造的实践过程中，成都始终坚持短期利益与长远发展“综合平衡”，优质生态与高端产业“互促共进”，示范引领和梯次建设“远近协同”，公益属性与商业价值“两相兼顾”，依法依规和创新发展“先立后破”。

一是坚持政府主导。充分发挥党委、政府对公园城市建设总体设计和系统谋划作用，统筹推进项目策划、征地拆迁、资金保障等工作，确保公园城市建设衔接顺畅、保障有力和推进有序。

二是坚持市场主体。注重发挥国有企业平台功能、领军企业专业优势、社会力量创新活力，建立由国有资本控股的混合制专业公司，负责城市公园、通风廊道、天府绿道、城市绿地、社区街景的建设运营，鼓励支持引导专业化市场主体、农村集体经济组织等全面参与生态建设，提升生态项目的自我造血能力。

三是坚持商业化逻辑。以公园场景生态建设项目为载体，创新企业自主经营、国有资产租赁、多元复合经营等合作共营模式，共同开展场景营造、功能叠加、业态融合，以生态产品思维持续放大生态资源的增值效应，推动公园场景成为政府社会合作共营新模式的探索实践之地。

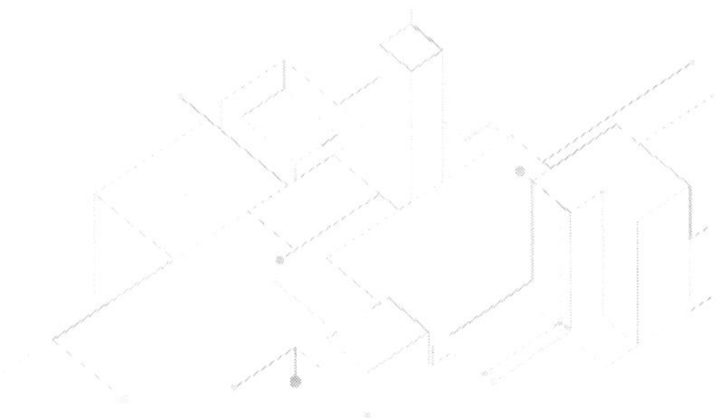

第七章

构建全域公园城市的成都场景方案

进入新时代，我国社会主要矛盾转变为人民日益增长的美好生活需要和不平衡不充分的发展之间的矛盾，必须坚持以人民为中心的发展思想，不断促进人的全面发展、全体人民共同富裕。这是中国特色社会主义城市发展的目标，也是我们开展营城实践与理论研究的使命。成都场景营城实践为我们观察新时代中国城市推动高质量发展和创造高品质生活目标的实现提供了一个宝贵机会。在本章，一方面我们将总结成都场景营城实践经验，回答场景营城作为一种践行新发展理念的公园城市的营城方案“何以可能”，另一方面我们将这种实践置身于新时代中国城市发展和全球城市发展视野之中，探寻美好生活导向下的中国城市理论“何以可为”。

一、城市作为追寻美好生活之地“何以可能”

“城市让人民生活更美好”是中国特色社会主义城市的本质属性与客观要求。尽管城市并不见得能够给每个人都带去美好生活，但城市的内在秩序要求保障美好生活追求、城市规划建设强调推动美好生活实现、城市的历史进程不断融合美好生活经验、城市的发展评价需要遵循美好生活标准，因而，城市对于居住在其中的每一个成员而言都是追寻美好生活之地。

正如习近平总书记所言："无论是城市规划还是城市建设，无论是新城区建设还是老城区改造，都要坚持以人民为中心，聚焦人民群众的需求，合理安排生产、生活、生态空间，走内涵式、集约型、绿色化的高质量发展路子，努力创造宜业、宜居、宜乐、宜游的良好环境，让人民有更多获得感，为人民创造更加幸福的美好生活。"① 因此，要在城市中保障美好生活、服务美好生活、创造美好生活，已经成为新时代城市发展的共识。

一旦将城市定义为"追寻美好生活之地"，如何在城市中实现美好生活便成为人们最关心的问题。"美好生活"是一个高度个体化、主观化的概念，而"城市"则是一个宏观的空间系统，要在城市层面实现美好生活，要么像勒·柯布西耶等国际著名规划师那样给出一套统一的城市美好生活标准并自上而下贯彻推进，要么自下而上考虑每一个人的美好生活期盼。但是，这两种思路都存在局限：前一种思路罔顾大众诉求的复杂性和城市自身的内在规律性，简·雅各布斯等学者们已经作了激烈批判；后一种思路只能得到高度碎片化的信息，最多可以推进一些微观项目，很难形成一个体系。

问题在于，能不能在微观的个人生活与宏观的城市概念之间架起一道桥梁，从而在城市层面推动美好生活建设呢？场景营城提供了解答这个问题的新思路。

场景赋予一个地方更多的美好生活体验和美学价值。基于此，

---

① 《习近平在上海考察时强调　深入学习贯彻党的十九届四中全会精神　提高社会主义现代化国际大都市治理能力和水平》，《人民日报》2019 年 11 月 4 日。

我们将场景作为黏合微观层面的个体生活和宏观层面的城市系统的中间概念：一方面，城市就是由一个个场景组成的，在场景中，市民、空间和活动集成在一起，成为城市日常运作的基本单元；另一方面，场景所具有的基于地点的生活美学意义并非管理者自上而下赋予的，而是在社会成员与空间的复杂互动中生成的，这样，场景便可以作为提升城市整体的美好生活体验的抓手，场景营城就变成了用美好生活来驱动城市发展的新路径。

以场景为抓手提升城市整体的美好生活体验和文化内涵，这一城市发展思路便是场景营城。具体来说，场景营城就是运用场景理念，有规划地创设一系列与城市需求相匹配的场景，将它们融入城市发展的总体脉络之中，不断提升场景的美好生活体验和文化内涵，广泛吸纳社会成员进入场景、享用场景、创造场景，最终达到激发城市活力、促进城市发展的目标。

成都实践向我们展示了场景营城何以可能、何以可为。场景营城的出发点是具体的、多样的人民美好生活需要，通过场景定义、场景创设、场景赋能、场景规划等探索，场景营城最终指向城市高质量发展和高品质生活目标。

因此，考察场景营城实践如何在成都展开，为理解新时代中国特色社会主义城市发展道路提供了宝贵窗口。

二、场景定义：从“成都精神”到“成都场景”

场景营城首先要解决“何谓场景”的问题。这不是要在抽象意义上探讨如何界定场景概念，而是在现实的城市生活中如何明确什么样的地点作为具有美好生活意蕴的场景。城市总是由无数“地点”组成的，地点（Place）不同于空间（Space），正如爱德华·雷

尔夫所言："地点既是经验性概念，也是经验性现象，它将人的自我、共同体与大地连接在了一起，也将地方性、区域性和世界性连接在了一起。"[①] 可见，地点包含了人、空间和社会关系，城市日常生活嵌入其中。但是，对不同的社会成员而言，城市的地点并不一定都是"好"的，有的"地点"是城市病理的表征，影响市民生活，甚至给人民生命财产安全带来威胁，这显然不是人们所期待的场景。那么究竟什么样的地点可以与"美好生活"联系起来？实际上，场景是个具有高度主体性、地方性的概念，每一位居住者都有资格定义其心中的场景，一个居民如何认识城市、怎么理解生活，就会如何定义场景。从这个意义上讲，城市中的场景纷繁复杂、多种多样，关于场景的理解千姿百态、和而不同，让各式各样的场景理解充分迸发、将各种各样对场景的期许纳入政策议程，这应该是推进场景营城的重要一步。

尽管场景是千姿百态的，但始终离不开"真"（体验真实、彰显认同）、"善"（感知价值、彰显规范）、"美"（生动表达、彰显魅力）的基本原则。正如中国美学家朱光潜先生所言："实用的态度以善为最高目的，科学的态度以真为最高目的，美感的态度以美为最高目的，真善美是三位一体的。"[②] 对于一个场景的评价，也可以从真（真实性）、善（合法性）、美（戏剧性）三个维度去衡量。

需要说明的是，强调场景的三个基本原则与承认场景的主体性、复杂性并不矛盾，恰恰相反，场景的三个原则只有落实到具体的场景定义之中才有价值，而这种定义的权力只能属于人民。总之，以人民美好生活需求为依据、以人民生动表达为抓手、以"真""善""美"三原则为指向，我们便可以尽可能多地识别出城市

---

① ［加］爱德华·雷尔夫：《地方与无地方》，刘苏、相欣奕译，商务印书馆2021年版，第22—31页。

② 朱光潜：《谈美》，湖南文艺出版社2018年版，第2—26页。

中的场景、尽可能全地把握这个城市场景的特征品质，从而为进一步创设全新场景、发挥场景作用、促进场景整合提供基础。

具体从成都场景营城实践来说，场景集中体现了城市的价值观念、生活方式与文化特质。因此，只有把握了一座城市的精神内核，才能理解这座城市中的场景意涵。成都的精神内核是“创新创造、优雅时尚、乐观包容、友善公益”。具体来说，“创新创造”是成都革故鼎新、善谋图强、开物成务的文化基因，特别体现为城市旺盛的创造力；“优雅时尚”是成都热爱生活、崇尚美好、形神兼备的品质追求，特别体现为城市的品质生活；“乐观包容”是成都达观向上、求同存异、兼收并蓄的生活智慧，特别体现为城市的开放心态；“友善公益”是成都天人合一、善良友爱、兼济天下的高尚力量，特别体现为人与人、人与自然的和谐关系。

根据城市精神的表述逻辑，成都从四个方面展现对于场景的独特理解，并形成了新经济场景、消费场景、社区生活场景、公园生态场景四大体系的城市场景框架。

首先，“成都场景”是创造机会的地方。从“创新创造”的城市精神出发，成都将“为企业创造新机会、为市民创造新生活”作为场景的基本要义，形成了为全球投资者、企业和人才的创新实践提供机会、创造可能的机会场景体系。应用场景体系涵盖了为城市创新创造提供机会、打造平台、建构生态的一系列场景，其中尤为重要的是新经济生产和城市智能治理等方面的应用场景。新经济生产场景聚焦产业升级和产品生产的新生态、新机会，包括工业互联网集成创新场景、产业互联网平台多层联动场景、数字化转型跨界融合场景、技术应用集成叠加场景等；城市智能治理场景则聚焦服务城市智慧治理方面的新机会、新需求，包括智慧政务服务、智慧城市运行、智能化风险防控、智能基础设施集成等。这些场景的建设为具有创造性的企业 / 人才提供了广阔空间与机会，场景形成后

会进一步形成生态效应，为供给更多创造性机会提供可能。

其次，“成都场景”是诗意栖居的空间。从“优雅时尚”的城市精神着眼，成都提出将“审美性”与“人文性”作为场景供给的重要维度，形成了立足城市文化风格和美学特征，向广大市民和旅居游客呈现城市诗情画意和时尚品质的消费场景体系。消费场景既聚焦城市之美，又服务商业发展，成都是历史悠久的文化名城与商业都市，基于自身特点，成都提出八类消费场景，即引领潮流时尚的地标商圈潮购场景、彰显市井文化的特色街区雅集场景、聚焦熊猫文化的熊猫野趣度假场景、展现城市之美的公园生态游憩场景、满足健身休闲需求的体育健康脉动场景、体现文艺格调的文艺风尚品鉴场景、提升居住品质的社区邻里生活场景和探索未来生活的未来时光沉浸场景。这“八大消费场景”彰显了时尚典雅、美轮美奂的成都风情，体现了生动活泼、舒适安逸的成都文化，积极促进将城市品质转化为消费潜能，推动城市高质量发展。

再次，“成都场景”是多元共享的场域。从“乐观包容”的城市精神延伸，成都将满足多元生活需求、保障多元共享作为城市场景的应有之意，着眼于全民参与、全龄友好、复合共享，形成了服务于睦邻友好、交通出行、托幼养老、管理服务、智慧健康等美好生活需要的生活场景体系。生活场景内容非常丰富，聚焦服务智慧生活，成都提出了数字化生活服务场景，主要是依托大数据、人工智能等新技术搭建数字生活综合服务平台，开展数字商贸、数字文旅、数字教育、数字健康、数字交通以及超级菜场等多种便民服务，一站式解决出行、买菜、旅游、教育、就医等居民生活需求。聚焦社区公共生活，成都提出了构建睦邻友好的服务场景、共治共享的治理场景、集体记忆的文化场景，从而促进社会交往、提升社区参与、重建社会纽带、激活社区文化。生活场景服务于人民生活便利化、精致化，也促进社会交往更加紧密、社会资本持续提升。

最后，“成都场景”是生态宜居的家园。从“友善公益”的城市精神展开，成都的场景概念非常强调“生态性”与“宜居性”，强调人与人、人与自然和谐共生，形成了推动生产体系、生活方式、生态环境绿色化，促进城市更加宜居宜业的生态场景体系建设。从内容上看，生态场景体系包括以下具体场景：一是清洁高效的低碳能源场景，聚焦清洁能源生产、推广、使用的若干情境；二是人地共生的城市空间场景，围绕绿色建筑、绿色交通等层面的空间营造；三是生态系统碳汇场景，面向城市增绿、护绿工程；四是绿色低碳生活场景，针对低碳节能的日常工作生活做出的情境设计。此外，成都还强调生态场景的价值转化，尤其要实现城市公园、城市绿地等在提升城市美学价值、人文价值、经济价值、生活价值、社会价值方面的功能。

三、场景创设：以“清单模式”营造成都场景

明确了“何谓场景”之后，场景营城的第二个问题是如何在识别、关注场景的基础上保护场景、扩展场景、创造适合的场景。创景创设意味着创造城市中的美好生活地点，不断增强地点的美好生活体验和文化内涵。

对于一个城市来说，场景的创设可以是自发的，每一位居民的生活、生产过程都可能是场景创设的过程，这些场景可能是毫不起眼的小花坛、别具匠心的工作室、儿童追逐玩耍的空地、老年人晒太阳的巷子口等。这些有机的、自发形成的场景是重要的，不应随意去干预或破坏。除此之外，场景还可以比较系统、具有某种规划性的方式创设，如城市管理者会根据居民需求和城市发展需要鼓励建设步行道、公园、咖啡馆、博物馆、剧场等。关于如何创设场

景，存在一些普遍性原则。芝加哥大学克拉克教授等人基于他们的研究体会，提出了创造场景的建议与原则，概括起来主要是明确目标、广聚良才、灵活应变、充分表达等内容。

首先是明确目标。场景的最终目的是服务于市民的美好生活，但具体城市中人们的工作和生活与什么样的场景联系在一起、如何联系在一起，仍然需要深入研究。因此，要进行场景的创设，首先要对人们的生活地点和工作地点进行分析，找到其中所蕴含的场景潜能，并在此基础上明确场景营造的总体承诺与具体目标。其次是广聚良才。场景的创设需要将各式各样的利益相关者发动起来，充分考虑政府、公民、社会活动团体、艺术家、企业机构等关涉群体的诉求与考虑，在其利益一致性下展开行动。与此同时，创造场景还需要把多种专长的人聚集在一起，发挥各自的专业与想象力，场景才能具有无限可能。再次是灵活应变。并不是所有的目标都能够实现，在制订计划和政策时，要扩大可选择的范围，不能只考虑单一的场景创设可能，也不能只考虑单一的场景项目，而要提供多种可能性。当然，“灵活应变”并不意味着随波逐流，不论怎样的场景安排都应该服务于其总体承诺，服务于特定社会成员的美好生活期待。最后是充分表达。场景的创设过程不仅需要“建设”，也需要“表达”。正如克拉克所言，必须用语言和逻辑解释场景为什么重要①，只有人们能够真正理解特定场景发挥作用的明确机制，了解这些场景为什么与他们的生活息息相关，人们才可能真正接纳它们，创造更多可能。

简言之，场景的创设是主体性与规划性相结合的过程：一方面尊重、吸纳和发挥社会成员的主观体验、美学感知与生活期许，用

---

① ［加］丹尼尔·亚伦·西尔、［美］特里·尼科尔斯·克拉克：《场景：空间品质如何塑造社会生活》，祁述裕、吴军等译，社会科学文献出版社 2019 年版，第 2—35 页。

场景表达他们的需要与诉求；另一方面则坚持科学精神与专业态度，让场景的创设不局限于自发、随机状态，提升场景营造的系统性、规划性。

具体到成都场景营城实践，随着场景体系的逐步建立，成都市更加明确地提出“把场景营造作为调适市民美好生活需要和现实发展条件的关键抓手”，将推动场景营造放到城市政策的重要位置。在实践中，成都遵循了推动场景创设的一般性原则，同时也具有鲜明的城市特色。国际场景营造采用的是一种园丁模式[①]，在这种模式下，新的场景创设实践是在已有场景“幼苗”的基础上进一步强化，使得“幼苗”长成“参天大树”。相比较而言，成都的场景营造始于“城市机会清单”，通过清单引领、策划先行、典型示范、统筹保障，让一张张“清单”逐步兑现为具体的场景，因此可以把成都的场景创设机制称为“清单模式”。

所谓城市机会清单，实际上是一种对城市发展与人民美好生活需求的系统性呈现方式。场景作为美好生活地点，是让人民美好生活需要切实落地的重要场域，这就要求在场景营造中必须实现需求端的新痛点、新问题、新需要与供给端的新技术、新模式、新方案有效匹配，从而产生良好的“化学反应”。为了实现场景中的需求与供给有效匹配，国际城市采取“广撒网、重点培养”，这就是所谓“园丁模式”。这种模式高度依赖城市场景的内生性，并不涉及对需求总体状况的把握，对场景营造的预期效果也很难明确。此外，场景营造中遭遇各式各样的失败在所难免，要避免“把鸡蛋放在一个篮子里”[②]。与上述模式不同，“城市机会清单”是在系统梳

---

① ［加］丹尼尔·亚伦·西尔、［美］特里·尼科尔斯·克拉克：《场景：空间品质如何塑造社会生活》，祁述裕、吴军等译，社会科学文献出版社 2019 年版，第 310—332 页。

② 同上书，第 335—355 页。

理城市复杂需求的基础上，着眼规划布局、基础设施建设、资源要素供给、解决方案遴选等多个维度，以项目化、指标化、清单化的表达方式，发布一系列具体而明确的需求清单，让供给端能够充分把握需求，从而有效配置资源，全面提升场景营造的精准性、有效性。近年来，成都围绕实体经济、智慧城市、“双创”平台、人力资源协同、消费提档、绿色低碳、现代供应链、公园城市、东部新城、国际消费中心城市建设、公园商业等定期发布城市机会清单。截至2021年，成都已经发布9批城市机会清单，释放清单达到3360多条，融资超过175亿元[①]，创造性地培育出一大批新型城市场景。

清单发布后，场景营造的重点问题就是整合资源、政策保障、效能保障，从而确保城市清单向具体场景转化。在资源整合方面，成都一方面积极构建“市—区—街道”资源配置联动机制，最大限度调动公共资源配置能力；另一方面鼓励大中小企业及社会组织组建场景建设“联合体”，促进场景建设主体技术、标准、渠道、人才等核心资源融通共享，形成了良好的场景建设新生态。在保障推进方面，成都聚焦场景建设运营关键环节、平台搭建、要素保障以及营商环境等方面，构建场景营城公共政策体系，出台《成都市人民政府办公厅关于印发供场景给机会加快新经济发展若干政策措施的通知》《成都市关于加强公园城市场景营城的指导意见（试行）》等系列文件，大力强化公共政策整合，聚焦最大化释放政策叠加效应。在品质确保方面，成都坚持“先策划后规划，无规划不设计”的原则，推动建设多元参与、跨界融合、协作共享的场景策划营造体系建设，同时注重建设过程中的共建共享监督机制和事后评估机制，确保场景建成后能够匹配市民需求。

---

① 《数说成都新经济 2021 · 场景篇》，2022年1月28日，见 https://g.gd-share.cn/p/qcg2j5dx#2。

四、场景赋能：以场景动能构筑“四个成都”

从“场景定义”到“场景创设”始终是在微观层面上探讨问题，但正如简·雅各布斯所强调的那样，城市是一个复杂的系统，而不是由一个个“地点”简单拼凑起来的马赛克。因此，要讨论场景的营城逻辑，就不能只关注作为地点的场景如何识别、如何创设，更要进一步探讨场景如何在城市系统中发挥作用，从而将场景潜能切实转化为城市发展的动力。自场景理论提出以来，研究者基于各国经验数据探讨了场景与多个城市变量之间的复杂关系，这些变量涉及经济增长、人口变化、地租变化、贫困率、犯罪率、收入水平、政治权力等[①]。梳理这些研究发现，场景赋能城市主要通过四种机制实现，即提供公共物品、纳入生产要素、形成磁力中心、激发治理行动。

首先，场景作为公共物品供给平台为城市发展提供重要保障。市民生活与城市运作有赖于公共物品的有效配置，城市中的“公共物品”与场景所提供的“舒适物”（如艺术馆、公园、博物馆等）范畴本身就是公共物品或是公共物品的承载空间。因此可以说，场景是城市公共物品供给的重要中心。为了使场景的公共物品配置方式更有效率：一方面，场景直接面向特定区域内的公共服务需求，从而能够优化公共物品的空间布局；另一方面，场景更加强调社会成员的特定偏好，从而能够提升公共物品的供给方式。

其次，场景作为独特生产要素为城市经济发展提供创新创意资

---

① 《场景研究网络》，2022 年 2 月 23 日，见 https://scenescapes.weebly.com/research.html。

本。城市的经济发展依赖于生产效率的提升，而生产效率又与创新创意密切相关，如何最大限度激发劳动者的创造能力，成为城市财富增值的关键。人们很早以前就认识到土地作为生产要素的重要性，但却未意识到，当“土地”作为具有特定文化特征的“地点”或作为“场景”时，同样对经济发展有重要意义。经验研究显示，那些能够提供更多选择的、自我表达的、打破常规的、令人着迷的场景对经济创新提供了关键性的刺激作用①。例如，一些杰出的科技公司之所以能够生产优异的产品，除了优秀的程序代码外，还离不开令人着迷的音调、配色、声音、情绪表达以及各种活动等元素系统集成的环境特征。因此，诚如克拉克所言，今天经济领域的创新者“每个人都是音乐家”②。

再次，场景作为磁力中心为城市散发吸引人群聚集的“蜂鸣”。场景因“人”而生，同时也成为吸引更多人参与其中、生活其间的磁场。斯托珀尔发现，随着大城市中的基础设施日益完善且同质性增强，地点的审美价值（作为场景的一个层面）开始成为吸引人们居住生活的重要原因，这促使了一批老旧城区的复兴。场景之美可以吸引一大批人，场景所蕴含的生活方式与符号价值也让特定群体趋之若鹜，具有特定宗教、民族、兴趣爱好、流行文化等元素的场景总是能够让志趣相投的人聚集在一起，持续激发人们的驻足意愿、消费意愿乃至留居意愿。对于文化场景中不断生产出来的能够吸引更多新参与者的符号资源，西尔和克拉克使用了一个颇为形象的概念——“蜂鸣”（Buzz）加以概括，“蜂鸣”总是通过场景的体验者发散出来，让场景的影响力能够超越一时一地，而成为一种持

---

① ［加］丹尼尔·亚伦·西尔、［美］特里·尼科尔斯·克拉克：《场景：空间品质如何塑造社会生活》，祁述裕、吴军等译，社会科学文献出版社 2019 年版，第 243—260 页。

② 同上书，第 260—279 页。

续性的信号。

最后，场景作为重要驱动力为城市治理持续提供社会资本力量。场景对于城市的影响力并不局限在经济、文化与消费等领域，一个被人们广为接纳的场景往往也是一个认同的中心与社会成员彼此连接的纽带，为了维护场景、激活场景、再生产场景，一系列社会行动便会展开。这些社会行动往往超越了场景本身，而对更理想的城市、更美好的生活提出要求。从这个意义上讲，场景提供了高度异质性的城市中极为稀缺且至关重要的资源：社会资本。它可以让人们产生联系、形成信任，也让人们能够超越私利的限制，为实现公共利益而展开行动，从而激活了城市的公共性，让多元治理成为可能。

具体到成都场景营城实践，成都场景应当被作为城市高质量发展的策略与抓手而不仅仅是条件与氛围，相当一部分场景政策并不聚焦于具体的场景建设，而是关注场景如何在宏观层面为城市发展提供资源、机会与动能，这就使得成都的场景赋能具有更加鲜明的规划性与系统性。从成都场景类型来看，各种应用场景大多被赋予了改善城市基础设施、增强城市创造能力、提升城市产业竞争力等目标；各种消费场景大多被赋予了增加城市空间美感、提升城市享有体验、激发城市消费潜力等目标；各种生活场景大多被赋予了满足多元生活需要、优化城市公共服务、提升城市居住品质等目标；各种生态场景大多被赋予了改善城市生态环境、增加城市宜居舒适度等目标，这些都可以看作场景赋能城市最直接、最明确的体现。总体而言，成都场景赋能效能大体上可以概括为四个方面，即"成都创造"更加有力、"成都体验"持续优化、"成都服务"显著提升、"成都品牌"日益彰显。

在场景赋能"成都创造"的机制和效果方面，成都构建了一系列具有资源整合与共享能力的应用场景，这些场景（如一系列产业功能社区）面向文化创意与科技创新相关的企业与团队，资源、技术、渠道、空间、资金、人才等生产要素在场景中汇聚共享，为企业间横向技术融合、全链路各环节纵向技术融合以及线上、线下生产情境融合提供便利，形成了赋能创新创造的共生型生态体系。基于上述生态体系，加上城市场景营造提出的一系列机会清单和各种政策保障，成都孵化和吸引了一大批具有高创造力的企业，形成了一系列高创造力产品。从 2018 年到 2021 年，成都每年新增以智能制造、“互联网 +”、工业机器人、工业设计、数字文创等领域的新经济企业 4.1 万家、7.4 万家、7.1 万家、11.7 万家，企业总数超过 50 万家，新经济总量指数进入全国前 3 位，商标受理窗口申请总量位居全国第一[①]。除科技创造力外，成都文化创造能力也显著增强，2019 年成都文创产业增加值达到 1459.8 亿元，占 GDP 比重高达 8.58%[②]，从事相关产业人口达到 104.8 万[③]。

在场景优化“成都体验”的机制和效果方面，成都围绕提升城市品质、扩大消费规模布局了一大批定位于提升城市体验的消费场景，从 2020 年到 2022 年成都预计每年签约亿元以上的高品质消费场景 40 个以上，具有独特城市风韵的“网红打卡点位”50 个以上，引入各类品牌首店 200 家，发展特色小店 300 家[④]，逐渐形成了以春熙路商圈、交子公园商圈为代表的城市购物体验空间，以“八街九坊十景”为代表的城市文化体验空间，以熊猫旅游度假区、

---

① 成都市新经济发展委员会：《成都市新经济委办事服务最新统计数据情况》，2021 年 6 月 29 日，见 http://cdxjj.chengdu.gov.cn/。

② 郑正真、张萌：《新形势下成都文创产业高质量发展的路径研究》，《决策咨询》2020 年第 6 期。

③ 马健：《文创产业功能区：理论逻辑与成都路径》，2021 年 6 月 17 日，见 http://www.cssn.cn/whjs/whjs_whcy/202106/t20210617_5340805.shtml。

④ 成都市人民政府：《成都市以新消费为引领提振内需行动方案（2020—2022 年）政策解读》，2020 年 7 月 20 日，见 http://gk.chengdu.gov.cn/govInfo/detail.action?id=2686443&tn=2。

锦江公园、麓湖生态小镇等为代表的城市生态体验空间，以5G生态城为代表城市科技体验空间。这些服务于人们购物、文化、生态、科技体验的多元城市场景通过空间美学的开放性设计、本地文化形象的营销和多种多功能舒适物的集合，全方位提升城市的美学享受与宜居体验，吸引了全国乃至全球人士来到成都旅游、消费、工作、生活。在消费、旅游方面，2019年成都旅游收入与社会消费总额分别达到4664亿元、8309.62亿元，分别位居全国第4位、第6位，均高于GDP在全国排名。在工作生活方面，2020年来蓉工作生活的流动人口达到854.96万，比2010年增长437.01万，贡献了十年来成都人口增长总量的75%①。优雅时尚、舒适安逸的成都已经成为中国最重要的人口磁力中心之一。

在场景提升"成都服务"的机制和效果方面，成都以社区服务综合体、党群服务中心及各类民生服务空间为载体，形成了一大批服务居民日常生活与社会交往的城市生活场景，使得城市服务人民便利、宜居、美好生活的能力显著提升。从2017年到2020年，成都建设运营社区服务综合体217个，亲民化改造社区（村）党群服务中心3043个，统筹设置居民小区党群服务站2354个，生活美学点位3.5万个，完成医疗、教育、文化、养老等8大类18项2818个公共服务配套设施项目建设，集成提供公共服务、公益服务、生活服务3大类100余项民生服务，吸引1.3万个社会组织、102家社会企业等多元主体承接城乡社区服务项目，形成覆盖全人群全时段的场景化社区生活服务圈。优质的生活环境极大地提升了市民的幸福感与获得感，从2017年开始，成都连续5年被"中国幸福城市论坛"评为最具幸福感的城市。

在场景营造"成都品牌"的机制和效果方面，借助一系列场景

---

① 成都市统计局：《2021成都统计年鉴》，中国统计出版社2021年版，第55页。

特质，成都进行了积极的城市营销和城市品牌建设，将成都城市文化地标、特色街区、科创空间、生态场景等转化为市民对城市的融入感、认同感、亲近感，营造出“推窗可见千秋瑞雪，开门既是草树云山”的蓉城印象，形成了一批具有全国知名度的城市 IP，在全国乃至世界范围内提升了城市的知名度与美誉度。近年来，成都被评为“最具投资吸引力城市”“中国最佳引才城市”“健康中国年度标志城市”“国际化营商环境建设标杆城市”等，成为名副其实的“明星城市”。

五、场景规划：构建全域公园城市场景体系

前面讲了场景定义、场景创设与场景赋能，但场景营城最终仍需迈出关键一步，即场景规划。既有研究从城市规划学视角将“场景规划”理解为“规划场景”，并从场景识别、场景建构、场景评价、场景应用四个方面进行了阐释[①]。这是微观层面的场景规划，部分内容与前文所讨论的三个维度有所关联。场景规划并非针对特定的、具体的场景，而是将场景理念作为规划城市的一个重要维度，从城市发展战略高度，明确回答场景营城究竟要“营”出一个什么样的城市这一问题。

因此，如果说场景定义、场景创设和场景赋能是面向具体场景，试图通过微观场景行动激发城市动能，那么场景规划则直面整个城市，将城市看作一个“大场景”，将场景的理念贯穿城市政策全流程，同时也为开展具体的场景营造活动提供总体安排和政策支

① 郭晨、冯舒、汤沫熙、唐正宇、杨志鹏：《场景规划：助力城市群协同发展——以粤港澳大湾区为例》,《热带地理》2022 年第 2 期。

持。从这个意义讲，宏观的场景规划既是微观场景实践的政策提炼，同时也对种种场景实践作出了规划与保障，因此微观的场景实践与宏观的场景规划对于场景营城而言都是不可或缺的。

如何展开场景规划？这对于每个城市而言答案可能各不相同，但从基本准则上说有几个方面值得重视：

第一，场景规划突出体验优先。“体验性”与“功能性”都是城市政策需要关注的要素，相比较而言，场景规划更加强调体验性，强调城市能够给人们带来的感受而不局限于具体功能。因此，要更加关注勾勒城市印象、打造城市品牌、满足城市体验的重要性。

第二，场景规划遵循文化主义立场。从某种意义上说，场景理论是一种文化理论，它强调文化（既包括物质形式的文化产品，也包括文化价值观）对城市发展的重要性。因此，城市的文化规划与产业规划同样重要，要通过各种方式凝聚和链接城市文化资源，将文化作为城市变革的切入点。

第三，场景规划重视地方情境（Local Context）。场景理论承认芝加哥学派城市研究的基本假设，即人们的生活和工作方式很大程度上受到他们所在地环境的影响，这种地方情境中蕴含着影响城市的巨大能量。因此，着眼场景规划的城市政策并不是要设法改变地方情境因素，而是要像园丁一样对这些情境因素呵护培育，让基于地点的美好情境成长为“场景”，从而激发城市潜能。

第四，场景规划强调行动主义原则，这就意味着场景规划不能仅仅是理念，而必须表现为具体的实践行动，并为这些行动提供必要的支持。这些支持具体表现为组织的动员、资源的凝聚、空间的保障、人才的培养、行动的激励等。一言以蔽之，场景规划应当创造场景实践、为场景实践积蓄能量。

具体到成都场景营城实践，场景赋能展现了场景对城市的重要

价值，但场景营城的最终表现形式是从“城市场景”到“场景城市”，在城市顶层设计中纳入场景思维，让城市真正成为“场景综合体”。成都在探索推进场景营造的基础上，着眼公园城市的城市定位，通过一个个场景的串联与叠加构建城市场景体系，不断增强城市的宜居舒适品质，提出构建全域公园城市场景体系的行动理念，将其作为建设践行新发展理念的公园城市示范区的重要抓手。

全域公园城市场景体系作为一套行动方略，首先是立足于成都城市战略定位。2018 年 2 月，习近平总书记向成都提出了“突出公园城市特点，把生态价值考虑进去”的发展要求，明确了成都城市发展的根本遵循；2022 年 2 月，国务院正式批复成都推进“践行新发展理念的公园城市示范区”建设，进一步强调了“打造山水人城和谐相融的公园城市”的发展目标。从某种意义上说，通过场景营城，把“公园城市”的宜居舒适性品质转化为市民与游客可感可及的美好生活体验。它既将生态和谐、宜居宜业、美丽宜人等城市美好生活的基本特质表达了出来，又将城市全域看作一个作为公园的“地点”。因此，建设公园城市要求场景营城，只有在一系列场景营造的基础上才能最终实现体现独特人文生态价值与城市美学的全域场景化。

全域公园城市场景体系作为一套营城理论创新，要求将公园城市的发展目标与场景营造的具体实践有机结合起来，形成新时代城市发展的新逻辑、新路径、新模式。

首先，公园城市要求把创新作为发展的主引擎，以系列场景建设构建资源节约、环境友好、循环高效的生产方式，发展新经济、培育新动能，推动形成转型发展新路径。其次，公园城市要求用美学观点审视城市发展，将城市美学、人文价值、消费时尚融合于场景之中，形成具有独特美学价值的现代城市新意象。再次，公园城市要求以健康品质的生活理念服务人民生活，在生活服务场景之中着力优化绿色公共服务供给，在城市绿色空间中设置高品质生活消费场所，让市民在公园中享有服务，使闲适市井生活与良好生态环境相得益彰。最后，公园城市要求在城市全域彰显绿水青山的生态价值，深入践行“绿水青山就是金山银山”理念，以生态视野在城市构建山水林田湖草生命共同体、布局高品质绿色空间体系，将“城市中的公园”升级为“公园中的城市”，形成人与自然和谐发展新格局。

结语

在世界范围内，许多国际化大都市都为提升城市生活品质、展现城市独特魅力开展了不同形式的城市营造实践，但还没有一种理论、一座城市能够完全讲清楚在城市发展新阶段作为重要营城模式的场景如何促进城市高质量发展与高品质生活目标的实现。成都场景营城实践探索对此进行了积极回应，以场景营造城市，一个个场景叠加与串联，不断增强公园城市的宜居舒适性，并把这种品质转化为人民可感可及的美好生活体验，进而转化为城市发展的持久优势和竞争力。

就成都而言，建设“践行新发展理念的公园城市示范区”是新时代成都城市发展的高级形态和目标，内容非常丰富。要将这个发展目标具体化到城市实践当中，需要系统的城市营造方案进行支撑与引导。从总体来看，本书不仅讨论了场景营城作为中国营城模式的新探索，还讨论了其“何以可能”和“何以可为”。场景营城坚持新发展理念，其出发点是具体的、多样的人民美好生活需要，通过场景定义、场景创设、场景赋能、场景规划等实践机制，推动实现城市高质量发展和高品质生活目标。从具体章节设定来看，本书从技术和文化两个角度理解场景内涵；从四个层面梳理成都场景营城实践，包括“场景激发创新”“场景刺激消费”“场景提升治理”“场景赋能生态”多个领域的探索，形成了多种场景类型及其场景系统，不同类型和系统的场景串联、叠加构成了全域公园城市的中国场景营城方案。

从这个角度来讲，场景营城既是一种中国城市实践创新，也是一种中国营城理论创新，更是以人为核心的新型城镇化的理论创新和中国特色城市发展道路的话语体系发展。人民美好生活需求和新发展理念是贯穿场景营城实践的主题主线，是新时代中国特色城市发展的鲜明特征。场景营城是一个多维一体的概念体系，而非单维度概念。它产生于中国城市迈向高质量发展和创造高品质生活目标的积极实践，是对公园城市营城路径方案的一种努力探索，也是对新时代中国城市追求卓越全球城市过程中破解城市活力、城市宜居、城市和谐等一系列重要命题的积极回应。

事实上，从人类城市诞生开始，场景便始终存在，但在农业社会的城市里，空间被用来束缚人、控制人，那些给人们带来美好生活体验的场景终究只为少数人服务。在资本主义工业社会，人们为资本的力量驱使去改造空间、征服空间，空间成为一种生产要素而不是人民群众美好生活的创造者，场景的真正价值也很难被表现出来。只有进入更加突出人的价值、更加强调美好生活重要性的新时代，城市的各种场景——创新的场景、交往的场景、学习的场景、休闲的场景等——才能真正为普通民众所享用，也才能成为驱动城市发展的内生动力。这些场景有机结合、相互嵌入，共同构成了我们幸福美好的城市家园。

作为中国营城模式的新探索，场景营城除了保有传统营城特点之外，还具有重要的理论创新，主要表现在以下四个方面：

第一，场景营城是新时代中国营城模式的新探索，新发展理念和人民美好生活需求两条主线是场景营城最鲜明的特点。坚持新发展理念和以人民为中心的发展理念是新时代城市发展的主题。成都场景营城路径创新正是该主题的鲜明体现和城市表达，其关键是实现了两个转化。

一方面，把新发展理念转化为具体生动的城市实践。创新是引领发展的第一动力，协调是持续健康发展的内在要求，绿色是永续发展的必要条件和人民对美好生活追求的重要体现，开放是国家繁荣发展的必由之路，共享是中国特色社会主义的本质要求，坚持创新发展、协调发展、绿色发展、开放发展、共享发展是关系着我国城市发展全局的一场深刻变革。用新发展理念引领营城路径革新，以场景营城助力新发展理念在城市实践中“落地生根”“开花结果”。

另一方面，把人民对美好生活的向往转化为城市营造的目标愿景并提出较为系统的营城方案。场景营城的出发点是人，落脚点也是人，把服务人、陶冶人、成就人作为价值依归。场景思维，从宏观上看是对各类城市子系统进行了重构，以新技术赋能生产、生态、生活和治理，使人们的城市生活更宜居、更舒适、更有趣；从微观上看是通过生态景观、文化标签、美学符号的植入，创造人文价值鲜明、商业功能融合的美好体验，为“老成都”留住蜀都的乡愁记忆，为“新蓉漂”营造新时代的城市认同归属。在多样场景中去参与、创新、消费、学习、休闲等实践与体验，形成新的潮流，营造“处处是场景、满地是机会”的场景之城。场景之城必将是创新之城、协调之城、绿色之城、开放之城、共享之城，是人民美好生活体验之城，是真正意义上人的自由全面发展的城市。

第二，场景营城是文化导向下的城市发展新模式，为新时代中国城市转型发展提供了新路径与新内涵。工业时代的人们往往把城市理解为关于地点的生产意义，就业机会与工资待遇等经济性因素影响着个体的区位选择与流动，与之对应的城市空间大多以“工业园区”等生产形态出现，而社会纽带通过协调基于生产方式结成的不同群体的利益而形成。随着新时代来临，城市功能由生产型向消费型转变，人们的生活方式由粗放式生活向品质式生活转变，人们更在乎城市作为地点的美学价值和生活方式意义。此时的社会纽带由希望、激情和梦想来定义，健康的社会纽带由对城市的美好体验来实现。服务和创新经济的崛起加剧了这种现象的演变，而文化为这些因素发展提供了基础与灵魂。

文化的魅力散布于各种场景中，与人民生活息息相关的各种场所，都有可能变成城市场景。在这里，文化既可以指“阳春白雪”（高雅艺术），如戏曲、歌剧、交响乐等，也可以指“下里巴人”（流行文化），如街头艺术、说唱、流行音乐等；文化既可以指大型博物馆、图书馆，也可以指小型的书屋、咖啡店、酒吧等；文化既可以包括画廊、涂鸦、诗社等先锋艺术，也可以包括日常生活中的精美餐馆、便利店、健身房、广场舞等。除此之外，健康的城市生活还应包括杂货店、水果摊、便利店、五金店、理发店等。这些都关系着人们的衣、食、住、行，关系着美好生活的实现，也都是场景的重要组成内容。作为场景营城中的场景，它所具有的魅力就是将文化的适宜性和人文特性转化为人民可感可及的美好生活体验，并使城市成为人们思绪与情感交融激荡、启迪互补的场所，激发创新、刺激消费以及促进社区参与等实践活动。

除此之外，场景营城筑景成势、营城聚人，也会以城市美学来提升城市发展内涵。场景营城具有浓郁的文化气息，强调城市美学与生活方式的重要性。城市美学是关于城市之美的内容、形式、影响因素及审美机制等，而城市美学品质的好坏直接关系着人民美好生活的发展性需求（区别于生存性需求）满足与否。城市美学涵盖了城市文化和城市文明的一般规律和现象。每种文化都会呈现出不同的城市美学品质。比如，北京的城市美学涉及古都文化、京味文化、红色文化、创新文化、国际文化等，上海的城市美学更多呈现为海派文化与国际文化等，杭州、苏州的城市美学更多呈现江南文化，成都的城市美学则更多呈现出天府文化。生活方式反映了人们想过的生活，包括衣、食、住、行以及闲暇时间的利用等。从产业到社区，从商圈到街道，成都通过城市美学的包容性设计、本地文化形象的营销、便捷智能生活服务集成、清新绿色的生态基地，全方位提升城市的宜居性、舒适性和愉悦性。以场景营造城市，能够激发出城市的“万千美好”，能够让人人都享有“城景相融”的不同城市的美好生活体验，提升城市发展的内涵。

第三，场景营城推动了“人”“城”“产”三者关系的根本性变革，引导城市发展路径与方式由工业逻辑向人本逻辑转变、由生产导向向生活导向转变。场景营城的核心是人，以人为尺度重塑营城路径，推动新时代营城模式由“产城人”向“人城产”转变。这显著区别于过去以产兴城、以产聚人的营城特点。新时代营城路径更加强调“以人兴业、以人兴城”，把人放到城市政策议程的中心位置，通过“精筑城”达到“广聚人”“兴产业”的目的。这也是以人民为中心的发展思想在城市建设与发展领域的最大彰显：以人为尺度重构居住空间，这便是社区场景；以人为尺度重构生态空间，这便是公园场景；以人为尺度重构市场空间，这便是消费场景；以人为尺度重构生产空间，这便是新经济场景。场景营城的最大特点正是基于以人为核心推动城市发展方式转变：将人视为新产业、新经济的创新主体，将“场景”作为“营城聚人”的重要方式。以场景营造城市，把创新创业、文化消费、城市美学、绿色生态、智慧互联等原本各自发展的动力因素进行系统集成，并融入经济社会活动中，从而让城市对人才更具吸引力，让城市更具活力和创造力。

第四，相较于传统营城模式，场景营城更加强调整体思维、更加强调底层逻辑。整体思维突出多元要素系统集成，底层逻辑突出公众参与的重要性。场景营城整体性思维表现在多样元素的系统集成。因为一个好的场景，是由多个舒适性设施、活动、服务等元素系统结合而成。以场景营造城市，激发创新、刺激消费、促进参与、赋能生态等，提醒城市规划者、建设者、管理者要立足于人民美好生活所需要的场景视角去策划、规划、设计与推进相关空间或场所建设，不能就单个设施或单个场所来讨论，而是把单个设施或场所建设放置到更大的经济社会生活生态体系中去考虑。要学会像电影导演（而不是军事长官）那样去系统集成空间中的各种元素，包括设施、活动、服务，用这些元素传达一个地方能够给居民和游客带来的美学价值和生活方式意义。

场景营城倡导尊重底层逻辑，强调公众参与的重要性。以场景营造城市，坚持以人民为中心的人本逻辑替代以行政为中心的行政逻辑，倡导从老百姓最真切的美好生活需求出发去谋篇布局，使得我们生活的城市更具烟火气。这离不开公众参与。无论是新区建设，还是老城更新，要在规范参与程序、保持渠道通畅、发挥民众作用等方面下足功夫。尤其要充分发挥街道或社区规划师、社区工作者、社会组织等桥梁纽带作用，深入基层开展需求调查，形成居民急需的服务“菜单”，引导社会资本等市场力量专业化运营，打通规划、设计、施工、物业管理全流程路径。通过居民、属地政府、企业、规划师、社区工作者等各方力量共同参与城市品质的提升实践。

我们总是期待城市更加宜居、舒适、便利、有趣……期待城市真正成为承载人们身心与精神的家园。在我们看来，对未来城市的勾勒不能偏离两个最基本的维度——人民与空间。人民以最理想、最适合、最可持续的方式使用空间、享有空间，空间以最宜居、最舒适、最便利、最有趣的方式回馈人民，这就将“场景”置于思考未来城市的中心位置，从而形成“场景城市”。“场景城市”并不是想要表达城市中应该具备某一种或某一类场景，而是强调作为人民美好生活体验的场景成为识别城市、表征城市、理解城市的核心要素。场景是美好生活的基本单元，承载着人民的美好生活体验。

我们讨论场景营城，实际上是在讨论更加合适的人与空间关系何以可能；我们憧憬场景之城，实际上是期待更加幸福美好生活的可能性。在这个伟大的时代，我们可以亲身体验、参与、营造具有“全球视野”的成都场景营城。通过对成都场景实践的考察，我们提出了对未来场景之城的某些设想，力图通过一个个场景的串联与叠加，不断增强城市的宜居品质、舒适品质、便利品质、有趣品质，把这些城市品质具化为人民可感可及的美好生活体验。

应该说，成都给我们带来了太多的思考，但其中最关键的是“行动”二字。成都完整、准确、全面贯彻新发展理念，以场景营造城市，将场景概念转化为场景行动，通过更加科学的规划、更加广泛的参与、更加系统的组织、更加有力的保障推动“践行新发展理念的公园城市示范区”建设不断迈向深入，努力实现生活美学和营城逻辑在交相辉映中绽放中国气派、巴蜀特色、蓉城气质，让现代化新天府的城市美学走向世界，让新发展理念在城市层面“落地生根”“开花结果”。

总之，我们想再次表达的是：城市之所以美好，是因为它创造了空间上的“接近性”，这种“接近性”给人们社会互动和社会生活带来了无限可能。我们可以进行交流，可以工作、生活、学习、社交、休闲，甚至是集体狂欢等。这也是“城市让人们生活更美好”的生动体现。以场景营造城市，就是要创造出属于不同人群的美好生活体验。一座好的城市，不在于城市天际线有多高，不在于GDP有多高，而在于城市能够给人们带来美好的生活体验。希望通过持续的投资与营造——我们的城市，能够不断提升城市的宜居舒适性品质，并把这种品质转化为人民可感可及的美好生活体验。在这个过程中，努力给企业创造新机会，给个人创造新机遇，给大众创造社会生活的新境界。

参考文献

一、中文著作

[1]《决胜全面建成小康社会　夺取新时代中国特色社会主义伟大胜利——在中国共产党第十九次全国代表大会上的报告》，人民出版社 2017 年版。

[2]《习近平谈治国理政》第三卷，外文出版社 2020 年版。

[3] 本书编写组编：《改革开放与中国城市发展》，人民出版社 2018 年版。

[4] 蔡昉、都阳、杨开忠等：《新中国城镇化发展 70 年》，人民出版社 2019 年版。

[5] 蔡禾、张应祥：《城市社会学：理论与视野》，中山大学出版社 2003 年版。

[6] 陈冠中：《城市九章》，上海书店出版社 2008 年版。

[7] 陈映芳：《城市中国的逻辑》，生活·读书·新知三联书店 2012 年版。

[8] 成都市统计局：《2021 成都统计年鉴》，中国统计出版社 2021 年版。

[9] 城市中国：《未来社区：城市更新的全球理念与六个样本》，崔国主笔，浙江大学出版社 2021 年版。

[10] 傅崇兰、白晨曦、曹文明等：《中国城市发展史》，社会科学文献出版社 2009 年版。

[11] 邓智团:《卓越城市　创新街区》,上海社会科学院出版社 2018 年版。

[12] 何艳玲:《人民城市之路》,人民出版社 2022 年版。

[13] 何一民:《变革与发展:中国内陆城市成都现代化研究》,四川大学出版社 2002 年版。

[14] 何一民:《中国城市史》,武汉大学出版社 2012 年版。

[15] 刘士林:《城市中国之道:新中国成立 70 年来中国共产党的城市化理论与模式研究》,上海交通大学出版社 2020 年版。

[16] 陆铭:《大国大城:当代中国的统一、发展与平衡》,上海人民出版社 2016 年版。

[17] 齐骥:《城市文化更新——如何焕发城市魅力》,知识产权出版社 2021 年版。

[18] 上海社会科学院文学研究所文化产业研究室:《文化产业:创意经济与中国阐释》,上海人民出版社、上海远东出版社 2021 年版。

[19] 宋道雷:《城市力量:中国城市化的政治学考察》,上海人民出版社 2016 年版。

[20] 谈佳洁:《城市文化视角下消费空间场景化研究——以中国购物中心为例》,上海交通大学出版社 2021 年版。

[21] 吴军、齐骥:《创意阶层与城市发展:以场景、创新、消费为视角》,人民出版社 2022 年版。

[22] 吴军:《文化舒适物——地方质量如何影响城市发展》,人民出版社 2019 年版。

[23] 徐远:《人·地·城》,北京大学出版社 2016 年版。

[24] 薛凤旋:《中国城市文明史》,九州出版社 2022 年版。

[25] 张鸿雁:《城市文化资本与文化软实力——特色文化城市研究》,江苏凤凰教育出版社 2019 年版。

[26] 中国共产党北京市委员会、北京市人民政府:《北京城市总体规

划（2016年—2035年）》，中国建筑工业出版社2019年版。

［27］周其仁：《城乡中国（修订版）》，中信出版社2017年版。

［28］朱光潜：《谈美》，湖南文艺出版社2018年版。

［29］［澳］德波拉·史蒂文森：《城市与城市文化》，李东航译，北京大学出版社2007年版。

［30］［丹麦］扬·盖尔：《交往与空间》，何人可译，中国建筑工业出版社2002年版。

［31］［丹麦］扬·盖尔：《人性化的城市》，欧阳文、徐哲文译，中国建筑工业出版社2010年版。

［32］［德］马兹达·阿德里：《城市与压力》，田汝丽译，中信出版集团2020年版。

［33］［法］亨利·列斐伏尔：《都市革命》，刘怀玉、张笑夷、郑劲超译，首都师范大学出版社2018年版。

［34］［法］迈克尔·斯托珀尔：《城市发展的逻辑：经济、制度、社会互动与政治的视角》，李丹莉、马春媛译，中信出版集团2020年版。

［35］［法］让·鲍德里亚：《消费社会》，刘成富、全志钢译，南京大学出版社2014年版。

［36］［加］丹尼尔·亚伦·西尔、［美］特里·尼科尔斯·克拉克：《场景：空间品质如何塑造社会生活》，祁述裕、吴军等译，社会科学文献出版社2019年版。

［37］［加］爱德华·雷尔夫：《地方与无地方》，刘苏、相欣奕译，商务印书馆2021年版。

［38］［加］简·雅各布斯：《美国大城市的死与生》，金衡山译，译林出版社2006年版。

［39］［美］爱德华·格莱泽：《城市的胜利：城市如何让我们变得更加富有、智慧、绿色、健康和幸福》，刘润泉译，上海社会科学院出版社2012年版。

[40][美]艾伦·布朗:《城市的想象性结构》,李建盛译,北京师范大学出版社2020年版。

[41][美]丹尼尔·布鲁克:《未来城市的历史》,钱峰、王洁鹂译,新华出版社2016年版。

[42][美]菲利普·科特勒:《地方营销城市、区域和国家如何吸引投资、产业和旅游》,翁瑾、张惠俊译,上海财经大学出版社2008年版。

[43][美]雷·哈奇森:《城市研究关键词》,陈恒、王旭、李文硕等译,生活·读书·新知三联书店2022年版。

[44][美]理查德·佛罗里达:《创意阶层的崛起——关于一个新阶层和城市的未来》,司徒爱勤译,中信出版社2010年版。

[45][美]理查德·佛罗里达:《新城市危机:不平等与正在消失的中产阶级》,吴楠译,中信出版集团2019年版。

[46][美]理查德·佛罗里达:《你属哪座城?》,侯鲲译,北京大学出版社2009年版。

[47][美]刘易斯·芒福德:《城市发展史:起源、演变与前景》,宋俊岭、宋一然译,上海三联书店2018年版。

[48][美]刘易斯·芒福德:《城市文化》,宋俊岭、李翔宁、周鸣浩译,中国建筑工业出版社2009年版。

[49][美]罗伯特·M.福格尔森:《下城:1880—1950年间的兴衰》,周尚意、志丞、吴莉萍译,上海人民出版社2010年版。

[50][美]迈克尔·迪尔:《后现代都市状况》,李小科等译,上海教育出版社2004年版。

[51][美]曼纽尔·卡斯特:《网络社会的崛起》,夏铸九、王志宏等译,社会科学文献出版社2001年版。

[52][美]乔尔·科特金:《全球城市史(典藏版)》,王旭等译,社会科学文献出版社2014年版。

[53][美]莎伦·佐金、菲利普·卡辛尼兹、陈向明:《全球城市

地方商街：从纽约到上海的日常多样性》，张伊娜、杨紫蔷译，同济大学出版社 2016 年版。

[54][美] 斯皮罗·科斯托夫：《城市的形成——历史进程中的城市模式和城市意义》，单皓译，中国建筑工业出版社 2005 年版。

[55][美] 威廉·H. 怀特：《小城市空间的社会生活》，叶齐茂、倪晓晖译，上海译文出版社 2016 年版。

[56][美] 威廉·H. 怀特：《城市：重新发现市中心》，叶齐茂、倪晓晖译，上海译文出版社 2020 年版。

[57][美] 约翰·J. 马休尼斯、文森特·N. 帕里罗：《城市社会学：城市与城市生活》，姚伟、王佳等译，中国人民大学出版社 2016 年版。

[58][美] 珍妮特·桑迪-汗、赛斯·所罗门诺：《抢街：大城市的重生之路》，宋平、徐可译，电子工业出版社 2018 年版。

[59][意] 伊塔洛·卡尔维诺：《看不见的城市》，张密译，译林出版社 2019 年版。

[60][英] 埃比尼泽·霍华德：《明日的田园城市》，金经元译，商务印书馆 2010 年版。

[61][英] 彼得·霍尔：《明日之城》，童明译，同济大学出版社 2009 年版。

[62][英] 彼得·霍尔：《文明中的城市》，王志章等译，商务印书馆 2016 年版。

[63][英] 伊恩·道格拉斯：《城市环境史》，孙民乐译，江苏凤凰教育出版社 2016 年版。

二、中文论文

[1]《成都新经济》编辑组：《让“五新”成为引领成都新经济发展的“方法论”与“工作法”》，《成都新经济》2021 年第 2 期。

[2]《从“城市场景”向“场景城市”跃升》，《成都日报》2021 年 2

月 10 日。

［3］蔡静诚、熊琳：《从再造空间到再造共同体：社区营造的实践逻辑》,《华南理工大学学报》(社会科学版）2019 年第 2 期。

［4］成都市发改委全面创新改革综合处课题组：《把新发展理念深深镌刻在蓉城大地上》,《成都日报》2018 年 5 月 9 日。

［5］范锐平：《加快建设美丽宜居公园城市》,《人民日报》2018 年 10 月 11 日。

［6］范锐平：《加快建设独具人文魅力的世界文化名城》,《光明日报》2019 年 1 月 14 日。

［7］范锐平：《成都，公园城市让生活更美好》,《先锋》2019 年第 4 期。

［8］范锐平：《“善治之城”让生活更美好》,《先锋》2019 年第 12 期。

［9］范锐平：《场景营城　产品赋能　新经济为人民创造美好生活》,《先锋》2020 年第 4 期。

［10］范锐平：《处理“六大关系”　实现“五个转变”——以片区综合开发推动新区高质量建设的成都实践》,《城市规划》2020 年第 4 期。

［11］范锐平：《让城市自然有序生长》,《先锋》2020 年第 10 期。

［12］范为：《城市文化场景的构建机制研究——以加拿大多伦多市为例》,《行政管理改革》2020 年第 5 期。

［13］付朝欢：《公园城市示范区：成都“新发展理念的城市表达”》,《中国经济导报》2022 年 4 月 14 日。

［14］公园城市建设局：《中共成都市委关于高质量建设践行新发展理念的公园城市示范区高水平创造新时代幸福美好生活的决定》,《成都日报》2021 年 8 月 5 日。

［15］郭晨、冯舒、汤沫熙、唐正宇、杨志鹏：《场景规划：助力城市群协同发展——以粤港澳大湾区为例》,《热带地理》2022 年第 2 期。

［16］黄词捷：《成都市社区治理与社区营造研究——从“陪伴”到

"培力"的文化路向实践》,《中共乐山市委党校学报》2018 年第 6 期。

[17] 李芬、郑良中:《"场景营城" 建设国际消费中心城市》,《支点》2021 年第 10 期。

[18] 李明星、蒲焘、冯一泰:《从认识论到方法论:成都"场景营城"战略实践探析》,《成都行政学院学报》2021 年第 5 期。

[19] 李娜:《基于共同体培育的城市社区治理研究——以上海市嘉定区为例》,硕士学位论文,上海交通大学,2015 年。

[20] 刘星:《社区文化空间重塑中治理逻辑的生成机制——以史家胡同为例》,《广东行政学院学报》2021 年第 2 期。

[21] 申海娟:《中共成都市委关于贯彻落实党的十九届四中全会精神建立完善全面体现新发展理念的城市现代治理体系的决定》,《成都日报》2019 年 12 月 29 日。

[22] 谈佳洁:《城市消费空间场景化对城市历史空间复兴的影响路径研究——以城市购物中心为例》,《上海城市管理》2020 年第 1 期。

[23] 唐晓云:《成都夜经济——面向美好生活需要的内生发展好样本》,《先锋》2020 年第 1 期。

[24] 王均:《1908 年北京内外城的人口与统计》,《历史档案》1997 年第 3 期。

[25] 王明峰:《场景营城 产品赋能 创新推动成都转型发展》,《中国经济周刊》2020 年第 7 期。

[26] 王宁:《地方消费主义、城市舒适物与产业结构优化——从消费社会学视角看产业转型升级》,《社会学研究》2014 年第 4 期。

[27] 吴军、叶裕民:《消费场景:一种城市发展的新动能》,《城市发展研究》2020 年第 11 期。

[28] 吴军、营立成:《场景营城:新发展理念的城市表达》,《中国建设报》2021 年 11 月 22 日。

[29] 吴军:《场景:城市空间的美学品质》,《解放日报》2019 年 3

月 30 日。

［30］肖莹佩：《打造最适宜新经济发展的城市——场景营城，释放一座城市的机会》,《四川日报》2021 年 7 月 6 日。

［31］徐芳：《春熙路——昨朝晴色动春熙》,《城市地理》2020 年 11 期。

［32］颜玉凡、叶南客：《新时代城市公共文化治理的宗旨和逻辑》,《江苏行政学院学报》2019 年第 6 期。

［33］杨贵华：《重塑社区文化，提升社区共同体的文化维系力——城市社区自组织能力建设路径研究》,《上海大学学报》（社会科学版）2008 年第 3 期。

［34］营立成：《从学术概念到城市政策："场景"概念的政策化逻辑——以成都为例》,《现代城市研究》2022 年第 10 期。

［35］余颖、刘晶晶、王璇：《基于场景营城理念的重庆"山水之城 美丽之地"规划探索》,《城市地理》2021 年第 8 期。

［36］张宇、黄寰等：《以营造城市场景和产业政策创新探求新经济发展路径》,《中国发展观察》2021 年第 1 期。

［37］张宇、贾伟：《践行新理念　培育新动能》,《成都新经济》2021 年第 2 期。

［38］张宇、张梦雅、于惠洋、李艳春：《场景营城的经济学思考及路径研究》,《先锋》2020 年第 8 期。

［39］郑正真、张萌：《新形势下成都文创产业高质量发展的路径研究》,《决策咨询》2020 年第 6 期。

三、相关政策与内部资料

［1］《场景营城　成都创新实践案例集》，2022 年 6 月 15 日。

［2］《场景营城创新地图》，2022 年 6 月 15 日。

［3］《成都建设国际美食之都三年行动计划（2018—2020 年）》，2019 年 2 月 14 日。

[4]《成都建设践行新发展理念的公园城市示范区行动计划(2021—2025年)》,2021年5月18日。

[5]《成都市“十四五”城市建设规划》,2022年7月。

[6]《成都市“十四五”城乡社区发展治理规划》,2022年5月19日。

[7]《成都市“中优”区域城市有机更新总体规划》,2021年8月6日。

[8]《成都市“中优”五年行动计划(完善城乡社区发展治理篇)》,2018年2月。

[9]《成都市城市有机更新实施办法》,2020年4月。

[10]《成都市城乡社区发展治理总体规划(2018—2035年)》,2019年10月25日。

[11]《成都市创新应用实验室、城市未来场景实验室认定管理办法》(2021年修订),2021年8月20日。

[12]《成都市打造产业功能区“人城产”融合新范式新场景新产品清单》,2021年12月10日。

[13]《成都市公园城市有机更新导则》,2021年7月23日。

[14]《成都市加快建设国际消费中心城市2022年工作要点》,2022年4月15日。

[15]《成都市建设国际会展之都三年行动计划(2018—2020年)》,2019年2月14日。

[16]《成都市建设国际音乐之都三年行动计划(2018—2020年)》,2019年2月14日。

[17]《成都市建设世界旅游名城三年行动计划(2018—2020年)》,2019年2月14日。

[18]《成都市建设世界赛事名城三年行动计划(2018—2020年)》,2019年2月14日。

[19]《成都市建设世界文创名城三年行动计划(2018—2020年)》,2019年2月14日。

[20]《成都市美丽宜居公园城市规划建设导则（试行）》，2019 年 8 月 12 日。

[21]《成都市美丽宜居公园城市建设条例》，2021 年 7 月 30 日。

[22]《成都市人民政府办公厅关于印发供场景给机会加快新经济发展若干政策的通知》，2020 年 3 月 30 日。

[23]《成都市推进国际消费中心城市建设 2020 年工作计划》，2020 年 6 月 12 日。

[24]《成都市新经济发展工作领导小组办公室关于印发〈成都市场景营城 2022 年行动计划〉的通知》，2022 年 4 月 26 日。

[25]《成都市新经济发展委员会　成都市财政局关于组织申报“十百千”场景示范工程项目的通知》，2020 年 10 月 9 日。

[26]《成渝地区双城经济圈建设规划纲要》，2021 年 12 月 1 日。

[27]《公园城市示范区“十四五”新经济发展规划机会清单》，2022 年 6 月 29 日。

[28]《公园城市示范区成都市“十四五”新型基础设施建设规划机会清单》，2022 年 7 月 1 日。

[29]《公园城市消费场景建设导则（试行）》，2021 年 8 月 20 日。

[30]《关于深入推进城乡社区发展治理建设高品质和谐宜居生活社区的意见》，2017 年 9 月 20 日。

[31]《国际消费中心城市评价指标体系（试行）》，2021 年。

[32]《国家发展改革委　自然资源部　住房和城乡建设部关于印发成都建设践行新发展理念的公园城市示范区总体方案的通知》，2022 年 3 月 16 日。

[33]《坚持党建引领　强化共建共治　努力建设高品质和谐宜居生活社区——范锐平同志在全市社区发展治理大会上的讲话》，2017 年 9 月 4 日。

[34]《锦江公园总体规划》，2019 年 8 月。

[35]《中共成都市委　成都市人民政府关于全面贯彻新发展理念　加快建设国际消费中心城市的意见》，2020 年 1 月 17 日。

[36]《中共成都市委　成都市人民政府关于营造新生态发展新经济培育新动能的意见》，2017 年 11 月 30 日。

[37]《中共成都市委关于高质量建设践行新发展理念的公园城市示范区高水平创造新时代幸福美好生活的决定》，2021 年 8 月 13 日。

[38]《中共成都市委关于坚定贯彻成渝地区双城经济圈建设　战略部署加快建设高质量发展增长极和动力源的决定》，2020 年 7 月 17 日。

[39]《公园场景案例材料》，2021 年 5 月。

[40]《社区场景案例材料》，2021 年 5 月。

[41]《消费场景案例材料》，2021 年 5 月。

[42]《应用场景案例材料》，2021 年 5 月。

[43]《成都市公园城市生态价值转化典型案例》，2019 年 10 月。

[44]《习近平关于北京工作论述摘编》，2019 年。

四、英文著作

[1] Charels Landry, *The creative City: A Toolkit for urban innovator*, UK: Earthscan, 2012.

[2] Clark T. N., *Can Tocqueville karaoke? Global contrasts of citizen participation, the Arts and Development, Bingley*, UK: Emerald, 2014.

[3] Clark T. N., *Hoffmann-Martinot V.* (*eds*), *The new political culture*, Boulder: Westview Press, 1998.

[4] Clark T. N., *The city as an entertainment machine*, Lanham: Md., Lexington Books, 2003.

[5] Florida R., *The rise of the creative class*, New York: Basic Books, 2002.

[6] Greater London Authority, *Character and context: Supplementary*

planning guidance, 2014.

[7] Jane Jacobs, *The death and life of great American cities*, New York: Knopf Doubleday Publishing Group, 2016.

[8] Kevin Andrew Lynch, *The image of the city*, The M.I.T., 1960.

[9] Mayor of London, *world cities cultural report*, London: Mayor's Office, 2013.

[10] Mcnulty R. H., Jacobsen D. R. , Penne R. L., *Community futures and quality of life: a policy guide to urban economic development*, Washington DC: Partners for Livable Places, 1985.

[11] Silver D. A., Clark T. N., *Scenescapes: how qualities of place shape social life*, Chicago: The University of Chicago Press, 2016.

[12] Smith D. L., *Amenity and urban planning*, London: Crosby Lockwood Staples, 1974.

五、英文论文

[1] Albouy D., "What are cities worth? land rents, local productivity, and the total value of amenities", *Review of economics and statistics*, Vol.98, No.3, 2016.

[2] Asahi C., Hikino S., Kanemoto Y., "Consumption side agglomeration economies in Japanese cities", *CIRJE (Center for International Research on the Japanese Economy) F-Series*, Vol.31, No.8, 2008.

[3] Aybry A., Blein A., Vivant E., "The promotion of creative industries as a tool for urban planning: the case of the Territoire de La Culture et de La Création in Paris Region", *International journal of cultural policy*, Vol.21, No.2, 2015.

[4] Carlino G. A., Saiz A., "Beautiful city: leisure amenities and urban growth" , *Journal of regional science*, Vol.59, No.3, 2019.

[5] Clark D. E., Kahn J. R., "The social benefits of urban cultural amenities" , *Journal of regional science*, Vol.28, No.3, 1988.

[6] Deller S. C., Lledo V., Marcouiller W. D., "Modelling regional economic growth with a focus on amenities", *Review of urban and regional development studies*, 2008.

[7] Falck O., Fritsch M., Heblich S., "The phantom of the opera: cultural amenities, human capital, and regional economic growth", *Labour economics*, Vol.18, No.6, 2011.

[8] Glaeser E. L., Kolko J., Saiz A., "Consumer city", *Journal of economic geography*, 2001.

[9] Haisch T., Klopper C., "Location choices of the creative class: does tolerance make a difference?", *Journal of urban affairs*, Vol.37, No.3, 2015.

[10] Jeong H., "The role of the arts and bohemia in sustainable transportation and commuting choices in Chicago, Paris, and Seoul", *Journal of urban affairs*, Vol.41, No.6, 2019.

[11] Keeler Z. T., Heather M. S., Brad R. H., "The amenity value of sports facilities: evidence from the staples center in Los Angeles", *Journal of sports economics*, Vol.22, No.7, 2021.

[12] Kloosterman R. C., "Cultural amenities: large and small, mainstream and niche–a conceptual framework for cultural planning in an age of austerity", *European planning studies*, Vol.22, No.12, 2014.

[13] Kuang C., "Does quality matter in local consumption amenities? an empirical investigation with Yelp", *Journal of urban economics*, 2017.

[14] Lp. Loyd R. Neo–Bohemia, "Art and neighborhood redevelopment in Chicago", *Journal of urban affairs*, Vol.24, No.5, 2002.

[15] McGranahan D. A., Wojan T.R., Lambert D. M., "The rural growth trifecta: outdoor amenities, creative class and entrepreneurial context", *Journal of economic geography*, Vol.11, No.3, 2011.

[16] Molotch H., "The City as a growth machine: toward a political economy

of place", *American journal of sociology*, 1976.

[17] Molotch H.& Logan J., "Tensions in the growth machine: Overcoming resistance to value-free development", *Social Problems*, 1984.

[18] Mughan S., Sherrod Hale J., Woronkowicz J., "Build it and will they come? the effect of investing in cultural consumption amenities in higher education on student-level outcomes", *Research in higher education*, 2021.

[19] Reynolds C.L., Weinstein A.L., "Gender differences in quality of life and preferences for location-specific amenities across cities", *Journal of regional science*, 2021.

[20] Silver D., Miller D., "Contextualizing the artistic dividend", *Journal of urban affairs*, Vol.35, No.5, 2013.

[21] Ullman E.L., "Amenities as a factor in regional growth", *Geographical review*, Vol.44, No.1, 1954.

[22] Vanderleeuw J.M., Sides J.C., "Quality of life amenities as contributors to local economies: views of city managers", *Journal of urban affairs*, Vol.38, No.5, 2016.

[23] Wang C.H., Wu J. J., " Natural amenities, increasing returns and urban development", *Journal of economic geography*, Vol.11, No.4, 2011.

[24] Whisler R.L., Waldorf B.S., Mulligan G.F. (eds), "Quality of life and the migration of the college-educated: a life-course approach", *Growth and change*, Vol.39, No.1, 2008.

[25] Wu C., Wilkes R., Silver D. (eds), "Current debates in urban theory from a scale perspective: Introducing a scenes approach", *Urban studies*, Vol.56, No.8, 2018.

后 记

本书是国家哲学社会科学基金项目“新发展阶段的场景营城模式与动力机制研究”（项目编号：21BSH059）阶段性成果之一。本书从选题策划到开展调研，再到成书出版用了两年多时间。两年多来，课题组多次赴成都实地调研，与成都市领导、市新经济委、商务局、社治委、公园城市局、城市社区学院等相关单位人员座谈十余次，与成都市民、社区工作者、规划师以及其他人员访谈上百次，涉及对象三百余人。在调研过程中，成都市委市政府的各级领导给予了我们鼎力支持，他们的工作热情与实干担当时刻感染着我们，引领着我们更好地理解成都这座生生不息、历久弥新的伟大城市。

本书的出版离不开课题组成员的无私奉献，我们组建了一支富有朝气的研究团队，他们有不同的学科背景、来自不同的工作单位，但他们的共同点是热爱城市、热爱成都、热爱生活，他们是齐骥（中国传媒大学教授）、焦永利（中国浦东干部学院教授）、刁琳琳（北京市委党校教授）、营立成（北京市委党校副教授）、刘柯瑾（北京服装学院讲师）、亓冉（深圳大学博士后）、王桐（加拿大多伦多大学博士研究生）、郑昊（中国人民大学博士研究生）、刘润东（中国人民大学博士研究生）、陈思（中国传媒大学硕士研究生）、郭静楠（北京市委党校硕士研究生）、王修齐（北京市委党校硕士研究生）、武旋（北京市委党校硕士研究生）、朱赫（北京市委党校硕士研究生），是团队成员的辛勤劳作与智慧碰撞赋予了这本书生命力。此外，我们要感谢课题组的专家顾问团，他们是中共中央党校（国家行政学院）祁述裕教授、美国芝加哥大学特里·尼科尔斯·克拉克教授（Terry Nichols Clark）、加拿大多伦多大学丹尼尔·亚伦·西尔（Daniel Aaron Silver）教授、武汉大学陈波教授、重庆大学黄瓴教授、同济大学钟晓华副教授、上海市委政研室宋觉新副处长、北京市委党校王雪梅副教授，他们在课题研究与书稿撰写中也付出良多。

本书采用统筹设计、团队调研、重点研究、分头写作的方式开展，吴军负责总体统筹，具体分工如下：前言（吴军、营立成），第一章（营立成、吴军），第二章（焦永利、王桐、刘润东），第三章（刁琳琳），第四章（齐骥、亓冉、陈思），第五章（吴军、郑昊、郭静楠），第六章（刘柯瑾、王修齐、武旋），第七章（吴军、营立成、朱赫），结语、后记（吴军）。吴军和营立成做了全书的统稿工作。

我们还要感谢北京市委党校的领导与同仁，感谢他们一直以来对场景研究的支持和帮助，感谢参与后期书稿编辑校对的同学们，感谢所有对我们课题研究、图书出版等作出贡献的个人和单位，感谢人民出版社曹利女士耐心细致的编辑出版工作。

书中难免存在不足，欢迎读者提出宝贵意见。

场景与城市研究系列丛书

《文化动力——一种城市发展新思维》，吴军、[美] 特里·N. 克拉克等著，人民出版社 2016 年版。

《文化舒适物——地方质量如何影响城市发展》，吴军著，人民出版社 2019 年版。

《场景：空间品质如何塑造社会生活》，[加] 丹尼尔·亚伦·西尔、[美] 特里·尼科尔斯·克拉克著，祁述裕、吴军等译，社会科学文献出版社 2019 年版。

《创意阶层与城市发展：以场景、创新、消费为视角》，吴军、齐骥著，人民出版社 2022 年版。

《大都市社会治理创新：组织、社区与城市更新》，吴军、营立成、王雪梅著，人民出版社 2022 年版。

《场景营城——新发展理念的成都表达》，吴军、营立成等著，人民出版社 2023 年版。